Développez
en Ajax

Développez en Ajax

Avec quinze exemples de composants
réutilisables et une étude de cas détaillée

Michel Plasse

Avec la contribution de Olivier Salvatori

EYROLLES

ÉDITIONS EYROLLES
61, bld Saint-Germain
75240 Paris Cedex 05
www.editions-eyrolles.com

Remerciements

Mes remerciements vont aux personnes suivantes :

Tout d'abord Olivier Salvatori, qui s'est chargé de la relecture de cet ouvrage et de l'important travail d'indexation. Sa relecture constructive et précise, sa réactivité et la qualité de son écoute ont été motivantes et instructives.

Eric Pruvost, qui m'a suggéré d'écrire un livre sur Ajax. Nos discussions fréquentes et notre étroite collaboration depuis des années ont alimenté ma réflexion, notamment concernant les architectures Web et les bonnes pratiques de développement.

Paul Athanassiadis, qui a suivi de près les investigations sur les différentes questions soulevées par Ajax, tant techniques que conceptuelles ou fonctionnelles, et a examiné les exemples et le code d'une grande partie de l'ouvrage.

Benoît Gandon, qui a également examiné les exemples et le code d'une partie de l'ouvrage.

Enfin, Emmanuelle Gautier et Joël Rigoult, qui m'ont mis en relation avec les éditions Eyrolles.

Avant-propos

Popularisé par des sites innovants tels que Google Suggest, Google Maps, les webmails de Google et Yahoo, writely, iRows ou netvibes, Ajax (Asynchronous JavaScript And XML) est un ensemble de technologies permettant de construire des applications Web de nouvelle génération, comparables en fonctionnalités aux applications natives Windows ou Mac OS.

Ajax associe le HTML dynamique, qui permet de modifier le contenu ou l'apparence de la page localement (sans redemander une nouvelle page au serveur), avec des appels asynchrones au serveur, qui récupèrent juste les fragments à mettre à jour. Ces technologies existant depuis plusieurs années, Ajax est disponible aujourd'hui dans les navigateurs installés, tels Internet Explorer 6, Firefox 1.*x,* Safari 1.3, Opera 8.5, etc.

Ajax rend les applications Web plus réactives et leurs interfaces utilisateur plus riches.

La réactivité tient à trois facteurs :

- Fluidité : les échanges avec le serveur sont à la fois plus fréquents et d'un volume plus réduit, ce qui « lisse » la mise à jour dans le temps. De plus, ces mises à jour étant asynchrones, elles peuvent se dérouler en parallèle et ne bloquent pas l'utilisateur.

- Rapidité : les échanges étant d'un volume plus réduit, le transfert est plus rapide, de même que le traitement local pour mettre à jour l'affichage.

- Sensibilité : les application peuvent réagir à plus d'événements, notamment à ceux liés à la saisie clavier.

La richesse d'interface tient aussi à trois facteurs :

- Richesse des composants graphiques : en plus des formulaires et des liens, qui sont, en HTML, les principaux éléments réactifs, il est possible de disposer d'onglets, de boîtes flottantes, d'arborescences, de menus, d'info-bulles, de calendriers, etc.

- Support du glisser-déposer et, dans une certaine mesure, de mécanismes de défaire/refaire.

- Support de l'édition WYSIWYG.

Les applications Ajax combinent ainsi la puissance et la qualité de l'interface utilisateur du client lourd avec l'absence de déploiement du client léger, constituant par là ce qu'on appelle aujourd'hui le client riche.

Objectifs de l'ouvrage

Cet ouvrage vise à guider le lecteur dans la réalisation d'applications Ajax. Il couvre trois grands axes : les technologies constitutives d'Ajax, les questions fonctionnelles et techniques soulevées, avec les réponses qu'il est possible d'y apporter, et enfin les méthodes et outils qui facilitent et rendent plus sûr le développement.

Les technologies comportent :

- Le HTML dynamique, c'est-à-dire DOM (Document Object Model), ou modèle objet du document, et les CSS (Cascading Style Sheets), ou feuilles de style en cascade, combinés avec JavaScript.

- XMLHttpRequest, l'objet JavaScript permettant d'effectuer des requêtes HTTP asynchrones vers le serveur.

- JSON (JavaScript Object Notation), ou notation objet en JavaScript, ainsi que XML et les technologies associées, notamment XSLT et XPath.

Les questions soulevées concernent la gestion des appels asynchrones, la conception et l'utilisation de composants graphiques (comme la suggestion de saisie) ou fonctionnels (comme un panier dans une application de vente en ligne), la complexité du code JavaScript induite par la richesse des fonctionnalités du client et l'intégration d'Ajax dans les applications Web existantes.

Les solutions à ces problèmes reposent en grande partie sur des méthodes et des frameworks : pour faire face à la complexité du code, celui-ci doit être conçu de façon modulaire, en faisant appel à la programmation objet de JavaScript, à des bibliothèques de composants JavaScript et à une architecture MVC (modèle, vue, contrôleur).

Cette dernière, qui a démontré sa valeur côté serveur ainsi que dans les applications à client lourd, se révèle désormais utile aussi côté client en Web. Elle se prolonge par la séparation nette entre le code HTML, concentré sur la structure et le contenu, le code JavaScript en charge du comportement, et les CSS, qui gouvernent l'apparence.

Les méthodes valant avant tout par l'exemple (« faites ce que je fais » étant en cette matière plus efficace que « faites ce que je dis »), elles sont constamment mises en pratique dans cet ouvrage.

L'objectif de celui-ci est en effet double : installer chez le lecteur des bases solides et le rendre opérationnel rapidement à travers des réalisations d'ampleur progressive, le dernier chapitre incluant une étude de cas illustrant comment concevoir et réaliser une application « ajaxifiée ».

Organisation de l'ouvrage

Dans chaque chapitre, l'ouvrage part du besoin, l'objectif à atteindre, et guide progressivement le lecteur vers cet objectif. La succession des chapitres vise également à faciliter cette progression. L'explication des techniques est illustrée par des exemples, que le lecteur pourra, dans certains cas, réutiliser dans ses propres projets. L'auteur insiste sur les fondements de chaque technologie et les pratiques conseillées et indique les points délicats, facteurs de bogues fréquents.

Le chapitre 1 examine ce qu'apporte Ajax et liste notamment les cas typiques où il offre un réel avantage. Une grande partie des exemples présentés ici sont développés dans les chapitres suivants. Les fonctions et le code d'un exemple simple sont examinés en détail afin de montrer comment s'imbriquent les différentes composantes du code.

Il n'est pas possible de faire de l'Ajax sans faire du HTML dynamique, qui consiste à modifier le contenu, la structure ou l'apparence d'une page Web sans aucun appel au serveur. La réciproque est fausse. Aussi est-il plus facile de commencer par le HTML dynamique, auquel le chapitre 2 est consacré. Ce chapitre fait un point sur les feuilles de style CSS et sur l'API DOM, qui permet de manipuler la structure, le contenu et l'apparence de la page Web et de gérer les événements liés aux actions de l'utilisateur.

Les applications Ajax faisant massivement appel à des composants, le chapitre 3 se penche sur les aspects objet et avancés de JavaScript, qui sont très particuliers et peuvent être déroutants tant pour les développeurs Java ou C# que pour ceux qui n'ont pas une grande habitude de la programmation objet. Le chapitre est illustré par la création de composants graphiques et d'une suggestion de saisie en local (comme sur le site de la RATP). Ce chapitre est fondamental, car tous les exemples des chapitres suivants construisent (ou font appel à) des composants JavaScript.

Le chapitre 4 est dédié à la communication avec le serveur *via* des requêtes XMLHttpRequest. Après un point sur le protocole HTTP, il examine les questions soulevées par les appels Ajax : gestion du cache, méthodes GET et POST, requêtes parallèles, cookies, sécurité. Les exemples incluent une suggestion de saisie par appels au serveur et la mise à jour dynamique d'une liste déroulante, réalisées sous forme de composants.

Le chapitre 5 traite de l'échange de données XML ou JSON entre le client et le serveur. Il examine et compare les différents formats d'échanges (texte, HTML, XML et JSON). Les spécificités de XML et de son DOM par rapport au HTML y sont indiquées. Il traite aussi de XSLT (transformations XML) et XPath. Les technologies sont illustrées par un lecteur RSS, d'abord dans une version simple faisant appel à DOM, puis dans une version plus élaborée faisant appel à XSLT.

Le chapitre 6 aborde les « frameworks » Ajax. Il commence par différencier bibliothèques et frameworks, puis examine les critères de choix à prendre en compte et compare les produits disponibles. Il étudie en particulier dojo et prototype.js, les deux bibliothèques les plus anciennes et, semble-t-il, les plus utilisées actuellement. Le chapitre est illustré de nombreux exemples d'utilisation, notamment une mise en œuvre du glisser-déposer et un éditeur WYSIWYG.

Le chapitre 7 et dernier est consacré aux applications Ajax et Web 2.0. C'est le plus important du point de vue de la conception et de l'architecture. Il examine les questions soulevées par Ajax, en particulier l'absence de support des actions Page précédente et Ajouter aux favoris. Il détaille l'impact d'Ajax sur les architectures Web, en particulier le modèle MVC. Une étude de cas conclut le chapitre et l'ouvrage en montrant qu'au MVC côté serveur s'adjoint dans les cas complexes un MVC côté client.

Chaque chapitre s'appuie sur les connaissances acquises au cours des chapitres précédents et les enrichit. À l'issue de ce parcours, le lecteur aura un bagage solide et disposera de composants directement utilisables, lui permettant d'aborder ses projets Ajax en étant opérationnel.

Table des matières

1

Introduction à Ajax

Inventé début 2005 par Jesse J. Garrett, le terme Ajax (Asynchronous JavaScript And XML) désigne un ensemble de technologies existant depuis plusieurs années, dont une utilisation ingénieuse rend possibles des fonctionnalités Web novatrices et utiles, qui rencontrent un succès grandissant depuis l'apparition d'applications telles que Google Suggest, Google Maps, writely, etc.

Grâce à Ajax, il est possible de bâtir des applications Web au comportement très proche de celui des applications Windows ou MacOS natives. L'avantage essentiel d'Ajax réside dans une plus grande réactivité de l'interface par rapport au Web classique.

Ce chapitre vise à situer Ajax dans le monde du développement Web. Il servira en outre de base aux chapitres ultérieurs.

Il commence par expliquer ce qu'est Ajax et les avantages qu'il apporte aux utilisateurs, puis répertorie les cas typiques où il leur est utile. Plusieurs des exemples cités sont mis en œuvre dans le reste de l'ouvrage. Le chapitre est illustré par un exemple simple et démonstratif, dont le code est détaillé.

Qu'est-ce qu'Ajax ?

Nous allons tout d'abord considérer l'aspect fonctionnel d'Ajax, afin de montrer ce qu'il apporte par rapport au Web classique.

Nous détaillerons ensuite les technologies mises en œuvre, puisque Ajax n'est pas en lui-même une technologie, mais un ensemble de technologies existantes, combinées de façon nouvelle.

Mise à jour d'une partie de la page

Dans une application Web classique, lorsque l'utilisateur clique sur un lien ou valide un formulaire, le navigateur envoie une requête au serveur HTTP, qui lui retourne en réponse une nouvelle page, qui remplace purement et simplement la page courante, comme l'illustre la figure 1.1.

Figure 1.1

Communication client/serveur en Web classique

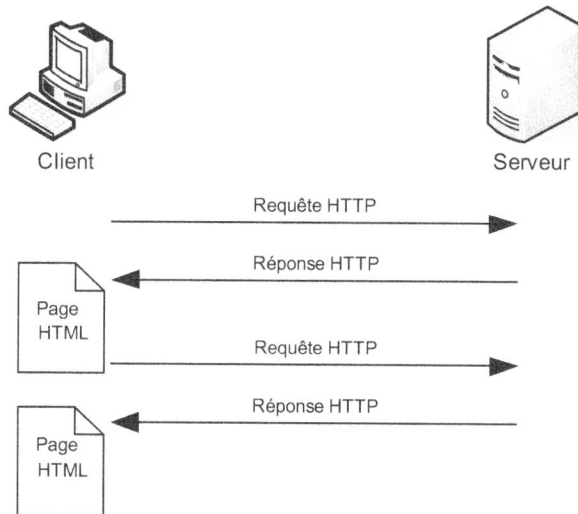

Par exemple, sur un site de commerce en ligne, l'utilisateur demande une page, dans laquelle il saisit ses critères de recherche de produits. Lorsqu'il valide le formulaire, une nouvelle page lui indique les résultats. Il peut alors, en cliquant sur le lien adéquat, ajouter tel produit à son panier, ce qui ramène une nouvelle page, par exemple la vue du panier, etc.

Dans la plupart des sites Web, les pages ont généralement des parties communes. Il s'agit notamment des liens vers les actions possibles sur le site, lesquels conservent le contexte et permettent à l'utilisateur de savoir où il en est et d'accéder rapidement aux informations ou aux actions possibles. Ces liens forment une sorte de menu, situé le plus souvent en haut ou à gauche des pages. Par exemple, pour un site de commerce, le panier de l'utilisateur est visible sur toutes les pages ou est accessible depuis un lien (souvent sous la forme d'une icône représentant un Caddie).

Avec le Web classique, ces parties communes sont envoyées avec chaque réponse HTTP. Lorsque le volume de données des éléments communs est faible par rapport à celle des éléments propres à la page, c'est sans grande conséquence. Dans le cas contraire, ce fonctionnement consomme inutilement une partie de la bande passante et ralentit l'application. Par exemple, si l'utilisateur modifie la quantité d'un article dans son panier, seuls deux ou trois petites portions de la page devraient être mises à jour : la quantité (un champ de saisie) et le nouveau montant de la ligne et du total. Le rapport est dans ce cas totalement disproportionné.

Avec Ajax, il est possible de ne mettre à jour qu'une partie de la page, comme l'illustre la figure 1.2. Les requêtes HTTP sont envoyées par une instruction JavaScript en réaction à une action de l'utilisateur. La réponse HTTP est également récupérée par JavaScript, qui peut dés lors mettre à jour la page courante, grâce à DOM et aux CSS, qui constituent ce qu'on appelle le HTML dynamique.

Plusieurs requêtes peuvent ainsi être émises depuis une même page, laquelle se met à jour partiellement à chaque réponse. Le cas extrême est constitué par une application réduite à une seule page, toutes les requêtes étant émises en Ajax. Nous verrons au chapitre 7 dans quels cas ce choix se montre judicieux.

Dans l'exemple précédent, lorsque l'utilisateur change la quantité d'un produit dans son panier, une requête HTTP est envoyée par JavaScript. À réception de la réponse, seules les trois zones concernées sont mises à jour. Le volume transitant sur le réseau est ainsi réduit (drastiquement dans cet exemple), de même que le travail demandé au serveur, qui n'a plus à reconstruire toute la page. La communication peut dés lors être plus rapide.

Figure 1.2

Communication client-serveur en Ajax

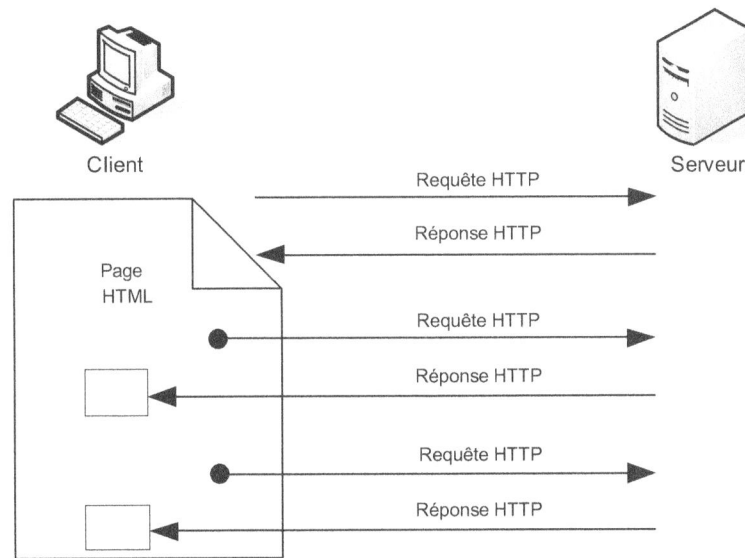

Communication asynchrone avec le serveur

La deuxième caractéristique d'Ajax est que la communication avec le serveur *via* JavaScript peut être *asynchrone*. La requête est envoyée au serveur sans attendre la réponse, le traitement à effectuer à la réception de celle-ci étant spécifié auparavant. JavaScript se charge d'exécuter ce traitement quand la réponse arrive. L'utilisateur peut de la sorte continuer à interagir avec l'application, sans être bloqué par l'attente de la réponse, contrairement au Web classique. Cette caractéristique est aussi importante que la mise à jour partielle des pages.

Pour reprendre notre exemple, si nous réalisons en Ajax l'ajout d'un produit au panier, l'utilisateur peut ajouter un premier article, puis un second, sans devoir attendre que le premier soit effectivement ajouté. Si la mise à jour des quantités achetés est également réalisée en Ajax, l'utilisateur peut, sur la même page, mettre à jour cette quantité et continuer à ajouter des articles (ou à en enlever). Nous mettrons d'ailleurs en œuvre ce cas au chapitre 7.

Les requêtes peuvent ainsi se chevaucher dans le temps, comme l'illustre la figure 1.3. Les applications gagnent ainsi en rapidité et réactivité.

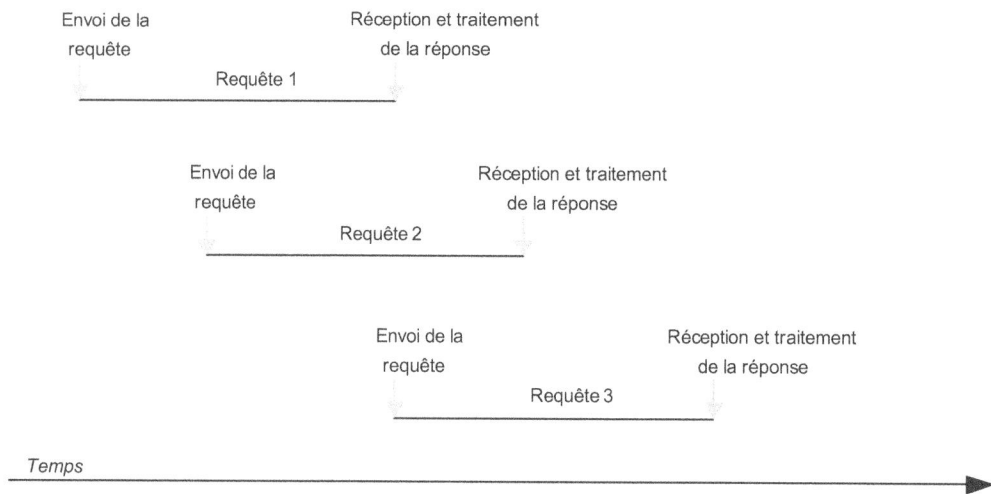

Figure 1.3
Requêtes Ajax asynchrones s'exécutant en parallèle

Le parallélisme des requêtes HTTP en Ajax est très utile dans la plupart des cas. Il exige cependant parfois de prendre certaines précautions, comme nous le verrons au chapitre 4.

Par exemple, si l'utilisateur valide le panier, il faut lui interdire de le modifier tant que la validation n'est pas terminée ou abandonnée, afin d'éviter de possibles incohérences. De même, cette validation doit être impossible tant que des requêtes modifiant ce panier sont en cours. Avant d'utiliser des requêtes asynchrones, il convient donc de vérifier qu'elles n'induisent aucun problème fonctionnel.

Techniques mises en œuvre

La communication avec le serveur repose sur l'objet JavaScript XMLHttpRequest, qui permet d'émettre une requête, de l'annuler (c'est parfois utile) et de spécifier le traitement à effectuer à la réception de sa réponse.

Le chapitre 4 examine en détail les problématiques relatives à cet objet. Disponible depuis 1998 dans Microsoft Internet Explorer, il l'est désormais dans tous les navigateurs récents.

Le traitement à effectuer lors de la réception de la réponse implique généralement de mettre à jour le contenu, la structure ou l'apparence d'une ou de plusieurs parties de la page. C'est précisément en quoi consiste le HTML dynamique.

Apparu dès 1996, le HTML dynamique a longtemps souffert d'incompatibilités des navigateurs, aujourd'hui limitées, et de l'aspect gadget de ce qui lui était souvent demandé (animations sans utilité fonctionnelle, rollovers, etc.). Le HTML dynamique repose sur DOM (Document Object Model), ou modèle objet du document, et les CSS (Cascading Style Sheets), ou feuilles de style en cascade, deux normes du Web Consortium aujourd'hui assez bien supportées par les navigateurs. Le HTML dynamique est présenté en détail au chapitre 2.

Avec Ajax, beaucoup de code peut être déporté du serveur vers le client. Le code JavaScript devient donc plus complexe, ce qui rend nécessaire de bien le structurer. C'est pourquoi les applications Ajax induisent une programmation objet en JavaScript, ainsi que l'utilisation d'aspects avancés de ce langage, lesquels sont couverts au chapitre 3.

Les réponses Ajax en HTTP peuvent être au format HTML, comme en Web classique, mais avec cette différence qu'il s'agit de fragments HTML, et non de pages entières, seule la portion de page à remplacer étant renvoyée.

Dans certains cas, cela se révèle tout à fait adapté, mais il peut être préférable dans d'autres cas de renvoyer la réponse sous forme structurée, de façon à pouvoir l'exploiter de plusieurs manières côté client. C'est là qu'intervient XML, qui préfixe l'objet `XMLHttpRequest`, ainsi que les techniques qui l'accompagnent, notamment XSLT. C'est aussi là qu'intervient JSON, un format d'échange adapté aux données, qui l'est parfois plus encore que XML. Le chapitre 5 se penche en détail sur ces deux formats.

Ajax repose ainsi sur tous ces piliers : DOM et CSS, JavaScript, `XMLHttpRequest`, XML et XSLT, ainsi que JSON.

Exemples typiques où Ajax est utile

Ajax est bien adapté à certains besoins mais pas à d'autres. Sans attendre d'avoir une idée approfondie de ses tenants et aboutissants, nous dressons dans cette section une liste des situations où il se révèle utile, voire précieux.

Plusieurs des exemples qui suivent seront mis en œuvre dans la suite de l'ouvrage.

Validation et mise à jour d'une partie de la page

Reprenons notre exemple de boutique en ligne.

L'utilisateur consulte un catalogue, ajoute des articles à son panier puis valide celui-ci et paie la commande générée. Lors de la validation du panier, si l'utilisateur ne s'est pas encore identifié, l'application lui demande de saisir son identifiant et son mot de passe ou de s'enregistrer si ce n'est déjà fait.

Prenons le cas d'un utilisateur déjà enregistré. Il est dirigé vers une page d'identification, puis, après validation, vers son panier. En Web classique, le serveur doit construire et renvoyer deux fois la page de validation du panier. Avec Ajax, nous pouvons rester sur cette page, y afficher le formulaire d'identification, et, lorsque l'utilisateur valide sa saisie, lancer en sous-main une requête au serveur, récupérer le résultat et l'afficher. C'est alors que l'utilisateur peut valider son panier.

Les figures 1.4 et 1.5 illustrent cet usage. Notons à la figure 1.5 l'icône indiquant que la requête est en cours de traitement.

Figure 1.4

Validation d'un formulaire sans changer de page

Figure 1.5

L'utilisateur a validé le formulaire, qui attend la réponse

L'avantage apporté par Ajax est ici double : l'application va plus vite, puisque nous réduisons le nombre de requêtes et la taille de la réponse (un simple OK, ou un message « Utilisateur inconnu »), et le déroulement est plus fluide pour l'utilisateur, qui peut même continuer sa saisie et changer, par exemple, la quantité à commander pour un article.

D'autres avantages d'Ajax se retrouvent dans d'autres parties du site. L'identification est généralement un prérequis pour des opérations telles que consulter ses commandes passées, spécifier des préférences (Ma recherche, Mon profil). Si la requête d'identification et sa réponse sont réduites au minimum, nous pouvons légitimement espérer un allégement non seulement d'une opération, mais de l'ensemble de celles qui sont concernées par l'identification.

Ce cas de figure se présente dans toutes les situations où une partie d'un formulaire peut être validée ou utilisée indépendamment du reste, notamment les suivantes :

- Quand l'utilisateur enregistre un client, pour vérifier l'existence de son code postal et proposer la ou les communes correspondantes. Le plus souvent, il y n'y en a une seule, mais, en France, il peut y en avoir jusqu'à 46 pour un même code postal.

- Dans une application d'assurance, pour déclarer un sinistre sur un véhicule. L'utilisateur indique l'identifiant du véhicule, puis, pendant qu'il saisit les informations concernant le sinistre, l'application interroge le serveur et ramène les données correspondant au véhicule.

Évidemment, si la requête au serveur est asynchrone, c'est-à-dire si elle ne bloque pas l'utilisateur, il faut lui montrer par un petit signe, comme le GIF animé de Mozilla pour le chargement, que la donnée est en train d'être récupérée. Ce *feedback* est très important.

Cet exemple est traité en détail à la fin de ce chapitre.

Aide à la saisie, notamment suggestion de saisie

Google Suggest a popularisé l'usage de l'aide à la saisie : l'utilisateur commence à saisir une expression, puis, à chaque caractère saisi, l'application interroge le serveur de façon asynchrone, récupère les 10 expressions les plus demandées commençant par l'expression saisie et les affiche sous forme de liste. L'utilisateur peut dés lors sélectionner l'une d'elles, qui se place dans le champ de saisie.

La figure 1.6 illustre un exemple de suggestion de saisie où l'utilisateur a entré « ajax ».

Figure 1.6

Google Suggest

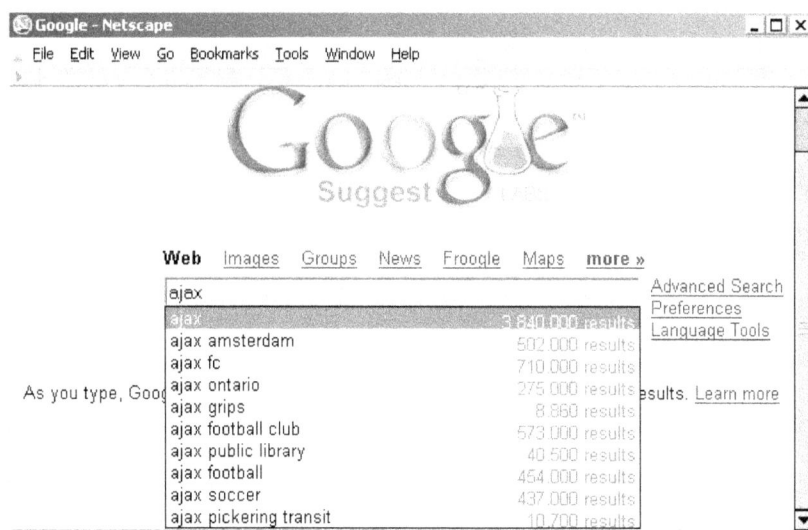

Les serveurs de Google sont si rapides que les réponses aux requêtes sont quasiment instantanées. Toutes les applications ne disposent cependant pas d'une telle puissance. Il faut en tenir compte quand nous implémentons cette technique, en ne lançant des requêtes que tous les *n* caractères saisis, ou lorsque la saisie comprend déjà *n* caractéres.

Si nous reprenons l'exemple de la saisie d'un code postal, nous pouvons ne déclencher la requête destinée à récupérer les communes correspondantes que lorsque la saisie a atteint 5 caractères et annuler cette requête dés que l'utilisateur efface un caractére.

Nous pouvons même dans certains cas éviter tous les allers-retours vers le serveur, à l'image du site de la RATP. Pour fournir l'itinéraire d'une station de métro à une autre, cette application suggère les stations dont le nom commence par la saisie de l'utilisateur, et ce à chaque caractère entré. C'est aussi instantané que pratique. Il suffit, lors du chargement de la page, d'envoyer au navigateur un fichier contenant le nom de toutes les stations. Le poids de ce fichier n'étant que de 14 Ko, c'est une idée particulièrement judicieuse.

La question clé à déterminer pour savoir s'il faut envoyer les requêtes au serveur ou au client réside dans le volume des données dans lesquelles il faut rechercher. Pour les stations, il est si petit qu'il peut être envoyé intégralement sur le client. Pour les communes, ou des noms de clients dans une application d'assurance, il existe des dizaines ou des centaines de milliers d'enregistrements, si bien que des requêtes au serveur sont indispensables.

Cet usage d'Ajax si avantageux pour les utilisateurs exige en contrepartie une vérification attentive des performances ainsi que de sa pertinence dans chaque cas. Faire des suggestions quand l'utilisateur saisit un numéro de contrat n'apporte pas nécessairement grand-chose, alors que, pour le nom d'un produit ou d'un client, cela offre une sorte de visibilité de l'ensemble des valeurs, qui peut guider l'utilisateur.

La suggestion de saisie est traitée en détail aux chapitres 3 (en version locale) et 4 (en version communiquant avec le serveur).

Lecture de flux RSS

Les flux RSS sont une composante majeure de ce que l'on appelle le Web 2.0. Comme une page HTML, un flux RSS est la réponse à une requête faite à un serveur Web, dont la spécificité est de transmettre des nouvelles (agences de presse, journaux en ligne, blogs, nouvelles d'un site) ayant une structure prédéfinie. Cette structure contient essentiellement une liste d'articles portant un titre, un résumé, une date de mise en ligne et l'adresse de l'article complet. Qui dit information structurée, dit XML, si bien qu'un flux RSS est un document XML.

Avec Ajax, il est possible de récupérer de tels flux dans une page Web, de les afficher en HTML selon la forme souhaitée et de les faire se mettre à jour à intervalles réguliers.

Le site *www.netvibes.com* illustré à la figure 1.7 donne un exemple d'un tel usage. Nous y voyons plusieurs boîtes, une par flux : à gauche, un flux provenant de techno-science.net et, à côté, un flux provenant du blog de netvibes, l'élément de droite étant simplement une zone de contenu statique.

Le site netvibes ajoute à cette fonctionnalité la possibilité de déplacer les boîtes sur la page par glisser-déposer, ce qui améliore encore son ergonomie. L'intégration d'une forte proportion de HTML dynamique est une constante des applications Ajax.

Une lecture de flux RSS proche de celle de *netvibes.com* est détaillée au chapitre 5.

Figure 1.7

*Affichage
de flux RSS par le
site netvibes*

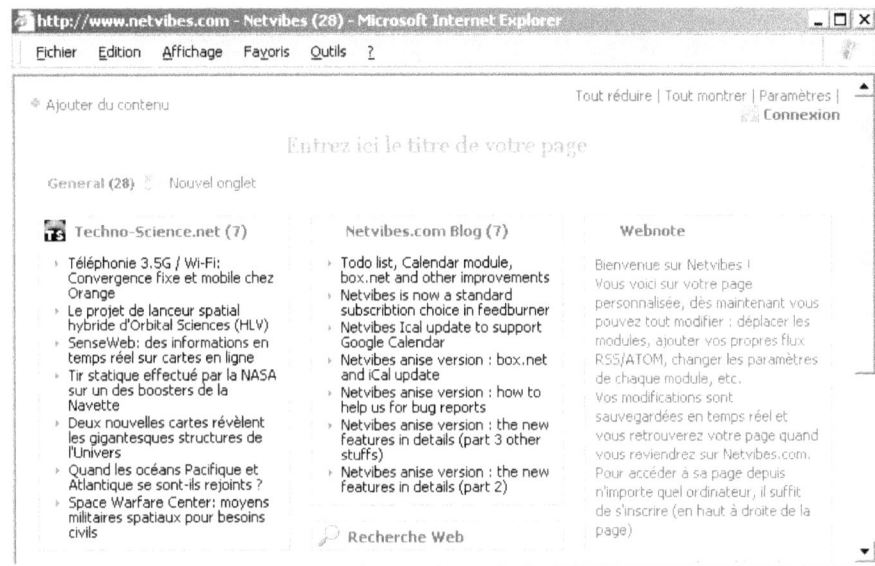

Tri, filtrage et réorganisation de données côté client

Il est très fréquent d'afficher à l'utilisateur les résultats d'une recherche sous forme de tableau, en lui permettant de trier les résultats par un clic sur une colonne, comme dans l'Explorateur de Windows, les logiciels de messagerie et bien d'autres applications. Il est aussi parfois utile de lui permettre de filtrer les résultats suivant tel ou tel critère.

Il arrive assez fréquemment que ces résultats ne dépassent pas la centaine ou un volume de l'ordre de 50 Ko, par exemple quand les données correspondent à une sous-catégorie telle que salariés d'un département dans une application de ressources humaines, produits d'un rayon dans une gestion de stock, etc.

Comme les données sont sur le client, ce serait du gâchis que de lancer chaque fois une requête au serveur. Une excellente façon de l'éviter est de transmettre les données en XML et de les afficher au moyen de transformations XSLT effectuées côté client. Les tris et filtrages étant instantanés, c'est là l'un des emplois les plus puissants d'Ajax et qui illustre non le A (asynchronous) de l'acronyme mais le X (XML).

La figure 1.8 illustre une page affichant des éléments d'une liste en fonction de critères de recherche.

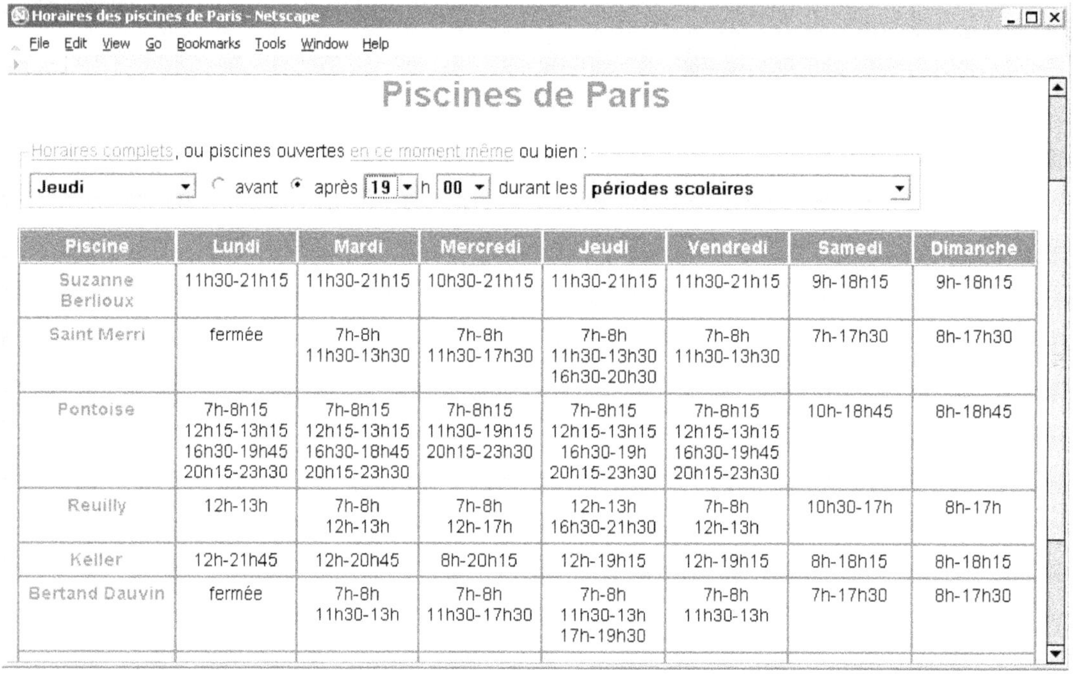

Piscine	Lundi	Mardi	Mercredi	Jeudi	Vendredi	Samedi	Dimanche
Suzanne Berlioux	11h30-21h15	11h30-21h15	10h30-21h15	11h30-21h15	11h30-21h15	9h-18h15	9h-18h15
Saint Merri	fermée	7h-8h 11h30-13h30	7h-8h 11h30-17h30	7h-8h 11h30-13h30 16h30-20h30	7h-8h 11h30-13h30	7h-17h30	8h-17h30
Pontoise	7h-8h15 12h15-13h15 16h30-19h45 20h15-23h30	7h-8h15 12h15-13h15 16h30-18h45 20h15-23h30	7h-8h15 11h30-19h15 20h15-23h30	7h-8h15 12h15-13h15 16h30-19h 20h15-23h30	7h-8h15 12h15-13h15 16h30-19h45 20h15-23h30	10h-18h45	8h-18h45
Reuilly	12h-13h	7h-8h 12h-13h	7h-8h 12h-17h	12h-13h 16h30-21h30	7h-8h 12h-13h	10h30-17h	8h-17h
Keller	12h-21h45	12h-20h45	8h-20h15	12h-19h15	12h-19h15	8h-18h15	8h-18h15
Bertand Dauvin	fermée	7h-8h 11h30-13h	7h-8h 11h30-17h30	7h-8h 11h30-13h 17h-19h30	7h-8h 11h30-13h	7h-17h30	8h-17h30

Figure 1.8

Filtrage de données sur le poste client

Dés que l'utilisateur modifie un critère, le tableau change instantanément : seuls les établissements ouverts aux heures et jours indiqués sont affichés, et la colonne correspondant au jour courant (jeudi dans l'exemple) est mise en exergue (son fond change de couleur).

Nous traitons en détail au chapitre 5 un exemple équivalent, où les données sont des flux RSS.

Édition WYSIWYG de documents

Il s'agit ici de sauvegarder des documents plutôt que de soumettre des formulaires. Il peut s'agir de documents HTML ou de toutes sortes de documents structurés régulièrement manipulés par les entreprises, comme les notes de frais. L'utilisateur peut cliquer sur un bouton pour sauvegarder son document, tout en continuant à l'éditer. Pour le sauvegarder, l'application lance une requête asynchrone, dont le corps contient le document. L'édition fait pour sa part un recours massif au HTML dynamique.

Il faut prévoir un bouton Editer/Terminer l'édition, afin de verrouiller/déverrouiller le document en écriture au niveau serveur. Cela se révèle très pratique pour des documents assez riches et partagés, pour lesquels un formulaire aurait une structure trop rigide. Wikipedia est fournit un bon exemple.

Plusieurs sites proposent aujourd hui des applications bureautiques en ligne fonctionnant de cette mani re gr ce Ajax : traitement de texte (par exemple, writely), tableur, gestionnaire d agenda, sans parler des messageries. La figure 1.9 illustre l diteur de texte fourni par le framework Ajax dojo toolkit.

Figure 1.9

L'éditeur Ajax fourni par le framework dojo toolkit

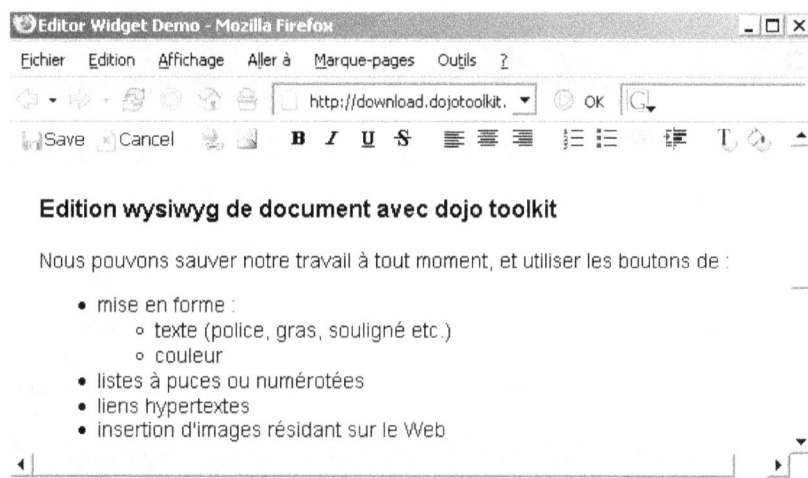

Nous indiquons au chapitre 6 comment réaliser un tel éditeur.

Diaporamas et autres applications documentaires

Les applications documentaires se développent de plus en plus sur Internet. Il s'agit en particulier de disposer de différentes vues d'un même document : table des matières, fragment du document (page n d'un article découpé en x parties), intégralité du document sous forme imprimable. Nous pouvons, par exemple, avoir, à gauche d'une page, la table des matières et, à droite, la partie du document correspondant à l'entrée de la table des matières sur laquelle l'utilisateur a cliqué. Nous pouvons aussi faire défiler l'ensemble du document sous forme de diaporama.

J'utilise moi-même souvent cette technique pour des présentations. Le document mêle des éléments destinés à la présentation orale (titres et listes à puces) et du commentaire destiné à l'écrit. Il est possible d'imprimer tout le document sous forme de manuel et de l'afficher sous la forme d'un diaporama, avec en ce cas un affichage des caractères beaucoup plus gros.

La figure 1.10 illustre la création d'un diaporama sur le site *thumbstacks.com*.

Figure 1.10
Édition
d'un diaporama
sur le site
thumbstacks.com

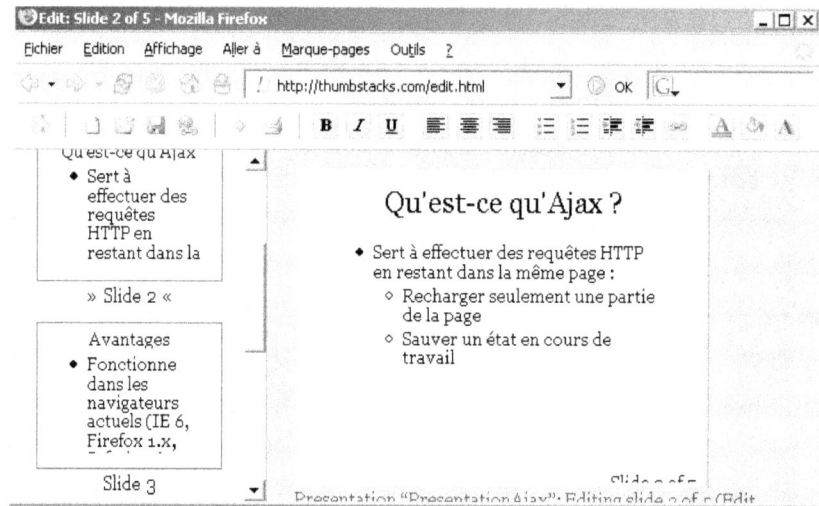

Nous pouvons avoir des documents à structure libre (bureautique) ou souhaiter structurer plus fortement les documents grâce à XML en proposant à la consultation différentes vue résultant de transformations DOM ou XSLT côté client.

Pour l'utilisateur, l'avantage est là encore la rapidité de réaction que cela lui apporte. Le document volumineux est chargé en une fois, et le passage d'une vue à une autre est instantané. Pour l'éditeur du document, l'avantage est la garantie d'une cohérence entre les différentes vues, puisque toutes les vues sont obtenues à partir d'un unique document. Transposé dans le monde documentaire, nous retrouvons là le mécanisme des vues des bases de données relationnelles.

Débranchement dans un scénario

Reprenons l'exemple du panier dans une boutique en ligne.

Lorsque l'utilisateur commande sur le site pour la première fois, il doit s'enregistrer. Dans de nombreux sites, lorsque, sur la page du panier, il clique sur le bouton Valider le panier, il est redirigé vers une nouvelle page pour saisir son profil. Il remplit alors le formulaire et le soumet au serveur, après quoi l'application le connecte puis le ramène vers la page de commande (ou lui dit simplement « Vous êtes connecté », l'utilisateur devant encore cliquer sur Mon panier).

Cet usage est en quelque sorte une variante du premier (validation et mise à jour partielle).

Cela présente les deux inconvénients suivants :

- Performance. Le serveur doit traiter deux requêtes : l'affichage du formulaire d'enregistrement, d'une part, et sa validation et sa redirection vers la page du panier, d'autre part.

- Ergonomie. Du fait du changement de contexte (panier puis enregistrement), la fluidité du scénario est rompue.

Nous pouvons améliorer l'ergonomie d'un tel site en affichant le formulaire d'inscription dans une fenêtre pop-up ou dans un cadre interne. Dans les deux cas, nous réduisons le trafic puisque nous évitons le renvoi de la page du panier. Une autre façon de procéder consiste à déployer le formulaire d'enregistrement dans la fenêtre grâce à un clic sur un bouton ou un lien S'enregistrer et à ne soumettre au serveur que ce formulaire, par le biais d'une requête `XMLHttpRequest`.

Pour cela, il faut modifier dynamiquement le contenu ou l'affichage de la page et passer des requêtes partielles, c'est-à-dire sans redemander au serveur de reconstruire toute la page.

Un tel usage est étroitement lié à une règle de bonne conception des IHM : quand il y a plusieurs objets sur une page, nous réservons à chacun une zone sur cette page, et nous y plaçons les actions associées. Ici, nous avons les objets `catalogue`, `panier` et `utilisateur`. Nous pouvons disposer les trois objets sur la page, avec éventuellement une zone de travail additionnelle, et ne rafraîchir que ce qui est nécessaire.

Visualisation graphique avec SVG

Dans des applications d'aide à la décision (tableau de bord, analyse de données, prévision) ou de simulation, il est souvent très utile de présenter les données sous forme graphique : courbes, histogrammes, camemberts. Avant Ajax, nous étions réduits à générer ces graphiques côté serveur sous forme de fichiers GIF ou PNG et à les envoyer sur le client.

Nous pouvons aujourd'hui envisager de faire beaucoup mieux. SVG (Scalable Vector Graphics), une norme du W3C, est un type de documents XML qui décrit des graphiques vectoriels ainsi que leur animation. Comme il s'agit de XML, nous pouvons transformer les données en SVG au moyen de XSLT, en particulier sur le client et construire ainsi des applications dans lesquelles nous pouvons manipuler ces données côté client et en voir immédiatement le rendu graphique. Cela peut se faire directement dans Firefox à partir de la version 1.5 et dans Internet Explorer au moyen d'un plug-in comme le visualiseur SVG d'Adobe.

Rafraîchissement d'une branche d'une arborescence

Certaines applications présentent des informations sous forme arborescente. Un forum, par exemple, peut afficher une liste d'articles (news), dont chacun peut donner lieu à un fil de discussion, chaque réponse dans un fil pouvant à son tour donner lieu à un autre fil, etc. D'autres exemples de ce type sont fournis par les catalogues, avec leurs rubriques et sous-rubriques, les organigrammes d'entreprise *(voir figure 1.11)* ou encore les tables des matières des documentations.

Figure 1.11

Organigramme Ajax

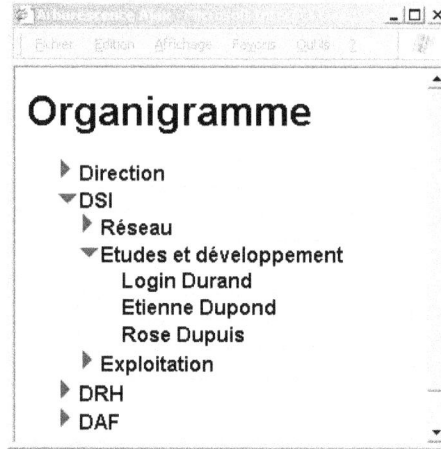

Quand l'utilisateur cherche un élément de l'arborescence (dans notre exemple, Login Durand), nous l'affichons avec les nœuds ancêtres (service, direction) et voisins. Quand il veut détailler une branche de l'arborescence, nous récupérons par une requête asynchrone le détail de la branche et l'ajoutons simplement à l'arborescence, en conservant l'état déployé ou replié des autres branches.

L'utilisateur peut de la sorte parcourir tout l'arbre de façon flexible. Quand l'arbre est particulièrement imposant, c'est très utile. C'est ce que fait Microsoft pour la table des matières de son site de documentation technique *(msdn.microsoft.com)*.

Chargement progressif de données volumineuses

Il arrive que les données à transmettre soient volumineuses. L'application Google Maps en est un bon exemple. Elle affiche une zone d'une carte, qu'il est possible de faire glisser de façon à afficher les zones voisines, et ce indéfiniment, et sur laquelle il est possible de faire des zooms avant et arrière. Cela fonctionne un peu comme Mappy, sauf que l'utilisateur peut faire glisser la carte sans aucune contrainte.

Grâce à Ajax, la carte à afficher est en fait découpée en petits morceaux. Quand l'utilisateur la déplace, le navigateur demande les morceaux voisins par des requêtes asynchrones. Le serveur répondant très vite, l'utilisateur a une impression de fluidité.

Exemple Ajax simple

Après avoir parcouru les différents usages d'Ajax dans les applications, nous allons nous pencher plus en détail sur un premier exemple simple, du point de vue tant fonctionnel que du code.

Nous reprenons le cas indiqué précédemment de la page affichant le panier d'une boutique en ligne et permettant de le valider. L'utilisateur dispose d'un formulaire pour cela, mais il lui faut au préalable s'être identifié. La page sait s'il l'est en stockant cette information dans un champ caché ou dans une variable.

S'il n'est pas encore identifié, l'application lui propose de le faire à travers un autre formulaire dédié à cela. La page a alors l'aspect illustré à la figure 1.12 (l'emplacement du panier est simplement mentionné).

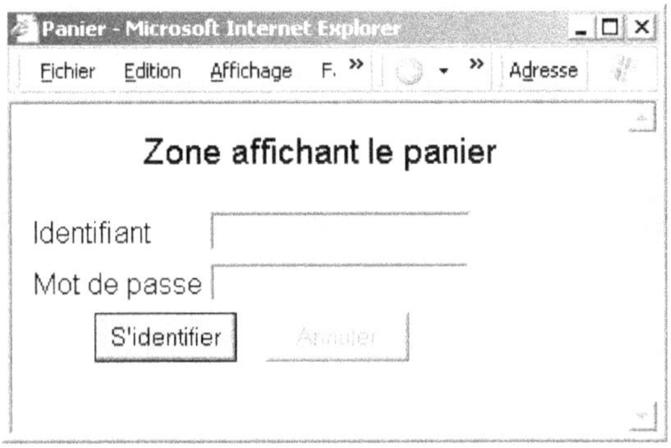

Figure 1.12

Formulaire d'identification

L'utilisateur remplit le petit formulaire puis le valide. L'application interroge alors le serveur sans demander une nouvelle page. En attendant la réponse (si le serveur est lent), l'utilisateur peut changer la quantité des articles qu'il a choisis. Il faut alors l'avertir visuellement que la requête est en cours de traitement, de même qu'il faudra l'avertir quand elle sera terminée.

Un moyen simple pour réaliser cela consiste à changer l'apparence du bouton de validation, en remplaçant le texte par une image animée suggérant le chargement, comme celle du navigateur Firefox. Il faut en outre donner à l'utilisateur la possibilité d'abandonner la requête, comme pour le Web classique, ce qui est l'objet du bouton Annuler, qui devient activé, ainsi que l'illustre la figure 1.13.

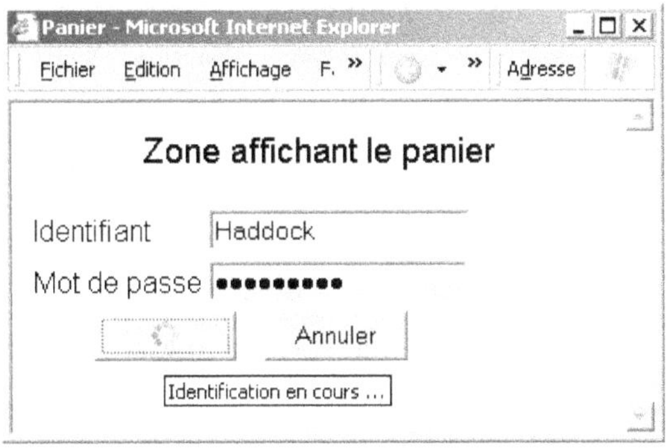

Figure 1.13

Attente de la réponse du serveur indiquée par une image animée

Si l'utilisateur annule la requête, le bouton S'identifier affiche à nouveau le texte initial, et le bouton Annuler est désactivé, comme l'illustre la figure 1.14.

Figure 1.14
*Abandon
de la requête*

S'il laisse le traitement se poursuivre, une fois celui-ci terminé, la bouton Annuler est à nouveau désactivé. Si l'utilisateur a saisi les bons identifiant et mot de passe, l'application l'en avertit *(voir figure 1.15)*, lui permettant de valider son panier en modifiant l'information correspondante stockée au niveau de la page. Dans le cas contraire, elle affiche un message d'erreur *(voir figure 1.16)*.

Figure 1.15
*Saisie validée
par le serveur*

Figure 1.16
*Erreur indiquée
par le serveur*

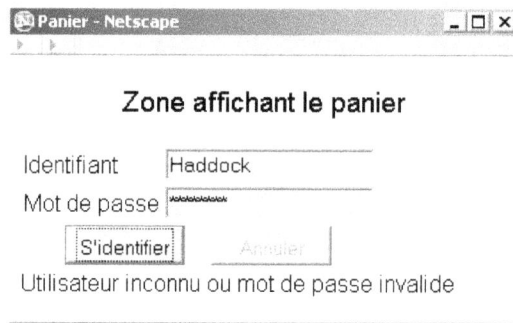

Le code côté serveur

Bien que simple, cet exemple met déjà en œuvre plusieurs briques essentielles d'Ajax.

Nous allons examiner comment celles-ci s'imbriquent afin de bien faire comprendre les mécanismes mis en jeu dans Ajax. Nous étudions en détail chacune de ces briques au cours des chapitres suivants.

Nous écrivons le code serveur en PHP.

Nous avons les deux pages suivantes :

* **panier.php,** qui affiche le panier de l'utilisateur.
* **identifier.php,** qui identifie l'utilisateur, l'enregistre dans la session côté serveur s'il est reconnu et informe en retour s'il est connecté ou si les informations sont invalides. Ce service peut bien entendu être appelé depuis d'autres pages que **panier.php.**

Considérons rapidement le code de l'action **identifier.php.** Nous sommes dans du Web classique, avec une forme assez MVC (modèle, vue, contrôleur). La vue se charge de renvoyer le résultat à l'utilisateur. tandis que le modèle maintient l'état du serveur (session utilisateur, base de données). Pour la simplicité de l'exemple, il est réduit au minimum indispensable. Le contrôleur récupère les paramètres, interroge ou commande le modèle et demande à la vue de renvoyer la réponse.

Voici le code du contrôleur :

```php
<?php
// Attendre 1 seconde pour simuler la realite : les serveurs
// sont souvent lents
/** Controleur */
sleep(1);
if (array_key_exists("login", $_POST)
  && array_key_exists("motPasse", $_POST)) {←❶
  // Les parametres ont bien ete transmis
  $user = get_user($_POST["login"], $_POST["motPasse"]);←❷
  if ($user) {
    connecter_user($user);←❸
  }
  repondre($user);←❹
}
else {
  print "usage : $_SERVER[PHP_SELF]?login=...&motPasse=...";←❺
}
```

En ❶, nous vérifions que nous avons bien les paramètres attendus. Si ce n'est pas le cas (ligne ❺), nous renvoyons le message indiquant l'usage de l'action. En ❷, nous récupérons l'utilisateur correspondant aux paramètres. S'il existe, nous le connectons (ligne ❸), et, dans tous les cas, nous renvoyons la réponse (ligne ❹).

Passons maintenant au code du modèle :

```php
/** Modele */
```

```php
function get_user($login, $motPasse) {
  // Le seul utilisateur valide sera Haddock/Archibald
  $user = null;
  if ($login == "Haddock" && $motPasse == "Archibald") {
    $user = array("id" => 1, "login" => "Haddock");
  }
  return $user;
}

function connecter_user($user) {
  // Enregistrer l'utilisateur dans la session web
}
```

Nous constatons que le code est vraiment réduit au minimum. La fonction `get_user` n'accepte qu'un utilisateur écrit en dur, sans aucun accès à la base de données. Si les paramètres lui correspondent, elle le renvoie, sinon elle renvoie `null`. De même, `connecter_user` a un corps vide.

La vue renvoie au client un simple message texte, sans aucun enrobage HTML ou XML (c'est lui qui est affiché sur le client, lequel le reprend purement et simplement) :

```php
/** Vue */
function repondre($user) {
  if ($user) {
    print "Utilisateur '$user[login]' connect&eacute;";
  }
  else {
    print "Utilisateur inconnu ou mot de passe invalide";
  }
}
?>
```

Le code côté client

Examinons maintenant le code côté client de la page **panier.php.**

Au niveau HTML, nous avons un en-tête classique, pourvu d'une feuille de style réduite :

```html
<!DOCTYPE html PUBLIC "-//W3C//DTD XHTML 1.0 Transitional//EN"
    "http://www.w3.org/TR/xhtml1/DTD/xhtml1-transitional.dtd">
<html xmlns="http://www.w3.org/1999/xhtml">
  <head>
    <meta http-equiv="content-type"
      content="text/html; charset=iso-8859-1" />
    <title>Panier</title>
    <style type="text/css">
    button {
      width: 12ex;
      height: 2em;
      margin: 0ex 1ex 0ex 1ex;
    }
```

```
    #panier {
      text-align: center;
      font-size:120%;
      background: #FAF0F5;
    }
    </style>
```

Suit du code JavaScript (examiné plus loin), puis le corps de la page, avec le panier (ici simplifié en un div) et un formulaire, dont l'action (ligne ❷) est un appel à la fonction JavaScript identifier() :

```
    <body onload="montrerInactivite()">←❶
      <p id="panier">Zone affichant le panier</p>
      <form name="identification"
        action="javascript:identifier()">←❷
        <table border="0">
          <tbody>
            <tr>
              <td>Identifiant</td>
              <td><input type="text" id="login"/></td>
            </tr>
            <tr>
              <td>Mot de passe</td>
              <td><input type="password" id="motPasse"/></td>
            </tr>
            <tr>
              <td colspan="2" style="text-align: center">
                <button type="submit">←❸
                  <span id="identifierOff">S'identifier</span>
                  <img id="identifierOn" src="loading.gif"
                    alt="Identification en cours ..."/>
                </button>
                <button type="button"
                  id="boutonAbandonnerIdentifier"←❹
                  onclick="abandonnerIdentifier()">Annuler</button>
              </td>
            </tr>
          </tbody>
        </table>
        <div id="message"></div>
      </form>
    </body>
  </html>
```

Détaillons les trois fonctions JavaScript principales :

• identifier(), appelée en ❷, qui construit la requête HTTP et la lance. Le traitement est déclenché par le bouton S'identifier.

• onIdentifier(), qui correspond au traitement lorsque la réponse est complètement récupérée.

- abandonnerIdentifier(), qui abandonne la requête en cours d'exécution (équivalent du bouton Stop du navigateur). Cette fonction est déclenchée par le bouton Annuler (ligne ❹).

Voici le code de ces fonctions :

```
    <script type="text/javascript">
// La requete HTTP
var requete;

function identifier() {
  requete = getRequete();
  if (requete != null) {
    // Constituer le corps de la requete (la chaine de requete)
    var login = document.getElementById("login").value;
    var motPasse = document.getElementById("motPasse").value;
    var corps = "login=" + encodeURIComponent(login)
      + "&motPasse=" + encodeURIComponent(motPasse);
    try {
      // Ouvrir une connexion asynchrone
      requete.open("POST", "identifier.php", true);
      // Positionner une en-tete indispensable
      // quand les parametres sont passes par POST
      requete.setRequestHeader("Content-type",
        "application/x-www-form-urlencoded");
      // Traitement a effectuer quand l'etat de la requete changera
      requete.onreadystatechange = onIdentifier;
      // Lancer la requete
      requete.send(corps);
      // Montrer que la requete est en cours
      montrerActivite();
    }
    catch (exc) {
      montrerInactivite();
    }
  }
  else {
    setMessage("Impossible de se connecter au serveur");
  }
}

// Ce qui s'executera lorsque la reponse arrivera
function onIdentifier() {
  if (requete.readyState == 4 && requete.status == 200) {
    // Montrer que la requete est terminee
    montrerInactivite();
    // Afficher le message de reponse recu
    setMessage(requete.responseText);
  }
}

// Abandonner la requete
```

```
function abandonnerIdentifier() {
  if (requete != null) {
    requete.abort();
  }
  montrerInactivite();
  setMessage("Requ&ecirc;te abandonn&eacute;e");
}

// Recuperer la requete existante ou une nouvelle si elle vaut null
function getRequete() {
  var result = requete;
  if (result == null) {
    if (window.XMLHttpRequest) {
      // Navigateur compatible Mozilla
      result = new XMLHttpRequest();
    }
    else if (window.ActiveXObject) {
      // Internet Explorer sous Windows
      result = new ActiveXObject("Microsoft.XMLHTTP");
    }
  }
  return result;
}
```

Nous avons là les quatre fonctions utilitaires suivantes :

- `getRequete()`, qui renvoie la requête en cours et la crée si elle n'existe pas encore.

- `setMessage()`, qui affiche le message passé en paramètre.

- `montrerActivite()`, qui indique visuellement que la requête est en cours en activant le bouton Annuler et en affichant l'image de chargement dans le bouton de validation.

- `montrerInactivite()`, qui indique visuellement qu'il n'y a aucune requête en cours en désactivant le bouton Annuler et en affichant le texte « S'identifier » dans le bouton de validation.

Voici le code de ces fonctions :

```
// Mettre les boutons dans l'etat initial
function montrerInactivite() {
  document.getElementById("identifierOff").style.display = "inline";
  document.getElementById("identifierOn").style.display = "none";
  document.getElementById("boutonAbandonnerIdentifier").disabled = true;
}

// Montrer que la requete est en cours
function montrerActivite() {
  document.getElementById("identifierOff").style.display = "none";
  document.getElementById("identifierOn").style.display = "inline";
  document.getElementById("boutonAbandonnerIdentifier").disabled = false;
  setMessage("");
}
```

```
// Afficher un message
function setMessage(msg) {
  document.getElementById("message").innerHTML = msg;
}
```

La requête XMLHttpRequest

Tout au long de l'interaction avec l'utilisateur, nous avons besoin de manipuler la requête au serveur Web. Aussi la stockons-nous au niveau de la page dans la variable `requete`. Nous gérons une requête unique afin de pouvoir l'annuler quand l'utilisateur clique sur Annuler ou de l'annuler et la relancer avec la nouvelle saisie si l'utilisateur soumet à nouveau le formulaire (cela évite des requêtes et réponses inutiles).

La fonction `getRequete()` renvoie cette requête et la crée si elle n'existe pas déjà. S'il n'est pas possible de créer un tel objet, la fonction renvoie `null` (le navigateur n'est pas compatible Ajax).

Avec cette fonction, nous butons d'emblée sur les incompatibilités des navigateurs, qui est une des difficultés d'utilisation d'Ajax. Pour créer un objet de type `XMLHttpRequest`, nous sommes obligés d'avoir deux codes différents selon que nous sommes dans Internet Explorer ou dans un navigateur compatible Mozilla.

La fonction `identifier()` commence par récupérer un objet de type `XMLHttpRequest`. Dans le cas où il existe, elle constitue le corps de la requête en récupérant la saisie de l'utilisateur. Il faut cependant bien prendre garde à *encoder les paramètres saisis par l'utilisateur*, grâce à la fonction `encodeURIComponent()`, car c'est imposé par HTTP. Quand l'application utilise le mécanisme standard du navigateur, celui-ci encode automatiquement les paramètres. Ici, c'est au développeur de le faire.

Ensuite, la fonction ouvre la connexion en mode asynchrone (le troisième paramètre de `open()` vaut `true`), puis elle spécifie le traitement qu'il faudra exécuter lorsque la réponse sera reçue.

C'est ce que fait l'instruction suivante :

```
requete.onreadystatechange = onIdentifier;
```

qui signifie que, lorsque l'état de la requête (indiqué par l'attribut `readyState`) changera, le navigateur devra exécuter la fonction `onIdentifier()`. Il ne faut surtout pas mettre de parenthèses après `onIdentifier`, faute de quoi la ligne appellerait `onIdentifier()` et associerait le résultat obtenu, et non la fonction elle-même, au changement d'état.

Il ne reste plus qu'à indiquer à l'utilisateur que la requête est lancée, ce que nous faisons en appelant `montrerActivite()`.

Traitement asynchrone

À ce stade, la fonction `identifier()` a terminé son travail. Le fait que la requête soit asynchrone signifie qu'une tâche indépendante a été lancée. Le développeur en contrôle le déroulement dans la fonction `onIdentifier()`.

La requête passe par plusieurs états, numérotés de 0 à 4, dont la valeur est accessible dans l'attribut `readyState`. L'état qui nous intéresse est 4, le dernier, quand l'intégralité de la réponse a été récupérée. Nous vérifions aussi que le statut de la réponse HTTP vaut bien 200 (qui signifie OK). Dans ce cas, la fonction récupère le texte de la réponse et l'affiche simplement dans la zone de message.

HTML dynamique

Terminons cet examen du code avec les fonctions `montrerActivite()`, `montrerInactivite()` et `setMessage()`, qui utilisent deux méthodes du DOM HTML :

- `getElementById("unId")`, qui récupère l'élément de la page d'id `unId`.

- `innerHTML`, qui donne le contenu de l'élément sous la forme de son texte HTML. Cet attribut est en lecture-écriture (sauf exceptions).

Plusieurs éléments HTML sont justement pourvus d'un id :

- Le bouton Annuler.

- Le `div` (message) prévu pour afficher les messages.

- Les champs des formulaire `login` et `motPasse`.

- Les deux `span` (`identifierOff` et `identifierOn`) à l'intérieur du bouton de validation. Le premier contient le texte du bouton, et le second l'image indiquant que les données sont en cours de transfert depuis le serveur.

Au chargement de la page, le texte (`span identifierOff`) est visible, tandis que l'image (`span IndentifierOff`) est masquée (son style indique que la directive `display` vaut `none`). L'image doit être récupérée au chargement de la page, de façon à apparaître instantanément lorsque l'utilisateur valide le formulaire.

La fonction `montrerActivite()` montre l'image et cache le texte, tandis que la fonction `montrerInactivite()` fait l'inverse.

Conclusion

Le code JavaScript que nous venons de parcourir est représentatif de ce que fait Ajax. Nous y retrouvons la mise à jour partielle de la page, ainsi que le mécanisme d'appels asynchrones au serveur. Nous savons ainsi concrètement en quoi consiste du code Ajax.

Pour des raisons pédagogiques, nous avons conservé à ce code un style semblable à ce que nous trouvons habituellement dans les pages Web. Il faut toutefois savoir qu'avec Ajax, nous codons la plupart du temps en objet, car c'est notre intérêt. Pour cela, il faut bien connaître l'objet en JavaScript, qui est très particulier. Nous détaillons cette question au chapitre 3, et les chapitres 4 à 7 suivront ce style orienté objet.

Ajax peut être intégré à des applications existantes. Il faut pour cela ajouter du code JavaScript à des pages existantes, afin de gérer la communication *via* `XMLHttpRequest` ainsi que la mise à jour de la page à la réception de la réponse. Cela peut nécessiter beaucoup de code JavaScript.

Il faut en outre modifier le code des réactions côté serveur, lesquelles, au lieu d'une page complète, doivent renvoyer un fragment HTML ou bien du XML, ou encore du JSON. Si notre application suit l'architecture MVC (modèle, vue, contrôleur), ces modifications sont cantonnées à la vue, qu'il s'agit alors de simplifier.

Nous nous retrouvons ainsi avec des vues plus complexes, comme **panier.php,** qui contiennent beaucoup de JavaScript, et d'autres réduites à leur plus simple expression, comme la fonction `repondre` de **identifier.php.**

L'une des parties les plus délicates concerne le HTML dynamique, auquel le Web 2.0 fait un appel massif. Pour cela, il faut bien connaître les techniques sous-jacentes et disposer de bibliothèques de composants graphiques. Il faut en outre être à l'aise avec les aspect objet et avancés de JavaScript.

Toutes les questions abordées dans ce chapitre seront donc approfondies tout au long des chapitres suivants. Nous commencerons par le HTML dynamique, sur lequel repose la modification des pages, puis nous passerons aux aspects avancés de JavaScript, de façon à être ensuite à l'aise pour traiter ce qui appartient en propre à Ajax, c'est-à-dire la communication avec le serveur *via* l'objet `XMLHttpRequest`, l'échange et la manipulation de données structurées et les bibliothèques JavaScript, parfois appelées abusivement frameworks Ajax.

2

Le HTML dynamique

Le HTML dynamique, dont la première implémentation remonte à 1997, consiste à modifier l'apparence, le contenu ou la structure d'une page Web sur le poste client, sans redemander la page au serveur.

Une page comme celle illustrée à la figure 2.1 contient, à gauche, une liste d'éléments et, à droite, une zone de détails. Quand l'utilisateur clique sur l'un des éléments, celui-ci est mis en exergue, et les informations le concernant sont affichées dans la zone de détails. Ces informations peuvent être récupérées à la volée grâce à Ajax ou être incluses au départ dans la page. Dans ce dernier cas, toutes les informations sont masquées au chargement, puis, lors d'un clic sur un des éléments de la liste — dans notre exemple, l'élément Castafiore —, celles qui lui correspondent sont affichées.

Pour réaliser cela en JavaScript, nous associons à des événements (clic, déplacement de la souris, saisie d'un caractère, etc.) des manipulations du style ou de l'arborescence des éléments de la page.

Les premières implémentations de Netscape et de Microsoft Internet Explorer, incompatibles entre elles, ont fait place à des normes définies par le W3C (disponibles sur *www.w3.org*), notamment les suivantes :

- CSS (Cascading Style Sheet) : feuilles de style en cascade, qui permettent de définir finement l'apparence des éléments de la page.
- DOM (Document Object Model) : API pour lire et modifier l'arborescence des éléments d'une page, leur style et leur contenu. Cette API est subdivisée en DOM Core (commune à XML et au HTML), DOM HTML (spécifique au HTML), DOM Style (manipulation de CSS en DOM), DOM Events (gestion des événements), etc.

Les navigateurs récents, tels Internet Explorer 6, voire 5, Netscape 7.2, Firefox 1.0, Safari 1.2 et leurs successeurs, qui représentent aujourd'hui la majeure partie du parc installé, implémentent assez largement ces standards. Il subsiste toutefois des incomplétudes ou des divergences, qui obligent souvent à des contournements fastidieux.

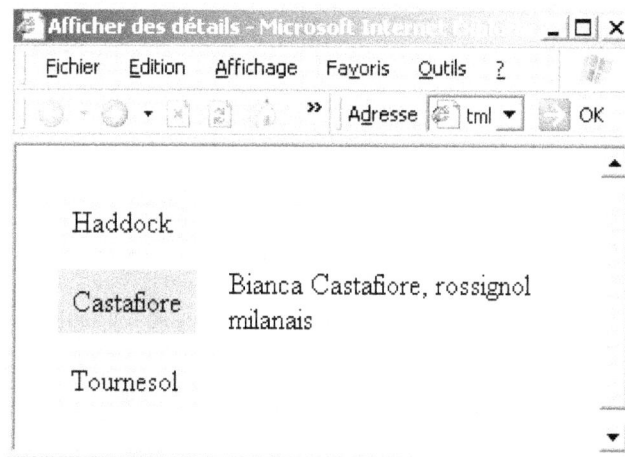

Ces standards constituent une composante majeure d'Ajax. Nous allons les étudier dans ce chapitre, sans nous attarder sur les aspects qui sont déjà bien connus. En revanche, nous expliquerons les points délicats, qu'il faut connaître pour éviter des bogues déconcertants.

Balises, arbre et boîtes HTML

Commençons par un retour rapide sur le HTML.

Comme le montre le tableau 2.1, un même document HTML peut être vu de trois façons différentes selon qu'il est sur le disque (ou le réseau), en mémoire ou à l'écran.

Sur le disque, un document HTML est un fichier texte comportant une imbrication de balises. La balise est le texte compris entre ⟨ et ⟩ et le contenu ce qui est compris entre la balise ouvrante et la balise fermante. Le tout forme un élément, comme l'illustre la figure 2.4.

Le HTML dispose d'une version conforme à XML, le xHTML. L'intérêt de ce dernier langage est qu'il permet de produire des documents composites comprenant, en plus des éléments HTML, des éléments SVG (Scalable Vector Graphics), ou graphiques vectoriels, ou MathML.

Le passage au xHTML impose plusieurs contraintes au balisage mais aussi au type MIME du document. Si nous ne produisons que des documents HTML traditionnels, nous pouvons nous en dispenser. Il est cependant recommandé de respecter les quelques contraintes suivantes, qui rendent le code plus propre :

- terminer tout élément non vide par sa balise fermante ;

- mettre les noms de balises et d'attributs en minuscules ;

- terminer les éléments vides, comme les champs de saisie, par /> et non simplement par > ;

- donner à tous les attributs une valeur comprise entre doubles ou simples cotes.

Tableau 2.1 Les trois aspects d'un document HTML

Disque	Mémoire	Écran
Imbrication de balises ayant pour élément englobant html	Arbre de nœuds	Imbrication de boîtes

```
<html>
  <head>
    <style>
    * {
      border:solid 1px black;
      margin:1.4ex;
    }
    </style>
  </head>
  <body>
    <p>Du texte comportant un
    truc <em>important</em>
    parmi bien d'autres.
    </p>
  </body>
</html>
```

Figure 2.2
Arbre en mémoire affiché grâce à l'outil DOM Inspector, une extension de Firefox disponible gratuitement sur Internet

Figure 2.3
Boîtes imbriquées à l'écran

Figure 2.4
Composants d'un élément HTML ou XML

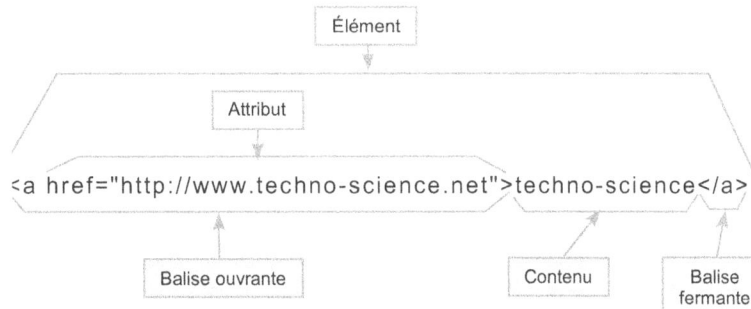

Nous écrirons ainsi :

```
<input type="texte" name="code" />
<select name="ville" multiple="yes">
```

et non :

```
<input type="texte" name="code">
<select name="ville" multiple>
```

Quand le navigateur ouvre un document HTML, il l'analyse et construit en mémoire un *arbre* de nœuds : un nœud par élément, un par attribut et un pour chaque contenu textuel. Dans l'exemple de la figure 2.3, l'élément p a trois nœuds enfants : le texte avant le em, le em et le texte après le em.

Notons que, avec Firefox et d'autres navigateurs, mais pas avec Internet Explorer, les caractères entre <body> et <p> (retour chariot et quelques blancs) forment aussi un nœud texte de l'arbre. Nous y reviendrons quand nous traiterons de DOM.

Imbrication des boîtes

Le navigateur crée pour chaque élément une boîte qu'il affiche à l'écran. Si un élément A englobe un élément B, comme dans notre exemple p englobe em, la boîte affichant A englobera la boîte affichant B : aux imbrications de balises répondent les imbrications de boîtes.

Si un élément A contient les éléments B puis C, sa boîte contiendra la boîte de B puis la boîte de C, l'ordre des boîtes étant identique à celui des éléments dans le fichier et dans l'arbre.

Nous pouvons identifier n'importe quel élément dans le fichier HTML en lui ajoutant un attribut id="unId". En JavaScript, nous récupérons le nœud correspondant par document.getElementById("unId"), et son contenu par la propriété innerHTML, qui est en lecture/écriture :

```
<div id="detail">Quelques <em>détails</em>.</div>
<script>
var ele = document.getElementById("detail");
alert(ele.innerHTML); // affiche "Quelques <em>détails</em>."
</script>
```

Dans l'exemple de la figure 2.1, nous avons le HTML suivant :

```
<table>
  <tr>
    <td>
      <div id="id1" onclick="detailler(1)">Haddock</div>
      <div id="id2" onclick="detailler(2)">Castafiore</div>
      <div id="id3" onclick="detailler(3)">Tournesol</div>
    </td>
    <td id="detail">Cliquer sur un personnage pour avoir
    des détails</td>
  </tr>
</table>
```

Plus loin, nous avons des div dans un div (masqué par style="display:none", comme nous le verrons à la section suivante) :

```
<div style="display:none">
  <div id="detail1">Archibald Haddock, capitaine au long cours</div>
  <div id="detail2">Bianca Castafiore, rossignol milanais</div>
  <div id="detail3">Tryphon Tournesol, inventeur de génie</div>
</div>
```

Quant à la fonction detailler, voici la partie de son code qui nous intéresse :

```
function detailler(index) {
  var id = "detail" + index;
  var donnees = document.getElementById(id).innerHTML;
  document.getElementById("detail").innerHTML = donnees;
  // Et le code pour mettre en exergue le personnage detaille
}
```

Les CSS (Cascading Style Sheet)

À l'écran, les éléments HTML sont rendus par des boîtes, dont l'apparence peut être finement contrôlée par les CSS. Nous allons dans cette section en rappeler les aspects principaux.

Pour les CSS, un style correspond à un ensemble de directives, comme background:white ou margin:2px.

Nous pouvons spécifier le style de l'élément en trois endroits :

- En attribut de l'élément : `<p style="background:navy;color:white;">`. C'est le style dit *inline*.

- Dans une feuille de style interne à la page, dans l'élément style enfant de l'élément head. C'est le cas de l'exemple du tableau 2.1.

- Dans une feuille de style externe, spécifiée par un élément link enfant de head : `<link rel="stylesheet" type="text/css" href="uneCSS.css"/>`. L'intérêt est bien sûr que la feuille de style peut dés lors être utilisée par un ensemble de pages. Le fichier **uneCSS.css** ne doit contenir que du CSS, sans balises.

En JavaScript, tout élément de l'arbre possède un attribut style, et chaque directive CSS en devient une propriété, son nom étant « camélisé ». Par exemple, font-size devient fontSize.

Pour un élément déclaré ainsi :

```
<p id="exemple" style="text-align:justify">Du texte justifié</p>
```

Nous obtenons en JavaScript :

```
var ele = document.getElementById("exemple");
alert(ele.style.textAlign); // affiche "justify"
```

Nous pouvons modifier le style de l'élément de la façon suivante :

```
ele.style.background = "#DDDDDD";
```

L'attribut *style* de JavaScript

En JavaScript, l'attribut `style` d'un élément `ele` fait référence à l'attribut `style` de l'élément correspondant à `ele` dans le HTML. Modifier une de ses propriétés ne pose aucun problème. Par contre, nous ne pouvons lire que celles définies dans l'attribut `style` de l'élément en HTML ou déjà modifiées en JavaScript. Pour les autres, nous obtenons une chaîne vide.

Un mécanisme est prévu pour récupérer le style courant de l'élément, calculé en tenant compte de toutes les règles CSS applicables à l'élément, mais ce mécanisme n'est pas fiable, et bien sûr varie selon le navigateur.

Ainsi, si nous avons :

```
<!-- un element avec un style inline -->
<div id="ex" style="color:navy;">...</div>
<script>
var style = document.getElementById("ex").style
alert(style.color); // affiche "navy"
alert(style.textAlign); // affiche ""
</script>
```

Regardons maintenant le code complet de la fonction `detailler` :

```
// Les ids des zones cliquables
var ids = ["id1", "id2", "id3"];

function detailler(index) {
  // Afficher les details du personnage d'index donne
  var id = "detail" + index;
  var donnees = document.getElementById(id).innerHTML;
  document.getElementById("detail").innerHTML = donnees;
  // Mettre les personnages au style par defaut
  for (var i=0 ; i<ids.length ; i++) {
    document.getElementById(ids[i]).style.background = "#CCDDEE";
  }
  // Mettre en exergue celui qu'on detaille
  document.getElementById("id"+index).style.background = "#99AABB";
}
```

Le code supplémentaire consiste simplement à changer la directive `background` des éléments à détailler.

Les règles CSS

Dans les feuilles de style internes ou externes, nous pouvons donner à un ensemble d'éléments un même style, appelé *sélecteur*. L'association d'un sélecteur et de une ou plusieurs directives constitue une *règle*.

La règle suivante, mise dans une feuille de style interne, indique que tous les p et les li auront une couleur navy :

```
<style>
p, li {
  color: navy;
}
</style>
```

Pour le paragraphe suivant :

```
<p style="color:green">Un paragraphe en vert</p>
```

la couleur est spécifiée à la fois dans le style inline et dans la feuille de style interne. La directive qui va l'emporter sera la plus spécifique. Plus précisément, si une même directive s'applique à un élément parce qu'elle figure en plusieurs emplacements, le navigateur retient la plus spécifique : d'abord celle en attribut, puis en feuille de style interne, puis en feuille de style externe. S'il y a plusieurs feuilles externes, la dernière l'emporte.

Il existe trois types de sélecteurs de base :

- Un nom de balise : les directives s'appliquent à tous les éléments de ce type. Le signe étoile (*) plutôt qu'un nom signifie : tout élément.

- .nomDeClasse : les directives s'appliquent à tous les éléments portant un attribut class="nomDeClasse".

- #idElement : les directives s'appliquent seulement à l'élément (unique) de id idElement.

L'attribut class a le plus souvent une valeur unique. Cependant, il est possible d'en indiquer plusieurs, en les séparant par une espace. Par exemple :

```
<p class="ex important">etc.</p>
```

Les sélecteurs de base peuvent être combinés : "p, li" veut dire « pour tous les p et tous les li », tandis que "td td" veut dire « les td descendants d'un td » (autrement dit les cellules des tableaux imbriqués).

Les sélecteurs a:hover ou a:visited indiquent les liens quand la souris est dessus ou quand ils ont déjà été visités.

Dans l'exemple suivant :

```
p, li {
  background: white;
}
.grise, ul.grise li {
  background: #DDDDDD;
}
#fonce {
  background: #BBBBBB;
}
```

les p et les li ont un fond blanc, les éléments dont l'attribut class vaut "grise" et les li enfants d'un ul de class "grise" ont un fond de couleur #DDDDDD, et l'élément de id fonce a un fond de couleur #BBBBBB.

Si nous avons :

```
<h1 class="grise">Un titre grisé</h1>
<p>Du texte sur fond blanc</p>
<div id="fonce">Un texte sur fond foncé</div>
```

le titre a un fond de couleur #DDDDDD, le paragraphe un fond blanc, et le div un fond de couleur #BBBBBB.

Dans l'exemple suivant, où plusieurs règles aussi spécifiques s'appliquent à un même élément :

```
<p class="grise">Un paragraphe grisé</p>
<p id="fonce" class="grise">Un paragraphe sur fond foncé</p>
<ul class="grise">
   <li>Une ligne sur fond grisé</li>
</ul>
```

le id l'emporte sur le class, qui l'emporte sur la balise.

Plus précisément, si, pour un élément et une même directive, plusieurs règles s'appliquent, le navigateur retient celle dont la précédence est la plus grande, celle-ci étant calculée à partir du sélecteur de la règle. Nous ajoutons le nombre de balises, le nombre de classes (par exemple .grise) multiplié par 10, et le nombre de id (par exemple #fonce) multiplié par 100.

Dans notre exemple, nous avons trois règles pour la directive background du second paragraphe : celle sur le p, qui pèse 1, celle sur le .grise, qui pèse 10, et celle sur le #fonce, qui pèse 100. C'est donc cette dernière qui l'emporte.

Quant au li, nous avons la règle de sélecteur li, qui pèse 1, et celle du sélecteur ul.grise li, qui pèse 1 + 10 + 1 = 12. C'est donc cette dernière qui l'emporte.

Boîtes et dimensions

Nous pouvons spécifier les marges internes (padding) et externes (margin) des boîtes, ainsi que la bordure (border), par défaut invisible pour la plupart des éléments. C'est ce que montre la figure 2.5.

Les longueurs CSS s'expriment en unités absolues, comme le pixel (px), ou relatives. Celles-ci comprennent la hauteur du caractère x dans la police de l'élément (ex), la taille de la police (em) ou le pourcentage (par exemple, 50%), celui-ci étant réservé à certaines directives, comme la largeur (width). L'avantage des unités relatives est de s'adapter aux préférences de l'utilisateur.

Par défaut, les boîtes s'affichent dans un seul flot (nous dirons sur un seul calque). Certaines occupent toute la largeur de la boîte englobante, provoquant un retour à la ligne avant et après elles. C'est le cas des p, div, table et li. D'autres, comme les a, input ou em, restent dans le flot du contenu qui les précède et les suit. C'est ce que nous constatons à la figure 2.6.

Figure 2.5

Marges des boîtes en CSS

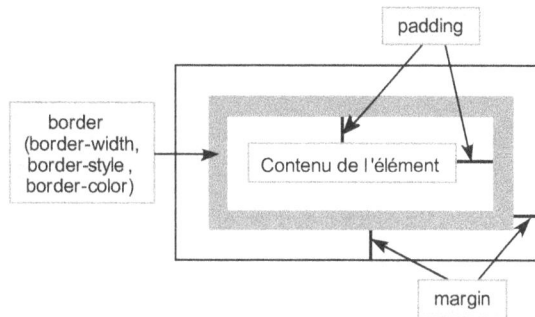

Figure 2.6

Affichage block *ou* inline *des éléments*

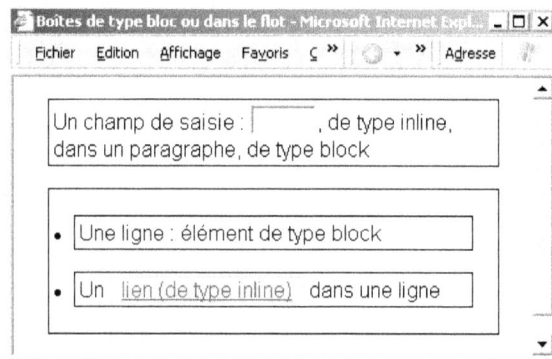

En termes CSS, cela signifie que leur directive `display` vaut `block` pour les premiers et `inline` pour les seconds. D'autres valeurs prévues par la norme sont diversement bien implémentées dans les navigateurs.

Taille des boîtes : *width* et *height*

Les directives `width` et `height`, qui contrôlent la taille des boîtes, sont interprétées différemment selon le navigateur : Internet Explorer considère que ces tailles incluent la marge interne et la bordure, au contraire des autres navigateurs, qui suivent la recommandation W3C, pour qui elles indiquent uniquement la taille du contenu.

Cette différence d'interprétation cause des différences de rendu, qui fragilisent l'utilisation des directives de taille.

La signification donnée par le W3C est quelque peu bizarre. Il est cependant possible de la changer en celle donnée par Microsoft, grâce à la directive `box-sizing`, ajoutée dans CSS 3 et supportée par Mozilla sous le nom `-moz-box-sizing` et par Opera :

```
box-sizing: border-box; /* la taille inclue border et padding */
-moz-box-sizing : border-box ; /* pour Mozilla */
```

Afficher/masquer un élément

Pour cacher un élément ou le mettre à sa valeur par défaut, nous écrivons :

```
element.style.display = "none"; // masque l'element
element.style.display = ""; // retablit son affichage par defaut
```

Ces deux lignes sont d'usage très fréquent. De nombreux sites montrent des zones composées d'un titre et d'un corps, ce dernier étant affiché ou masqué par un clic sur le titre, comme dans l'exemple illustré à la figure 2.7.

Figure 2.7

Afficher/masquer des éléments

Voici le code de cet exemple :

```html
<html>
  <head>
    <style>
    .infoBox {
      border: solid 1px #BBCCDD;
      width: 15em;
    }
    .infoBoxHeader {
      background: #DAEAF0;
      cursor: pointer;
      text-align: center;
      font-weight: bold;
    }
    .infoBoxBody {
      background: #F0F7FA;
    }
    </style>
    <script>
// Affiche ou masque les details d'une zone
// idDetail : id de l'element contenant le detail
function toggle(idDetail) {
  var style = document.getElementById(idDetail).style;
  style.display = (style.display == "none") ? "" : "none";
}
    </script>
  </head>
  <body>
    <h1>Afficher/masquer</h1>
```

```
    <div class="infoBox">
      <div class="infoBoxHeader" onclick="toggle('details')">
        La météo
      </div>
      <div id="details" class="infoBoxBody" style="display:none">
        Ici les données Météo
        <br/>Température, ciel, vent
      </div>
    </div>
  </body>
</html>
```

Nous commençons par définir trois classes CSS pour la boîte d'informations, son en-tête et son corps, de façon à pouvoir réutiliser ces styles. Idéalement, il faudrait les mettre dans une feuille de style externe.

La fonction `toggle` regarde simplement si l'élément de `id` passé en paramètre est masqué, auquel cas elle le met à son affichage par défaut. Sinon, elle le masque. Notons au passage l'affectation conditionnelle :

```
a = (booleen) ? valeurSiTrue : valeurSiFalse;
```

Cette écriture très fréquente, notamment dans les frameworks et les bibliothèques de composants, a l'avantage de la concision, même si nous pouvons objecter à sa lisibilité. En fait, c'est une question d'habitude et, bien sûr, de complexité du booléen et des valeurs à affecter.

Les calques et le positionnement des boîtes

La directive `visibility` est voisine de `display`. Si elle vaut `visible`, l'élément apparaît normalement ; si elle vaut `hidden`, l'élément disparaît, mais, à la différence de `display`, la place qu'il occupait demeure, et l'utilisateur voit une zone vide à la place.

Nous pouvons faire sortir une boîte du flot normal en donnant à la directive `position` une valeur autre que la valeur par défaut `static`. La boîte définit alors un nouveau flot pour ses éléments descendants, pour lesquels elle est considérée comme le bloc conteneur *(containing block)*. Un bloc conteneur est la racine d'un flot. Pour le flot normal, le bloc conteneur est l'élément `html`.

La position d'une boîte est définie par les coordonnées de son coin supérieur gauche par rapport à celui de son bloc conteneur. Pour les boîtes dans le flot, cette position est calculée par le navigateur en fonction des marges et des tailles des boîtes englobantes ou précédentes. Pour les autres, ces coordonnées sont spécifiées par les directives `left` et `top`, d'une part, et la directive `position`, d'autre part.

Si la directive `position` vaut :

- `absolute` : les coordonnées sont relatives au bloc conteneur. La boîte disparaît du flot de ce bloc et n'y occupe plus aucune place.

- `fixed` : les coordonnées sont relatives au coin supérieur gauche de la fenêtre. L'utilisateur voit toujours la boîte au même endroit de la fenêtre, même s'il fait défiler la page. Notons que cela ne fonctionne pas dans Internet Explorer 6.

- `relative` : les coordonnées sont relatives à la position qu'aurait la boîte si elle était dans le flot. La place qu'elle y occuperait est remplacée par une zone vide, un peu comme pour `visibility:hidden`.

Si la page contient plusieurs flots, c'est-à-dire au moins un élément avec une position différente de `static`, ceux-ci peuvent se superposer, comme l'illustre la figure 2.9 (position `absolute`). Certains les appellent pour cela des calques. La directive `z-index` permet de spécifier l'ordre de superposition. Elle prend pour valeur un entier : si le `z-index` d'un calque A est supérieur à celui d'un calque B, A est au-dessus de B. Par défaut, le flot normal a un `z-index` de 0, spécifiant que tout élément sortant du flot se retrouve en avant-plan du flot normal.

C'est du moins ce que prévoit la norme, mais nous pouvons avoir des surprises. Si nous ouvrons dans Internet Explorer la page illustrée aux figures 2.8 à 2.10 et que la zone que nous positionnons de façon absolue se retrouve sur du texte, pas de problème. Par contre, si elle chevauche une des listes déroulées, elle se retrouve en dessous de cette dernière.

D'une façon générale, il est prudent en matière de CSS de vérifier dans les navigateurs que nous obtenons bien l'effet escompté.

Les figures 2.8 à 2.10 montrent l'effet de la directive `position` sur une boîte. Sur la figure 2.8, la boîte `2e div` est dans le flot, entre `1er div` et `3e div`. Les directives `top` et `left` sont sans aucun effet sur la boîte.

Figure 2.8

Positionnement dans le flot

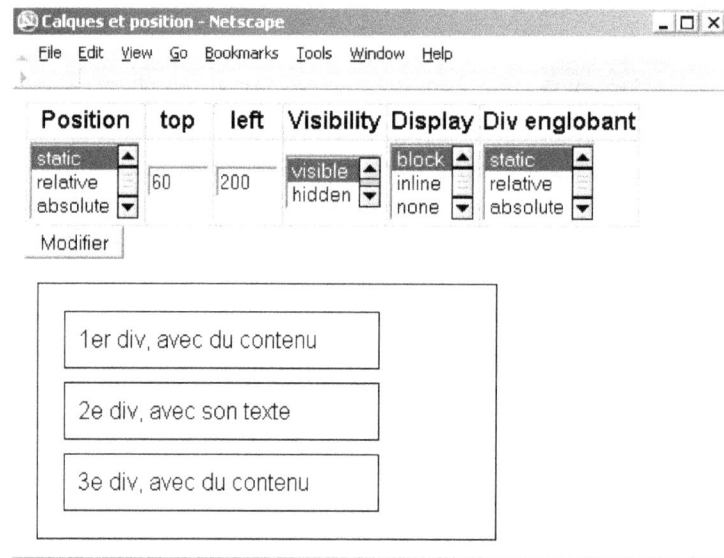

Figure 2.9

Positionnement absolu

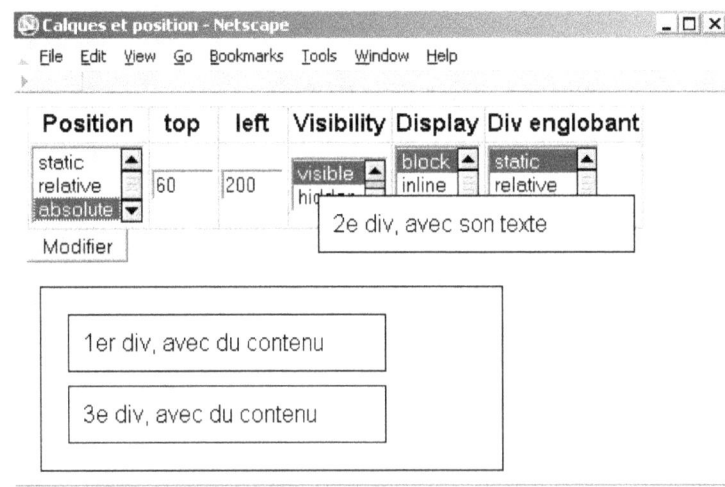

La figure 2.10 illustre le positionnement relatif. Avec les mêmes valeurs de top et left que pour le positionnement absolu, la boîte se trouve à un endroit très différent : elle est 60 pixels en dessous de la place qu'elle occuperait dans le flot. Celle-ci est toujours visible, remplie simplement par du vide.

Figure 2.10

Positionnement relatif

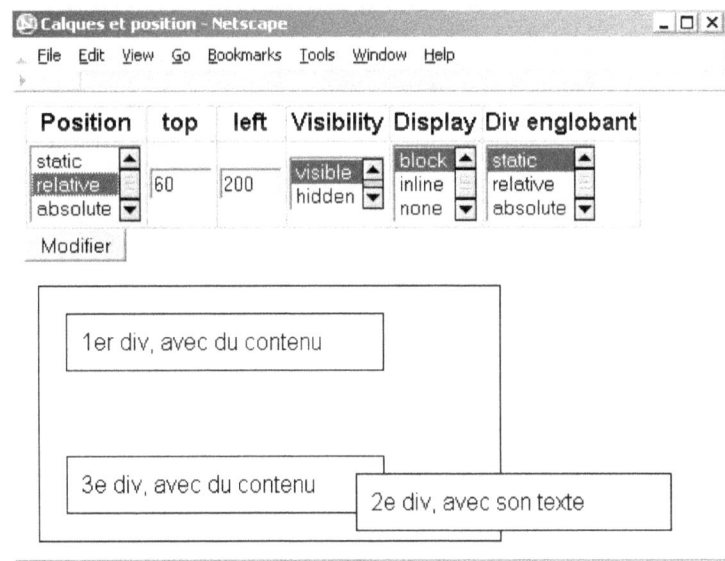

Voici le code de cette page, qui permet en outre d'expérimenter les autres paramètres, notamment l'effet de la position du div englobant (le début du fichier spécifie seulement un style pour les div, de façon que l'utilisateur voie leurs limites, et crée le formulaire ; tout changement dans un des éléments du formulaire lance la fonction update()) :

```
<html>

<head>
  <title>Calques et position</title>
  <meta http-equiv="Content-type" content="iso-8859-1"/>
  <style>
  div {
    border: solid 1px black;
    margin: 1ex;
    padding: 1ex;
    width: 200px;
  }
  fieldset {
    padding: 3px;
  }
  </style>
</head>

<body onload="update()">
<form action="javascript:update()">
  <table border="1" cellpadding="1" cellspacing="0">
    <tr>
      <th>Position</th>
      <th>top</th>
      <th>left</th>
      <th>Visibility</th>
      <th>Display</th>
      <th>Div englobant</th>
    </tr>
    <tr>
      <td>
        <select id="position" onchange="update()" size="3">
          <option value="static">static</option>
          <option value="relative">relative</option>
          <option value="absolute">absolute</option>
      </td>          </select>
      <td>
        <input type="text" id="top" value="50" size="3" onchange="update()">
      </td>
      <td>
        <input type="text" id="left" value="200" size="3" onchange="update()">
      </td>
      <td>
        <select id="visibility" onchange="update()" size="2">
          <option value="visible">visible</option>
          <option value="hidden">hidden</option>
        </select>
      </td>
      <td>
        <select id="display" onchange="update()" size="3">
          <option value="block">block</option>
          <option value="inline">inline</option>
```

```
          <option value="none">none</option>
        </select>
      </td>
      <td>
        <select id="positionEnglobant" onchange="update()" size="3">
          <option value="static">static</option>
          <option value="relative">relative</option>
          <option value="absolute">absolute</option>
        </select>
      </td>
    </tr>
  </table>
  <input type="button" value="Modifier" onclick="update()">
</form>
```

Insérons maintenant les `div` dans un `div` englobant :

```
<div id="englobant" style="width:300px; left:100px;">
  <div>1er div, avec du contenu</div>
  <div id="leDiv" style="background:#EEEEEE">2e div, avec son texte</div>
  <div>3e div, avec du contenu</div>
</div>
```

Ajoutons la fonction `update()` afin de modifier les propriétés adéquates du style des `div` d'id `leDiv` et englobant :

```
<script>
// Valeur du champ de id donne
function value(idChamp) {
  return document.getElementById(idChamp).value;
}

// Mettre a jour l'affichage en fonction de la saisie
function update() {
  var div = document.getElementById("leDiv");
  div.style.position = value("position");
  div.style.visibility = value("visibility");
  div.style.display = value("display");
  div.style.top = value("top");
  div.style.left = value("left");
  var containingBlock = document.getElementById("englobant");
  containingBlock.style.position = value("positionEnglobant");
}
</script>
</body>
</html>
```

Cela conclut notre survol des CSS. Pour en savoir plus, la norme est disponible en anglais et en français sur le site du W3C, à l'adresse *www.w3.org.* Elle est exposée de façon très compréhensible, avec de nombreux exemples à l'appui. Il est aussi hautement recommandé de consulter l'excellent site de Peter-Paul Koch, à l'adresse *http://www.quirksmode.org,* qui évalue de façon exhaustive la compatibilité des navigateurs, non

seulement pour les CSS mais aussi pour le DOM, et indique les éventuels contournements possibles.

DOM (Document Object Model)

Comme CSS, DOM est une spécification du World-Wide Web Consortium. C'est une
API qui permet de naviguer dans l'arbre des éléments d'un document, d'en lire les nœuds
et de les modifier. Trois versions se sont succédé, la première datant de 1998 et la
dernière de 2004. Son sous-ensemble DOM Events, qui permet de manipuler les événements, est détaillé à la section suivante.

Nous nous intéressons ici à ce qui est réellement implémenté dans les navigateurs, en
incluant les extensions très pratiques ajoutées par Microsoft dans Internet Explorer et
disponibles dans les autres navigateurs. La principale d'entre elles n'est rien moins que
innerHTML.

DOM comprend une partie appelée DOM Core, qui s'applique aussi à XML, avec quelques petites différences, et une autre spécifique au HTML. Comme pour les documents
XML, il convient de distinguer *racine du document* et *élément racine*. En JavaScript, la
racine s'obtient par document tandis que l'élément racine (html), rarement utilisé, s'obtient
par document.documentElement.

Commençons par un peu de terminologie :

- Un arbre est une hiérarchie de nœuds, avec un sommet unique, appelé racine de
  l'arbre.

- Les principaux types de nœuds sont les éléments, les attributs et les nœuds texte.

- Chaque nœud a un parent unique, y compris la racine, pour laquelle il vaut null.

- Chaque nœud a des enfants (childNodes) : pour un élément, ce sont les éléments et les
  nœuds texte correspondant à son contenu ; pour des nœuds attributs ou texte, cet
  ensemble est vide. Les enfants d'un nœud ont bien entendu ce nœud pour parent.

- Les éléments peuvent avoir des attributs, dont chacun forme un nœud. Les attributs d'un
  nœud ont ce nœud pour parent sans toutefois être enfants de ce nœud. Nous pouvons lire
  la valeur de l'attribut nom du nœud element par element.getAttribute("nom") et la modifier en valeur par element.setAttribute("nom", valeur). Les attributs d'un élément ne
  forment pas un ensemble ordonné.

- Le parent d'un nœud, ainsi que le parent de ce parent, etc., en remontant jusqu'à la
  racine, constituent un ensemble appelé ancêtres du nœud.

- De même, les enfants du nœud, ainsi que leurs enfants, etc., forment un ensemble
  appelé descendants de ce nœud.

- Certains nœuds ont le même parent qu'un nœud donné. Ils sont appelés *sibling,* ce qui
  signifie frère/sœur en anglais. Parmi ceux-ci, DOM donne accès au nœud immédiatement avant (previousSibling) et au nœud immédiatement après (nextSibling).

Quand un des nœuds n'a pas de parent, `parentNode` vaut `null`. De même, s'il n'a pas d'enfant, `firstChild` et `lastChild` valent `null`.

La figure 2.11 illustre la façon de trouver les nœuds voisins d'un nœud.

Figure 2.11

Navigation vers les nœuds voisins à partir du nœud en noir

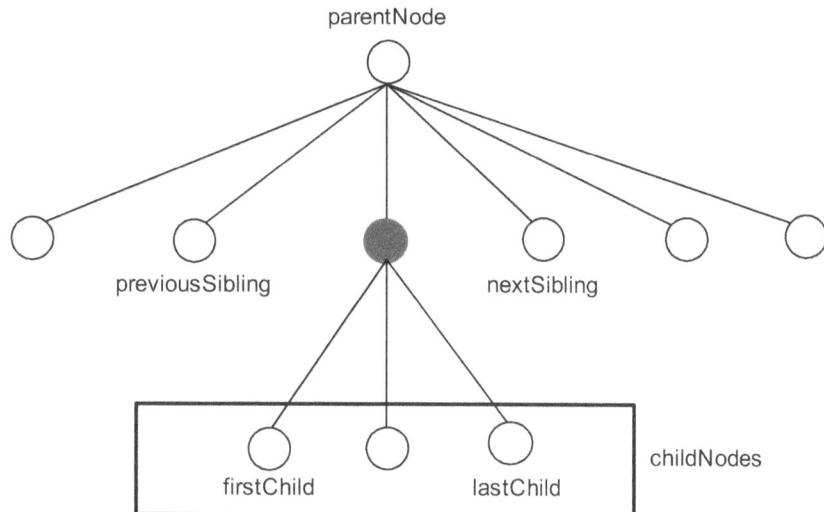

Les interfaces DOM

La figure 2.12 illustre sous forme UML les interfaces définies par DOM (`Node`, `Element`, `NodeList` et `Document`), qui sont implémentées en JavaScript dans les navigateurs.

L'interface `Document` est implémentée par l'objet `document`. `NodeList` est implémentée simplement comme un tableau d'objets de type `Node`. Les interfaces `Element` et `Document` étendent `Node`. Nous avons aussi pour le DOM HTML une interface `Event`, que nous détaillons à la section suivante.

Parmi les attributs de `Node`, nous trouvons tout d'abord ceux accédant aux nœuds voisins. Viennent ensuite le nom du nœud, son type et sa valeur. Le tableau 2.2 donne les valeurs de ces attributs pour les principaux types de nœuds. Nous constatons que, pour un élément, `nodeValue` est `null`, ce qui n'est guère pratique. Heureusement, nous disposons pour l'interface `Element` de l'extension `innerHTML`.

Tableau 2.2 Valeurs de *nodeName*, *nodeType* et *nodeValue*

Type de nœud	Valeur de *nodeName*	Valeur de *nodeType*	Valeur de *nodeValue*
Élément	Nom de la balise, en majuscules	1	null
Attribut	Nom de l'attribut	2	Valeur de l'attribut
Nœud texte	#text	3	Texte du nœud
Racine	#document	9	null

Remarquons que l'outil DOM Inspector illustré à la figure 2.2 en début de chapitre donne bien, pour tous les nœuds, une valeur de `nodeName` et `nodeValue` conforme à la norme : les nœuds texte y figurent sous le nom #text et ont pour valeur le contenu textuel, tandis que les éléments ont pour nom le nom de la balise et n'affichent aucune valeur.

Figure 2.12

Interfaces de DOM HTML

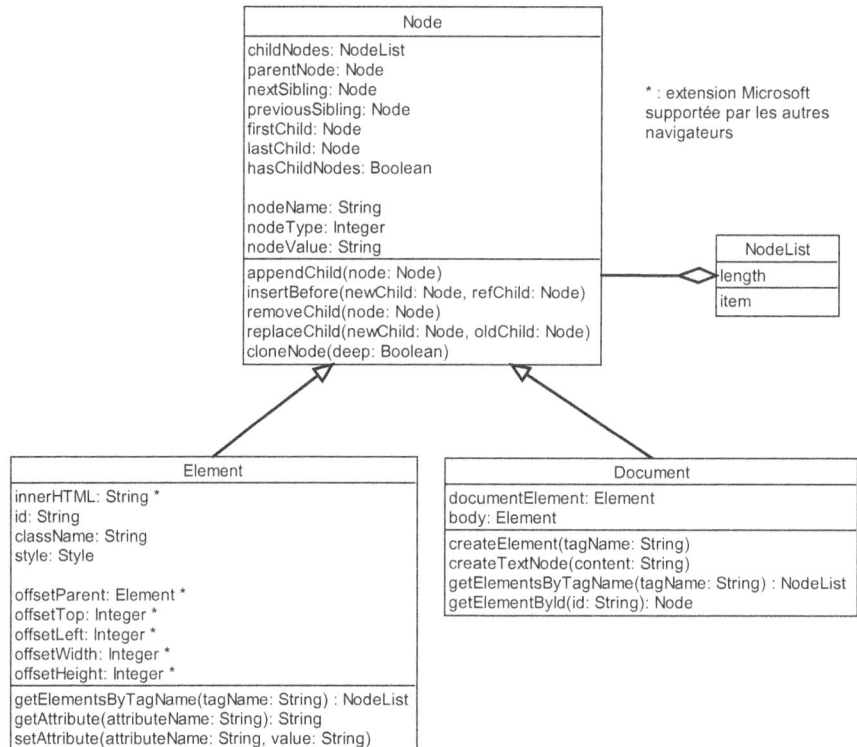

Nous pouvons ajouter un enfant à un nœud, avant un enfant donné (`insertBefore`) ou après le dernier (`appendChild`). Nous pouvons aussi remplacer un enfant ou en enlever un. Nous pouvons aussi le cloner, soit en surface, soit avec tous ses descendants. Dans les deux cas, le nouveau nœud a les mêmes type, nom, valeur, parent et attributs que le nœud d'origine.

Si c'est un élément que nous clonons, le contenu (`innerHTML`) du résultat est soit vide, si nous clonons en surface, soit identique au contenu du nœud origine, si nous clonons en profondeur. Les nœuds descendants sont ainsi tous clonés.

Si nous voulons éliminer un nœud `node`, nous écrivons :

```
node.parentNode.removeChild(node);
```

C'est assez lourd, mais DOM est ainsi.

Pour créer un nœud, nous avons `createElement` et `createTextNode` (méthodes de `Document`), ainsi que `setAttribute` (méthode de `Element`).

Peupler une liste de suggestions

Dans Google Suggest ou sur le site de la RATP *(http://ratp.fr)*, quand l'utilisateur saisit une expression ou, pour ce dernier, le nom d'une station de métro, une zone comportant une liste de suggestions apparaît. Pour Google, c'est dans un `div` et pour la RATP dans un `select`.

Dans les deux cas, une série d'enfants est créée et ajoutée à un élément englobant (`div` ou `select`). Nous allons commencer à construire cette application dans ce chapitre.

Supposons que la liste des résultats soit dans un tableau `values` et que la zone de suggestion soit un `div` d'id `suggestion`. Pour remplir la zone, une façon rapide consiste à la mettre à `blanc` et à lui ajouter des `div`, un par valeur, chacun ayant pour contenu une des valeurs :

```
<html>
  <body>
    Station : <input type="text" id="depart" size="10"/>
    <input type="button" value="Suggerer" onclick="suggerer()"/>
    <div id="suggestion"></div>
    <script>
// Ces valeurs devraient etre calculees
var values = ["Chatelet", "Gare de Lyon", "Orsay-Ville"];

function suggerer() {
  var suggest = document.getElementById("suggestion");
  // Supprimer les suggestions eventuelles
  suggest.innerHTML = "";
  // Ajouter les nouvelles suggestions
  var i, ele;
  for (i=0 ; i<values.length ; i++) {
    ele = document.createElement("div");
    ele.innerHTML = values[i];
    suggest.appendChild(ele);
  }
  // Afficher
  suggest.style.display = "block";
}
    </script>
  </body>
</html>
```

La figure 2.13 illustre le résultat obtenu. Les valeurs s'affichent bien, mais l'apparence de la suggestion laisse à désirer. Grâce aux CSS, nous pouvons ajouter à la zone de suggestion une bordure, une taille, etc. Cela ne suffit pas, cependant, et il nous faut positionner la zone exactement sous le champ de saisie. Cette zone ne doit pas décaler les éléments éventuels qui la suivent dans le document. Autrement dit, nous devons la mettre dans un autre flot, ce que nous savons faire. Il ne nous reste qu'à trouver les coordonnées qu'elle doit avoir. C'est l'objet de la section suivante.

Figure 2.13

Alimentation d'une
suggestion de saisie

Positionnement de la liste de suggestions

Commençons par donner un style à la zone de suggestion (bordure, fond, marges) en la masquant au départ et, surtout, en lui donnant une position absolue :

```
<style>
#suggestion {
  border: solid 1px black;
  padding: 2px;
  background: white;
  position: absolute;
  display: none;
}
</style>
```

Pour calculer ses coordonnées, nous allons utiliser les attributs offsetHeight, offsetLeft et offsetParent de Element.

L'attribut offsetParent est interprété différemment selon le navigateur. Pour les uns, c'est le bloc conteneur, tandis que, pour d'autres, c'est simplement le parent. Pour ce que nous voulons faire, ce n'est pas gênant puisque les deux autres attributs indiquent, en nombre de pixels, les coordonnées de l'élément par rapport à son offsetParent. L'élément le plus englobant ayant pour offsetParent null, nous pouvons le récupérer.

Obtenir les coordonnées absolues d'un élément revient donc à cumuler les offsetLeft et offsetTop de l'élément, de son offsetParent, du offsetParent de celui-ci, etc., jusqu'à tomber sur null.

C'est ce que font les fonctions getLeft et getTop que nous ajoutons maintenant dans le script :

```
function positionner() {
  var suggest = document.getElementById("suggestion");
  var champ = document.getElementById("depart");
```

```
    suggest.style.left = getLeft(champ) + "px";
    suggest.style.top = (getTop(champ) + champ.offsetHeight) + "px";
}

function getLeft(element) {
  var offsetLeft = 0;
  // Cumuler les offset de tous les elements englobants
  while (element != null) {
    offsetLeft += element.offsetLeft;
    element = element.offsetParent;
  }
  return offsetLeft;
}

function getTop(element) {
  var offsetTop = 0;
  // Cumuler les offset de tous les elements englobants
  while (element != null) {
    offsetTop += element.offsetTop;
    element = element.offsetParent;
  }
  return offsetTop;
}

// Positionner le popup
positionner();
```

Il paraît étrange de devoir écrire une fonction pour obtenir les coordonnées d'un élément, alors qu'il serait si simple que DOM fournisse un attribut. Cela fonctionne néanmoins, comme nous pouvons le vérifier à la figure 2.14.

Figure 2.14

Suggestion de saisie positionnée

Si nous avions voulu utiliser pour la suggestion une liste déroulante au lieu d'un div avec des div internes, il nous aurait fallu être un peu plus long, car nous n'aurions pu écrire simplement suggest.innerHTML = "". La raison à cela est que innerHTML n'est pas toujours modifiable dans Internet Explorer, notamment pour les éléments table, thead, tbody, tfoot, tr, select et textarea.

Nous aurions alors procédé ainsi :

```
     Départ : <input type="text" id="depart" size="10"/>
     <input type="button" value="OK" onclick="suggerer()"/>
     <select id="suggestion"></select>
     <script>
function suggerer() {
  var suggest = document.getElementById("suggestion");
  // Supprimer les suggestions eventuelles
  while (suggest.childNodes.length > 0) {
    suggest.removeChild(suggest.firstChild);
  }
  // Ajouter les nouvelles suggestions
  var i, ele;
  for (i=0 ; i<values.length ; i++) {
    option = document.createElement("option");
    option.innerHTML = values[i];
    suggest.appendChild(option);
  }
  // Montrer toutes les options en deroulant la liste
  suggest.setAttribute("size", suggest.options.length);
  // Afficher
  suggest.style.display = "block";
}
```

Notons une bizarrerie d'affichage agaçante de Firefox : alors que, dans Internet Explorer, quand une liste déroulante est complètement déroulée (son attribut `size` étant égal au nombre d'options), la liste n'a plus d'ascenseur, Firefox le garde affiché, comme l'illustre la figure 2.15. C'est dommage, car le `select` est plus naturel pour proposer des choix (il est conçu pour cela), alors qu'avec le `div`, il faut écrire du code pour permettre à l'utilisateur de naviguer dans les options avec les touches Ligne suivante et Ligne précédente.

Figure 2.15

Suggestion avec une liste déroulante

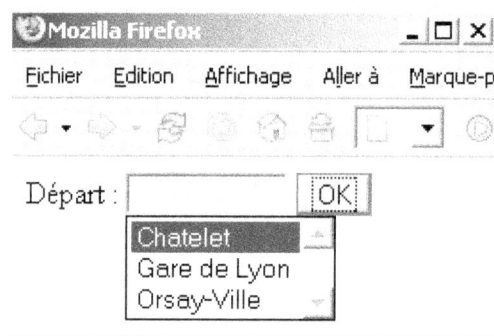

Récupération de nœuds

Il nous reste à décrire deux méthodes mentionnées à la figure 2.12 : la méthode `createTextNode`, surtout utile en XML, puisque, en HTML, il est plus court de manipuler `innerHTML`, et la méthode `getElementsByTagName`, qui figure à la fois dans `Document` et dans

Element et qui renvoie la liste des éléments dont le nom de balise est celui passé en para-mètre. Si aucun n'est trouvé, elle renvoie un tableau vide. Si nous l'appelons depuis Document, tous les éléments du document sont pris en compte. Si nous l'appelons depuis un élément, la recherche est limitée aux descendants de cet élément.

Il n'existe pas de méthode getChildrenByTagName qui limiterait la recherche aux enfants directs. Cela peut avoir un intérêt du fait d'une particularité qu'il convient d'avoir à l'esprit : la possibilité d'avoir des nœuds texte vides. Nous indentons souvent les balises dans les fichiers HTML, comme nous le faisons des blocs dans les programmes. La struc-ture du document est ainsi visible, et nous pouvons plus vite vérifier que le document est bien formé, et notamment qu'à toute balise ouvrante correspond une balise fermante.

Ainsi, entre une balise ouvrante <ul> et son premier enfant <li>, nous avons quelques caractères : un retour à la ligne et des espaces ou tabulations. Cela produit dans l'arbre un nœud texte composé de ces caractères, appelé nœud texte vide. La plupart des naviga-teurs, dont Firefox, produisent ces nœuds texte vides, comme nous pouvons le constater à la figure 2.2. Par contre, Internet Explorer les ignore.

Le nombre de nœuds enfants peut donc varier selon le navigateur. De plus, si nous voulons récupérer les li d'un ul, les childNodes ne font pas l'affaire puisque nous récupé-rerions en plus tous les nœuds texte vides liés à l'indentation.

La fonction getChildrenByTagName s'écrit de la façon suivante :

```html
<html>
  <head>
    <meta http-equiv="Content-type" content="iso-8859-1"/>
    <script>
function getChildrenByTagName(element, tagName) {
  var result = new Array();
  for (var i=0 ; i<element.childNodes.length ; i++) {
    var child = element.childNodes[i];
    if (child.nodeType == 1 // ELement
        && child.nodeName.toLowerCase() == tagName.toLowerCase()) {
      result.push(child);
    }
  }
  return result;
}

function afficher() {
  var liste = document.getElementById("liste");
  var lignes = getChildrenByTagName(liste, "li");
  alert("childNodes : " + liste.childNodes.length +
    "\nlignes " + lignes.length);
}
    </script>
  </head>
  <body>
    <ul id="liste">
```

```
        <li>Dupont avec un t</li>
        <li>Séraphin Lampion</li>
        <li>Igor Wagner</li>
    </ul>
    <input type="button" value="Nb de lignes ?" onclick="afficher()"/>
  </body>
</html>
```

Remarquons que `getChildrenByTagName` compare les noms de balises en les mettant en minuscules afin de les rendre insensibles à la casse, comme `getElementsByTagName` dans le DOM HTML.

Les figures 2.16 et 2.17 illustrent le résultat obtenu dans Internet Explorer et Firefox.

Figure 2.16

Nombre d'enfants dans Internet Explorer

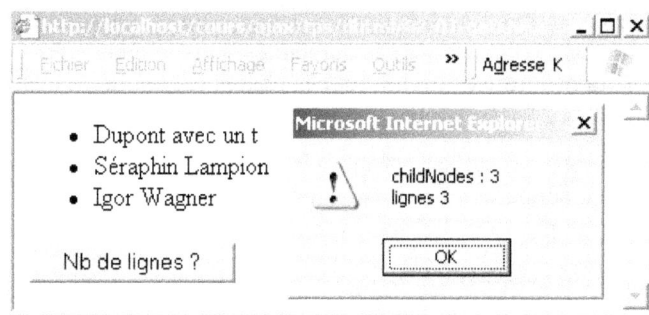

Figure 2.17

Nombre d'enfants dans Firefox

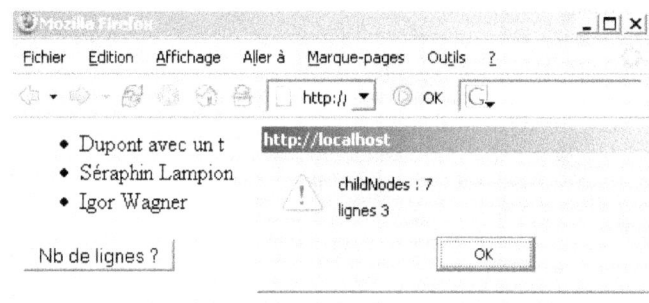

DOM Events

Pour faire du HTML dynamique, nous devons associer à des événements des réactions, c'est-à-dire des fonctions JavaScript qui interviennent sur l'arbre DOM ou sur les CSS. Il nous faut pour cela savoir quels sont les événements disponibles, comment les intercepter et les associer à des réactions, quelles informations ils transportent (position de la souris, touche pressée, etc.), et enfin comment les gérer (prévenir l'action par défaut, par exemple). C'est ce que spécifie la partie de DOM appelée DOM Events.

DOM Events est la partie de DOM où nous trouvons le plus d'incompatibilités entre les navigateurs. Il est vrai qu'il a fallu attendre DOM 2, sorti fin 2000, pour qu'un standard apparaisse. Mozilla y est conforme, mais ce n'est toujours pas le cas d'Internet Explorer.

Un excellent tableau de compatibilité selon les navigateurs (Internet Explorer, Mozilla, Opera et Safari) est disponible sur le site déjà cité de Peter-Paul Koch, à l'adresse *http:// www.quirksmode.org/js/events_compinfo.html*.

Événements reconnus par les navigateurs

Commençons par un point commun aux divers navigateurs. Lorsque l'utilisateur interagit avec une page au moyen du clavier ou de la souris, un *événement* est produit par le navigateur. Il en va de même quand la page a fini de se charger (événement `load`), quand elle disparaît pour faire place à une nouvelle page (événement `unload`) ou encore, en Ajax, quand la requête HTTP faite au serveur change d'état (événement `readystatechange`).

Les tableaux 2.3 à 2.5 récapitulent les événements reconnus dans les navigateurs actuels. La page de Koch citée précédemment donne des détails sur les bogues ou incomplétudes.

Tableau 2.3 Événements spécifiques aux formulaires

Événement	Description
change	La valeur du champ a été modifiée.
reset	Remise du formulaire aux valeurs par défaut
select	Sélection d'une option d'un `select` ou d'une partie d'un `textarea`
submit	Soumission du formulaire

L'événement `change` est déclenché différemment dans les champs texte (quand le curseur quitte le champ) et dans les champs `select` (quand l'utilisateur va sur une autre option, par le biais d'un clic ou des touches de navigation du clavier). Sur ce point, Mozilla est bogué : le changement par les touches n'étant pas pris en compte, il faut le récupérer par `keypress`.

Tableau 2.4 Événements souris et clavier (tous éléments)

Événement	Description
click	L'utilisateur a cliqué sur l'élément.
dblclick	L'utilisateur a double-cliqué sur l'élément.
keydown	L'utilisateur a enfoncé une touche du clavier.
keypress	L'utilisateur a pressé sur une touche (voir plus loin la différence avec `keydown` et `keyup`).
keyup	L'utilisateur a relâché une touche du clavier.
mousedown	L'utilisateur a enfoncé un bouton de la souris.
mousemove	Mouvement de la souris
mouseout	La souris est sortie de l'élément (de la boîte qui le représente à l'écran).
mouseover	La souris est entrée dans l'élément (dans la boîte qui le représente à l'écran).
mouseup	Relâchement d'un bouton de la souris

Tableau 2.5 Autres événements

Événement	Description
blur	Le curseur quitte l'élément : champs de formulaire, liens hypertexte et body (ou objet window).
focus	Le curseur entre dans l'élément : champs, liens hypertexte et body (ou objet window).
load	Chargement de la page : éléments body (ou objet window), img, link, script
readystatechange	Changement d'état de la requête : objet XMLHttpRequest
resize	L'élément est retaillé.
scroll	L'utilisateur fait défiler la page.
unload	L'utilisateur quitte la page : éléments body (ou objet window), iframe.

Programmation événementielle mais traitement séquentiel

Le développeur écrit des fonctions pour réagir à ces événements. La façon la plus ancienne de spécifier la réaction à un événement concernant un élément est la suivante :

```
<div id="unDiv" onclick="uneFonction()"> ...</div>
<script>
function uneFonction() {
  // le traitement a effectuer quand l'utilisateur clique
  // sur le div unDiv
}
</script>
```

En anglais, on appelle *event handler* une fonction réagissant à un événement. Nous pouvons traduire cela par *réaction*. Certains parlent de « gestionnaire d'événements », mais cette expression me semble plutôt désigner la façon dont le navigateur traite les événements (comment il les série, les propage, etc.). Associer une réaction à un événement et à un élément se dit en anglais *to register an event handler*, que nous pouvons traduire par *enregistrer une réaction*. Ceux qui traduisent *event handler* par gestionnaire d'événements diraient « enregistrer un gestionnaire d'événements ».

Le navigateur place les événements produits dans une file d'attente. Lorsque l'utilisateur clique sur l'élément unDiv, un événement est produit et va dans cette file d'attente. Quand son tour arrive d'être traité, le navigateur exécute la fonction uneFonction() qui lui a été associée, puis, lorsque celle-ci a fini de s'exécuter, il passe à l'événement suivant. Ainsi, les fonctions réaction sont exécutées séquentiellement et sans pouvoir être interrompues. Il existe toutefois une exception à cela : lorsqu'un traitement dévore les ressources de la machine, le navigateur (du moins Internet Explorer et Mozilla) demande de lui-même une confirmation, du genre « Voulez-vous continuer l'exécution de ce script qui ralentit votre navigateur ? ».

Une conséquence notable, et bien agréable, de ce traitement séquentiel est que nous sommes sûr qu'entre deux instructions les variables éventuelles que nous manipulons n'ont pas été modifiées par une autre fonction. Nous n'avons donc pas à nous préoccuper de synchronisation.

Une autre conséquence est que le navigateur reste bloqué durant tout le temps d'exécution de la fonction. Si l'utilisateur clique sur un bouton, dans la page ou sur la barre de menus, ou s'il presse une touche, le seul effet est de mettre cet événement dans la file, son traitement devant attendre que les traitements associés aux événements le précédant soient terminés.

Si la fonction s'exécute rapidement, l'utilisateur ne perçoit pas le blocage. C'est généralement le cas quand tout se passe côté client. Il faut par contre être prudent si la fonction appelle le serveur, celui-ci pouvant être lent à répondre. C'est pourquoi, en Ajax, on recommande dans la plupart des cas de faire des appels *asynchrones* au serveur. En asynchrone, la requête est envoyée sans attendre la réponse, ce qui est très rapide. Puis, quand celle-ci arrive, un événement « réception de la réponse » ou plutôt « changement d'état de la requête http » est mis dans la file d'attente. Quand son tour arrive, le traitement qui lui a été associé est exécuté.

Association d'une réaction à un événement

La façon d'attacher une fonction à un événement et un élément présentée ci-dessus fonctionne dans tous les navigateurs. Toutefois, si la page est complexe, nous risquons de nous retrouver avec beaucoup de code HTML contenant du JavaScript. Il est dès lors difficile de s'y retrouver. C'est pourquoi il est préférable d'utiliser un mécanisme légèrement différent, qui fonctionne aussi dans tous les navigateurs et qui a l'avantage de séparer la structure et le contenu (le HTML) du comportement (le JavaScript) :

```
<div id="unDiv"> ...</div>
<script>
function uneFonction() {
  // le traitement a effectuer quand l'utilisateur clique
  // sur le div unDiv
}
document.getElementById("unDiv").onclick = uneFonction;←❶
</script>
```

Notons, à la dernière ligne, que nous ne mettons pas de parenthèse après uneFonction. Cette ligne signifie : la propriété onclick de l'élément unDiv vaut maintenant la fonction de nom uneFonction. Si nous avions mis les parenthèses, cette propriété aurait valu le *résultat* de l'appel de uneFonction, ce qui est bien sûr très différent.

Remarquons tout d'abord qu'en JavaScript, une fonction est un objet, et un objet identifié par son nom.

Donc, quand nous écrivons :

```
unObjet.unePropriete = uneFonction;
```

nous affectons simplement l'objet `uneFonction` à une propriété de l'objet `unObjet`. Nous reviendrons en détail sur ce point au chapitre 3, qui examine les aspects objet de JavaScript, incontournables en Ajax.

Ensuite, les éléments de l'arbre HTML ont tous, pour chaque événement `unevenement` auquel ils peuvent réagir, une propriété `onunevenement`, qui est une fonction, celle à exécuter quand l'événement `unevenement` se produit.

Si, ensuite, nous désirons supprimer la réaction à l'événement, nous écrivons :

```
document.getElementById("unDiv").onclick = null;
```

Cette façon d'associer une réaction ou de la supprimer, qui fonctionne dans tous les navigateurs, est très ancienne. Dans le DOM niveau 2 (2000), le W3C a spécifié une façon différente, plus générale, implémentée aujourd'hui dans Mozilla mais pas dans Internet Explorer.

Mentionnons-la pour mémoire :

```
unElement.addEventListener('click', uneFonction, false);
```

Cela permet d'associer plusieurs réactions à un même événement pour un élément donné. De même, nous pouvons supprimer une association :

```
unElement.removeEventListener('click', uneFonction, false);
```

Accéder à l'objet événement

Chaque événement produit est un objet, qui porte plusieurs propriétés :

- Données relatives à la souris (position, bouton enfoncé).
- Données relatives au clavier (touche enfoncée, présence de l'un des modificateurs Alt, Ctrl, majuscule).
- Élément du DOM sur lequel survient l'événement.
- Type de l'événement.

L'événement possède aussi des méthodes, par exemple pour empêcher la réaction par défaut (pour l'événement `submit`, la soumission du formulaire, pour l'événement `click` sur un lien, le chargement de la page correspondante).

Pour récupérer l'événement dans la réaction, il existe plusieurs méthodes, qui dépendent du navigateur. Pour Internet Explorer, il n'y a, à tout moment, qu'un événement, que nous récupérons par `window.event`. Pour le W3C, implémenté dans Mozilla et les autres, l'événement doit être passé en paramètre de la réaction :

```
function uneFonction(evenement) {
    // . . . uneFonction reagit a evenement
}
```

Dans les navigateurs compatibles W3C, `window.event` n'est pas défini, ce qui permet d'avoir un code commun aux deux types de navigateurs en écrivant :

```
function uneFonction(evenement) {
    // Recuperer l'evenement
```

```
    var evenement = window.event || evenement;
    // et le traitement a effectuer
  }
  document.getElementById("unDiv").onclick = uneFonction;
```

Notons l'écriture, fréquente dans les frameworks :

```
  a = b || c;
```

Si la variable b vaut null ou undefined, elle est convertie à false dans b || c. L'opérateur
|| signifiant « ou alors », c est évalué et placé dans a. Sinon, b est placé dans a sans que c
soit évalué.

Ordre des événements

Prenons une page avec deux champs de saisie. Quand l'utilisateur passe du premier
champ au suivant, plusieurs événements sont générés : blur, puisque le premier champ
perd le curseur, et focus, puisque le second le récupère. Bien sûr, blur est produit avant
focus. Mais que se passe-t-il si l'utilisateur passe au second champ en y cliquant ? Un
événement clic est produit, mais l'est-il avant ou après focus ?

De même, si l'utilisateur a changé la valeur du premier champ, un événement change est
généré, mais l'est-il avant ou après blur ?

Considérons maintenant les événements clavier : keydown précède keyup, mais qu'en est-il
de keypress ? Ces questions, qui pourraient paraître oiseuses, conditionnent en fait le
comportement de l'interface dés qu'elle est très réactive, ce qu'elle a des chances d'être
avec Ajax, dont c'est précisément un des objectifs.

Prenons l'exemple de la suggestion de saisie. Celle-ci doit réagir à keydown, keypress ou
keyup. Nous souhaitons que lorsque l'utilisateur presse Entrée, la suggestion disparaisse,
sans que le formulaire soit soumis. Si nous choisissons de réagir à keyup, le fait de prévoir
dans la réaction le cas de la touche Entrée suffit-il ? La réponse est non : avant keyup,
l'événement keypress a été produit, et celui-ci entraîne par défaut la soumission du
formulaire. Il faut donc prévoir la réaction à keypress, ou encore à keydown, qui précède
encore keypress.

Les réponses aux questions en suspens concernant l'ordre des événements sont les
suivantes :

• Si nous passons d'un champ de saisie à un autre par la souris, l'ordre est :

  change < blur < focus < click

• Si nous passons d'un champ à un autre par une tabulation, l'ordre est :

  keydown < keypress < change < blur < focus < keyup

Pour le vérifier, construisons une page qui affiche tous les événements survenant sur deux
champs. La figure 2.18 illustre le résultat quand nous passons du premier au second par
une tabulation.

Figure 2.18

*Ordre des
événements produits
quand l'utilisateur
passe du premier
au second champ
par une tabulation*

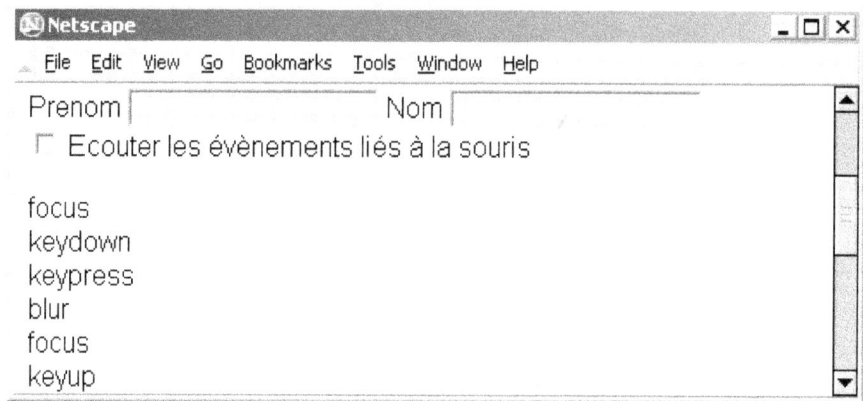

Voici le code HTML de la page (fichier **02-10-ordre-evenements.html**) :

```html
<html>
  <head>
    <meta http-equiv="Content-type" content="text/html; charset=iso-8859-1"/>
  </head>

  <body>
    <h1>Ordres des événements</h1>
    <p>Cette page affiche les événements survenus sur les
      2 champs de saisie.</p>
    <form action="javascript:">
      Prenom <input type="text" id="prenom"/>
      Nom <input type="text" id="nom"/>
      <br/>
      <input type="checkbox" id="logMouse"/> Ecouter les
      événements liés à la souris
    </form>
    <div id="message"></div>
```

Rien de plus qu'un formulaire et un div pour recevoir les messages. Notons qu'il n'y a aucun JavaScript dans le HTML, ainsi que nous l'avons préconisé plus haut.

Voici maintenant la réaction aux événements :

```javascript
// Historique des evenements
var trace = [];

// Les afficher. Chaque trace est un objet de proprietes type et count
function log(event) {
  // W3C vs IE
  var event = event || window.event;
  // Un element de trace
  var item = new Object();
  // Si l'evenement est le meme que le precedent, incrementer son count
  if (trace.length>0 && trace[trace.length-1].type == event.type) {
```

```
    trace[trace.length-1].count++;
  }
  // Sinon l'ajouter
  else {
    item.type = event.type;
    item.count = 1;
    trace.push(item);
  }
  var s = "";
  for (var i=0 ; i<trace.length ; i++) {
    s += trace[i].type;
    if (trace[i].count > 1) {
      s += " (" + trace[i].count + " fois)";
    }
    s += "<br/>";
  }
  document.getElementById("message").innerHTML = s;
}
```

Enregistrons ensuite les réactions :

```
function listen(element) {
  element.onkeydown = log;
  element.onkeyup = log;
  element.onkeypress = log;
  element.onfocus = log;
  element.onblur = log;
  element.onclick = log;
  element.ondblclick = log;
  element.onchange = log;
  // Ecouter les mouse... seulement si la case est cochee
  var fct = (document.getElementById("logMouse").checked) ? log : null;←❶
  element.onmouseover = fct;
  element.onmouseout = fct;
  element.onmousemove = fct;
  element.onmousedown = fct;
  element.onmouseup = fct;
}
// Ecouter les evenements survenant sur prenom et nom
var prenom = document.getElementById("prenom");
var nom = document.getElementById("nom");
listen(prenom);
listen(nom);
```

Notons (repère ❶) que nous enregistrons/supprimons la réaction aux événements liés à la souris, selon que la case est cochée ou non.

Il ne reste plus qu'à réinitialiser les enregistrements quand l'utilisateur coche ou décoche la case :

```
// Reinitialiser ces ecoutes si on coche/decoche la case
document.getElementById("logMouse").onclick = function() {
```

```
    listen(prenom);
    listen(nom);
}
```

Propagation des événements

Dans la page illustrée à la figure 2.19, les quatre zones de texte sont des td d'un même table, lui-même enfant d'un div. Le table et le div réagissent à un clic, de même que les deux premiers td de la première ligne.

Que se passe-t-il si l'utilisateur clique sur l'un de ces td ? La souris est dans le td mais aussi dans le table et dans le div. Le td, le table et le div sont donc censés réagir à l'événement, mais lequel va réagir le premier ? Le plus englobant (le div) ou le plus profond dans l'arbre (le td) ?

Figure 2.19

Éléments imbriqués réagissant au même événement

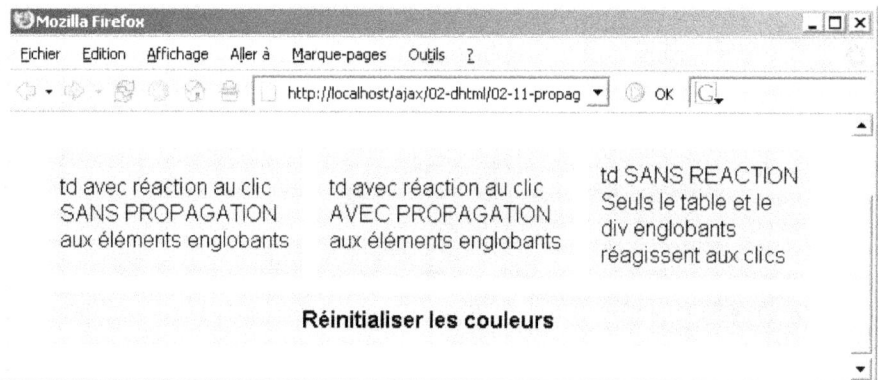

Lors de l'invention du HTML dynamique, Microsoft et Netscape ont donné deux réponses complètement divergentes à ces questions. Le W3C les a ensuite intégrées dans le DOM Events niveau 2, qui est implémenté dans Mozilla.

Microsoft a choisi que l'élément le plus en bas de l'arbre récupère le premier l'événement. C'est ici le cas des td. Ensuite, l'événement est transmis au parent, puis au grand-parent, etc. On appelle cette transmission *event bubbling,* ou propagation.

Netscape prévoyait le contraire. Le W3C a prévu dans DOM 2 qu'il y aurait en fait deux phases de transmission :

• une phase de capture optionnelle, l'événement partant du plus haut de l'arbre vers le plus bas concerné ;

• une phase de propagation, l'événement remontant de la cible vers ses ancêtres.

Pour enregistrer la réaction suivant le mode W3C, nous écrivons :

```
element.addEventListener('click', uneFonction, true);
```

Le troisième paramètre indique s'il faut ou non passer par la phase de capture. Dans la ligne ci-dessus, nous y passerions. Évidemment, si nous voulions écrire un code compatible pour tous les navigateurs, nous garderions la valeur par défaut, `false`.

Propagation des événements

Dans Internet Explorer et dans les autres navigateurs, si nous enregistrons les événements de façon traditionnelle :

```
element.onclick = uneFonction;
```

les événements n'ont pas de phase de capture et n'ont qu'une phase de propagation. Ils vont donc du bas vers le haut de l'arbre des éléments. L'élément le plus en bas est donné par `event.target` avec W3C et `event.srcElement` avec Internet Explorer.

Une question corollaire se pose : une fois que l'un des éléments a réagi à l'événement, est-il possible d'empêcher que l'événement se propage aux ancêtres ? La réponse est oui.

En voici l'implémentation dans Internet Explorer :

```
evenement.cancelBubble = true;
```

et dans un navigateur W3C :

```
evenement.stopPropagation();
```

Comme l'illustre la figure 2.20, après que l'utilisateur a cliqué sur le premier `td`, l'événement ne se propage pas aux ancêtres, et seul le `td` change de couleur.

Figure 2.20

*Réactions
à l'événement
après un clic
sur le premier* td

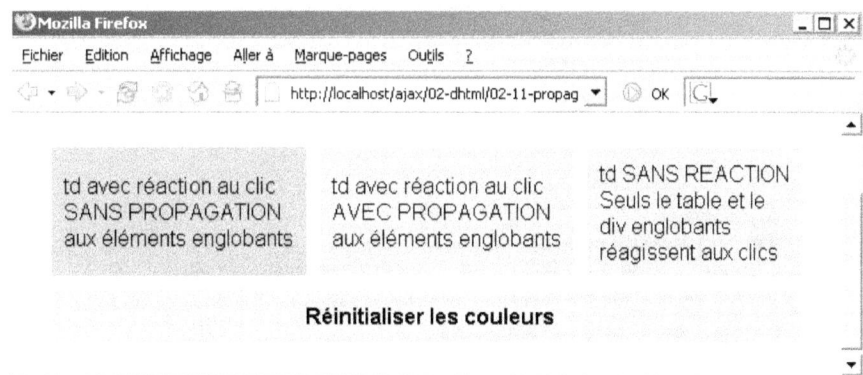

À la figure 2.21, il a cliqué sur le deuxième `td`, lequel réagit en changeant de couleur, puis l'événement se propage aux ancêtres `table` et `div`, qui changent à leur tour de couleur. À la figure 2.22, il a cliqué sur le troisième `td`, lequel n'a pas de réaction. L'événement remonte donc aux ancêtres, rencontrant le `table` puis le `div`, qui réagissent en changeant de couleur.

Figure 2.21

*Réactions
à l'événement
après un clic
sur le deuxième* td

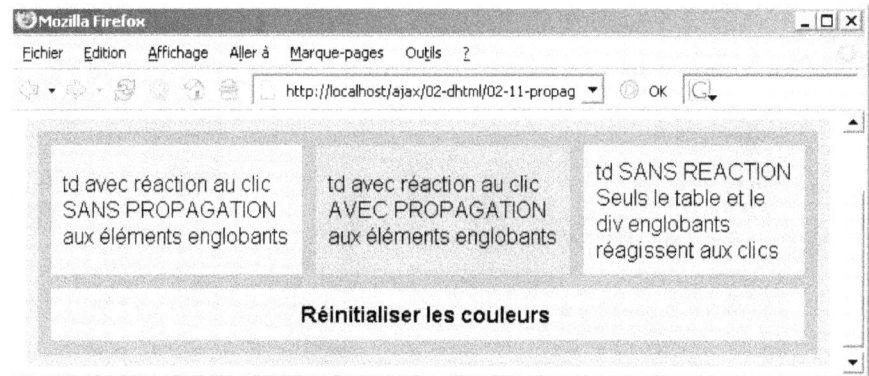

Figure 2.22

*Réactions
à l'événement
après un clic
sur le troisième* td

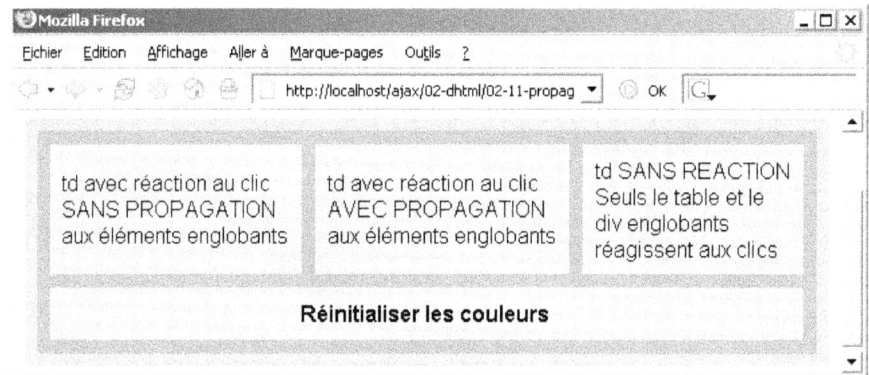

Voici le code de la page **(02-11-propagation.html),** en commençant par le HTML (sans sa CSS) :

```
<body>
  <h1>Propagation des événements</h1>
  <div onclick="changerCouleur(this, '#C0B0C0')">←❶
    <table onclick="changerCouleur(this, '#7C8C9C')"
      border="0" cellspacing="10">
      <tr>
        <td onclick="tdClickPasPropage(this, event)">←❷
          td avec réaction au clic SANS PROPAGATION
          aux éléments englobants
        </td>
        <td onclick="changerCouleur(this, '#99AABB')">←❶
          td avec réaction au clic AVEC PROPAGATION
          aux éléments englobants
        </td>
        <td>td SANS REACTION : ce sont le table et le
          div englobants qui réagissent aux clics
        </td>
```

```
      </tr>
      <tr>
        <th colspan="3" onclick="location.reload()">
        Réinitialiser les couleurs</th>
      </tr>
    </table>
  </div>
</body>
```

Le div et le second td réagissent aux clics par la même fonction (repère ❶) changerCouleur, avec un second argument (un code couleur) différent. Le premier div réagit quant à lui par la fonction tdClickPasPropage (repère ❷).

Voici le code de ces fonctions :

```
function changerCouleur(element, couleur) {
  element.style.background = couleur;
}

function tdClickPasPropage(unTd, event) {
  unTd.style.background = "#99AABB";
  // On empeche la propagation
  if (window.event) {
    // IE n'a qu'un seul objet event par fenetre
    window.event.cancelBubble = true;
  }
  else {
    // W3C
    event.stopPropagation();
  }
}
```

Simplification du code avec la propagation

L'un des intérêts de propager les événements est de simplifier le code dans certaines situations.

Imaginons, par exemple, que nous voulions mettre en exergue une ligne d'un tableau quand l'utilisateur clique sur une de ses cellules, comme le montre la figure 2.23.

Figure 2.23

Clic sur la deuxième cellule de la deuxième ligne

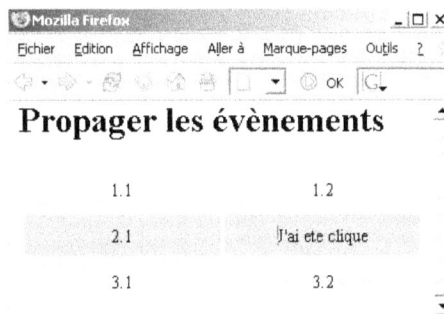

Il serait possible d'ajouter à chaque td du tableau une réaction mettreEnExergue, qui changerait le style de son nœud parent tr. Pour un tableau comportant beaucoup de cellules, ce serait rajouter beaucoup de code. Un moyen beaucoup plus élégant consiste à faire réagir le tableau, en spécifiant dans la réaction que le changement se rapporte à la cible de l'événement, ou, comme ici, à son nœud parent :

```
function mettreEnExergue(aEvent) {
  // L'evenement selon IE ou W3C
  var event = window.event || aEvent;
  // La cible selon W3C ou IE
  var target = event.target || event.srcElement;
  // Si on est sur un td
  if (target.nodeType == 1 && target.nodeName == "TD") {
    target.innerHTML = "J'ai ete clique";
    // Changer le style du parent tr
    var parent = target.parentNode.style.background = "#AABBCC";
  }
}
```

Le corps de cette page (fichier **02-12-propager-pour-simplifier.html**) est très simple (l'en-tête avec son style a été omis) :

```
<body>
  <h1>Propager les événements</h1>
  <table id="unTable" cellpadding="8" cellspacing="4">
    <tr>
      <td>1.1</td>
      <td>1.2</td>
    </tr>
    <tr>
      <td>2.1</td>
      <td>2.2</td>
    </tr>
    <tr>
      <td>3.1</td>
      <td>3.2</td>
    </tr>
  </table>

  <script>
document.getElementById("unTable").onclick = mettreEnExergue;
  </script>
</body>
```

Les événements clavier

Comme illustré à la figure 2.18, quand l'utilisateur presse une touche au clavier (sur la figure, c'est la touche de tabulation), trois événements sont produits, dans l'ordre suivant : keydown, keypress et keyup.

Si l'utilisateur saisit plusieurs fois le même caractère en gardant la touche enfoncée, plusieurs événements `keydown` et `keypress` sont produits, contre un seul événement `keyup`. Cela peut notamment se produire quand l'utilisateur navigue, par exemple dans une liste, au moyen des touches fléchées.

L'événement `keypress` n'est pas produit pour toutes les touches, en particulier pas pour les touches fléchées, ni pour les touches Alt, Ctrl et Maj.

L'objet événement indique le numéro Unicode du caractère saisi à travers sa propriété `keyCode`. Nous obtenons le caractère par `String.fromCharCode(keyCode)`. Nous pouvons utiliser cette propriété `keyCode` pour contrôler la saisie, ou la suggérer.

Comparaison entre *keydown*, *keypress* et *keyup*

La page illustrée à la figure 2.24 permet de bien comprendre ces événements. Elle nous sera très utile quand nous traiterons de la suggestion de saisie. Nous pouvons en tirer les constats suivants :

- La valeur du champ ne prend en compte le caractère saisi qu'avec l'événement `keyup`. Le dernier caractère saisi par l'utilisateur, « x », n'apparaît donc dans la valeur du champ que sur cet événement. Il serait plus court d'utiliser `keyup` pour une suggestion de saisie.

- Dans Mozilla, toujours pour `keypress`, `keyCode` vaut 0 s'il s'agit d'un caractère affichable, le code de celui-ci se trouvant alors dans `charCode`, ce qui se révèle assez pratique. Internet Explorer renseigne quant à lui toujours `keyCode` mais ne connaît malheureusement pas `charCode`.Le caractère saisi est renvoyé en majuscule pour les événements `keydown` et `keyup`, ce qui est assez curieux. Par contre, avec `keypress`, nous avons la bonne valeur. Nous avons donc intérêt à utiliser `keypress` pour du contrôle de saisie, d'autant que nous pourrons aussi, lorsque l'utilisateur saisira un caractère incorrect, empêcher que celui-ci ne s'ajoute à la valeur du champ. Nous empêcherons simplement le comportement par défaut de l'événement.

Figure 2.24

Événements
keydown, keypress
et keyup

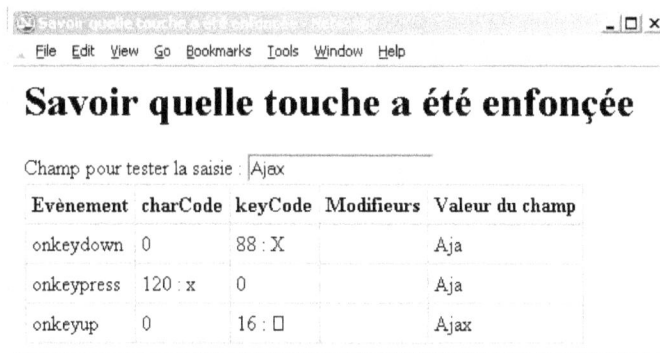

Voici le code HTML de cette page (fichier **02-13-donner-unicode.html**), réduit à l'essentiel (le tableau a quatre lignes, dont les trois dernières ont un `id` portant le nom de l'événement à examiner, et le document réagit à tous les événements clavier) :

```
<body
  onKeyDown="setKey('down', event)"
  onKeyUp="setKey('up', event)"
  onKeyPress="setKey('press', event)"
  onload="document.getElementById('saisie').focus()">
  <h1>Savoir quelle touche a été enfoncée</h1>
  Champ pour tester la saisie :
  <input type="text" id="saisie">
  <table border="1" cellpadding="4" cellspacing="0">
    <tr>
      <th>Evénement</th>
      <th>charCode</th>
      <th>keyCode</th>
      <th>Modifieurs</th>
      <th>Valeur du champ</th>
    </tr>
    <tr id="down">
      <td>onKeyDown</td>
      <td></td>
      <td></td>
      <td></td>
      <td></td>        </tr>
    <tr id="press">
      <td>onKeyPress</td>
      <td></td>
      <td></td>
      <td></td>
      <td></td>        </tr>
    <tr id="up">
      <td>onKeyUp</td>
      <td></td>
      <td></td>
      <td></td>
      <td></td>        </tr>
  </table>
```

Voici le JavaScript correspondant :

```
// Affiche les informations sur la touche pressee
function setKey(eventName, aEvent){
  // Recuperer l'evenement en Mozilla ou en IE
  var event = aEvent ? aEvent : window.event;
  // On renseigne la ligne tr correspondant a l'evenement
  var cells = document.getElementById(eventName).getElementsByTagName("td");
  // Le caractere saisi
  var character = "";
  if (event.charCode) {
    character = " : " + String.fromCharCode(event.charCode);
  }
  // Renseigner charCode
  cells[1].innerHTML = event.charCode  + character;
```

```
    character = "";
    if (event.keyCode) {
      character = " : " + String.fromCharCode(event.keyCode);
    }
    // Renseigner keyCode
    cells[2].innerHTML = event.keyCode + character;
    // Les modificateurs
    var s = (event.ctrlKey)?" Ctrl":"";
    s += (event.altKey)?" Alt":"";
    s += (event.shiftKey)?" Maj":"";
    cells[3].innerHTML = s;
    // La valeur du champ
    cells[4].innerHTML = document.getElementById("saisie").value;
  }
```

Les événements liés à la souris

Pour les événements liés à la souris, la question la plus fréquente est : où se trouve la souris ? Il est indispensable de le savoir pour positionner correctement les pop-up, par exemple. Nous disposons pour cela de deux propriétés de l'objet événement : `clientX` et `clientY`, qui donnent le nombre de pixels de la souris par rapport à la fenêtre. Comme l'utilisateur peut avoir fait défiler la page, il suffit d'ajouter la valeur de ce défilement, que nous obtenons dans `document.body.scrollLeft` et `document.body.scrollTop` :

```
var left = event.screenX + document.body.scrollLeft;
var top = event.screenY + document.body.scrollTop;
```

La figure 2.25 illustre le résultat de l'affichage de cette position.

Figure 2.25

Affichage dans un calque de la position de la souris

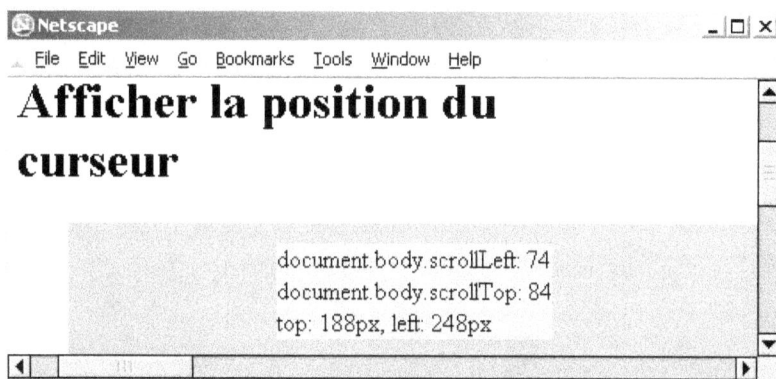

Nous avons besoin pour cela de deux zones (deux `div`), positionnées hors du flot normal. Pour voir l'effet du défilement, nous donnons à la plus grande une taille bien supérieure à celle de la fenêtre. Pour la positionner sans souci, nous lui donnons un positionnement relatif : elle se placera relativement aux éléments précédents. Nous donnons aussi au body une marge externe, de façon à voir le contenu malgré le défilement. Quant à la zone qui va suivre la souris, nous lui donnons une couleur différente et la masquons au départ :

```html
<html>
  <head>
    <style>
    body {
      margin: 5em;
    }
    #externe {
      width:2000px; height:300px;
      position:relative; top: 0em; left:10%;
      background-color: #99AABB;
    }
    #zone {
      position: absolute;
      display: none;
      background-color: #BBCCDD;
    }
    </style>
  </head>

  <body>
    <h1>Afficher la position du curseur</h1>
    <div id="externe"></div>
    <div id="zone"></div>
```

Voici le code JavaScript qui suit ce début :

```javascript
function afficher(event) {
  // W3C vs IE
  var event =  event || window.event;
  var zone = document.getElementById("zone");
  // Decalage de la page du au defilement dans la fenetre
  var s = "document.body.scrollLeft: " + document.body.scrollLeft;
  s += "<br/>document.body.scrollTop: " + document.body.scrollTop;
  // Coordonnes par rapport au sommet gauche du document :
  // position de la souris + defilement dans la fenetre
  zone.style.left = event.clientX
    + document.body.scrollLeft + "px";
  zone.style.top = event.clientY
    + document.body.scrollTop + "px";
  s += "<br/>top: " + zone.style.top;
  s += ", left: " + zone.style.left;
  zone.innerHTML = s;
  zone.style.display = "block";
}

document.getElementById("externe").onmousemove = afficher;
```

En résumé

Le tableau 2.6 récapitule l'ensemble des propriétés des événements abordées dans cette section.

Tableau 2.6 Propriétés des événements

Propriété		Description
Internet Explorer	**W3C**	
	altKey	Booléen indiquant si la touche Alt a été pressée.
cancelBub-ble=true	stopPropaga-tion()	Empêcher l'événement d'être transmis aux éléments ancêtres de l'élément sur lequel est survenu l'événement.
	clientX	Coordonnées de la souris par rapport au coin gauche haut la fenêtre
	clientY	
	ctrlKey	Booléen indiquant si la touche Ctrl a été pressée.
fromElement	relatedTarget	Pour les événements de souris, élément d'où vient la souris.
	keyCode	Code Unicode de la touche pressée pour les événements clavier
returnVa-lue=false	preventDe-fault()	Empêche l'action par défaut associée à l'événement.
	screenX	Coordonnées de l'événement par rapport à la fenêtre
	screenY	
	shiftKey	Booléen indiquant si la touche Maj a été pressée.
srcElement	target	Cible de l'événement (élément situé le plus en bas de l'arbre)
toElement	currentTarget	Pour les événements souris, élément destination de la souris
	type	Type de l'événement

Conclusion

Nous avons passé en revue dans ce chapitre les trois composantes du HTML dynamique : le contrôle de l'apparence par les CSS et DOM Style, la mise à jour de la structure et du contenu de la page avec DOM (DOM Core et DOM HTML) et la gestion des réactions aux événements avec DOM Events.

Ces trois composantes offrent un vaste éventail de possibilités, auxquelles les applications Ajax font abondamment appel.

Par nature, ces applications doivent réagir aux événements produits par les actions de l'utilisateur (clics, mouvements de souris, saisie de caractères) pour lancer des requêtes au serveur, et modifier le contenu de la page ou son apparence lors de l'arrivée des réponses.

Le HTML est très pauvre en composants d'interfaces : il n'a pas de menus (ni déroulants, ni en cascade, ni pop-up), ni d'arbres, ni d'onglets, ni de calendriers, ni même de champs de saisie numérique ou de type date (nous pourrions poursuivre l'énumération). Or il s'agit là d'éléments de base des interfaces utilisateur, présents aussi bien dans les clients lourds qu'aujourd'hui dans les applications Ajax.

Des groupes de travail, regroupant des éditeurs de navigateurs, ont proposé une évolution du HTML intégrant ces différents composants, sous le nom de HTML 5 (disponible sur le site du Web Hypertext Application Technology Working Group, ou whatwg, à l'adresse *www.whatwg.org*). Cette évolution prévoit des extensions aux champs de saisie (nouveaux types numérique, e-mail, URL, date, etc., nouveaux attributs, tels required), ainsi que divers widgets, comme des pop-up, des menus, des barres d'outils, etc. Il est à souhaiter qu'un standard soit établi rapidement et que nous puissions disposer bientôt de widgets HTML permettant de simplifier le code des pages, tout en le rendant plus robuste.

En attendant, nous sommes obligés d'émuler ces widgets par du HTML dynamique, mêlant HTML, CSS et DOM au sein de composants JavaScript, qui constituent une part considérable du code des pages. Des bibliothèques de composants JavaScript existent depuis plusieurs années, et de nouvelles sont apparues récemment, portées par l'engouement pour Ajax. Nous en donnons des exemples au chapitre 6.

3

Les composants JavaScript

Dans les applications Web traditionnelles, le code JavaScript est principalement procédural. Certes, le développeur fait appel aux objets du navigateur, voire à quelques composants, comme des menus déroulants, mais les fonctions et les variables qu'il déclare ont généralement pour portée la page entière. Inévitablement, lorsque le code devient complexe, il devient très difficile à maintenir

Or, avec Ajax et le Web 2.0, cette complexité s'accroît encore, JavaScript prenant en charge une partie notable de l'application, pour constituer un « client riche ». Il devient essentiel dans ce contexte de modulariser le code, ce pour quoi la programmation objet est aujourd'hui reconnue comme la solution idéale. Le développeur Ajax doit ainsi bien maîtriser l'objet, ainsi que la création (ou l'extension) de composants, en JavaScript. Or, si JavaScript ressemble dans sa syntaxe à Java, ses fonctionnalités objet, très particulières, en différent profondément. Par exemple, les classes, qui sont le pilier de la plupart des langages objet, n'existent pas en JavaScript. De même, l'héritage est fondé non sur les types, mais sur les prototypes, une notion propre à JavaScript. À cela s'ajoutent quelques autres particularités, comme les fonctions anonymes et les fermetures, omniprésentes dans les applications Ajax.

Une autre raison oblige à prendre en compte ces aspects : les frameworks Ajax, tous orientés objet, sont parfois peu ou mal documentés — c'est notamment le cas de prototype.js, l'un des plus connus —, et le développeur doit consulter leur code pour les maîtriser. Si nous ne sommes pas au fait des fonctionnalités objet de JavaScript, une partie notable de leur code risque fort de nous rester hermétique. Le framework prototype.js en est sans doute un des exemples les plus frappants.

Ce chapitre vise à montrer comment créer des composants JavaScript pour les applications Ajax. Il examine d'abord comment ce langage implémente la programmation objet puis construit quelques composants, en discutant des choix de conception et des principes (design patterns) sous-jacents, notamment la séparation du contenu, de l'apparence et du comportement.

Ce travail sur les composants, qui constitue sans nul doute ce qui différencie le plus le développement Ajax du développement JavaScript traditionnel, sera poursuivi dans les chapitres suivants, où nous étendrons des composants et les combinerons avec d'autres, notamment ceux fournis dans des bibliothèques (frameworks).

Outils d'aide au développement

Pour examiner les fonctionnalités objet de JavaScript, nous allons procéder à de nombreuses manipulations JavaScript, et, pour cela, nous doter d'un moyen de les tester rapidement.

Nous avons besoin d'une zone de saisie (textarea), d'une zone affichant les résultats (pre, qui garde la mise en forme textuelle) et d'un bouton pour exécuter le code. Voici le fichier correspondant :

```
<textarea cols="70" rows="15" id="script">
// Ici le code JavaScript a tester
</textarea>

<br/>
<input type="button" value="Executer" onclick="executer();"/>
<input type="button" value="Effacer Log" onclick="effacer();"/>
<pre id="output"></pre>

<script>
function executer() {
  effacer();
  // Executer le code ecrit dans le textarea
  eval(document.getElementById('script').value);
}
function log(text) {
  document.getElementById("output").innerHTML += text + "\n";
}
function effacer() {
  document.getElementById("output").innerHTML = "";
}
</script>
```

Chaque fois que nous voulons voir le résultat d'une expression exp, nous écrivons dans le textarea log(exp). La figure 3.1 illustre à quoi cela ressemble.

Comme nous mettrons au point nos exemples avec le navigateur Firefox, nous allons le munir des deux extensions très utiles suivantes :

- **Firebug** *(https://addons.mozilla.org/firefox/1843/)* : un très bon outil, qui, outre une console montrant les erreurs JavaScript, permet de visualiser le HTML courant (intéressant si des scripts l'ont modifié) et le DOM courant, ainsi que les requêtes XMLHttpRequest de la page, avec les réponses et les en-têtes. C'est donc un précieux outil pour le développeur Ajax.

- **Web Developer** *(http://chrispederick.com/work/webdeveloper)* : un outil également très complet, qui permet, entre autres, de voir l'ensemble des CSS associées à la page. Les règles sont présentées sur une seule page et triées par feuille de style.

Figure 3.1

Page de test rapide d'instructions JavaScript

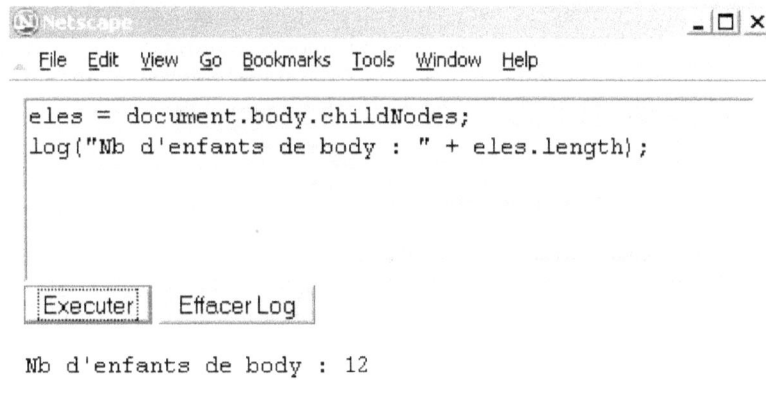

```
eles = document.body.childNodes;
log("Nb d'enfants de body : " + eles.length);
```

Executer   Effacer Log

```
Nb d'enfants de body : 12
```

Fonctionnalités objet de JavaScript

Dotés de ces outils, nous pouvons aborder l'objet en JavaScript.

Après avoir rappelé brièvement les principes de l'objet et les différences d'approche avec Java, nous examinerons l'ensemble des mécanismes disponibles en JavaScript : les objets, la notation JSON, les fonctions anonymes, le mot-clé this et ses valeurs, les constructeurs, les prototypes, l'héritage et enfin les fermetures.

Nous détaillerons les points qui pourraient être déroutants et terminerons cette étude sur les valeurs, qui demandent parfois réflexion, que peut prendre this dans les réactions aux événements, selon le contexte.

Rappelons brièvement les deux mécanismes fondamentaux de l'objet, que sont l'encapsulation et l'héritage :

- **Encapsulation.** Des traitements et des données considérés comme liés sont regroupés en objets, les données étant appelées *attributs* et les traitements *méthodes*. Un objet constitue ainsi un module. Les membres d'un objet (ses attributs et méthodes) peuvent être déclarés visibles de l'extérieur du module, ou seulement à l'intérieur du module. C'est ce qu'on appelle le masquage d'information.

- **Héritage.** Un objet o1 peut hériter de tous les attributs et méthodes d'un objet o2, qui peut lui-même hériter de ceux d'un objet o3.

Ces deux mécanismes nous permettent d'organiser le code de nos applications d'une façon qui se révèle extrêmement profitable dés lors que celles-ci prennent de l'ampleur.

Grâce à l'encapsulation, nous pouvons déterminer plus facilement où intervenir dans le code lorsqu'il faut le modifier et restreindre ces interventions à un petit nombre de modules (idéalement un seul), ce qui limite les risques d'effets de bord. Bien sûr, cela suppose que le découpage en modules ait été bien pensé.

Quant à l'héritage, c'est un moyen puissant de mettre en commun du code et de réutiliser du code existant, pour peu, naturellement, que les modules et leur hiérarchie d'héritage aient été, là encore, bien pensés. Ces avantages semblent aujourd'hui reconnus par tous, et quasiment tous les langages actuels proposent ces mécanismes.

Différences avec Java, Eiffel et C#

Les langages Java, Eiffel et C# ayant été conçus pour développer de grandes applications, ils mettent l'accent sur la qualité et la sûreté du logiciel. Aussi sont-ils compilés, car beaucoup d'erreurs peuvent être détectées lors de la compilation. De même, toutes les variables sont typées lors de leur déclaration, et le compilateur vérifie que les opérations qui leur sont appliquées ensuite sont licites. Par exemple, si `uneChaine` est une chaîne de caractères, le compilateur rejettera l'expression `uneChaine*2`.

Le typage s'applique aussi, et surtout, aux objets. Tout d'abord, le module qui définit les attributs et méthodes d'un objet constitue précisément un type qu'on appelle sa *classe*, tous les objets ayant le même type classe étant appelés des *instances* de cette classe.

La classe est le concept central de ces langages. C'est à la fois un module et un type. Ce sont les classes qui sont encapsulées et qui héritent les unes des autres. Ensuite, quand le compilateur rencontre un appel de méthode ou un accès à un attribut d'un objet déclaré être d'une classe `C`, il vérifie que cette méthode ou cet attribut est défini ou hérité dans cette classe et qu'il y est déclaré visible depuis l'endroit où il est appelé. Cette vérification à la compilation est fondamentale. C'est une aide inestimable dans le développement et la mise au point.

Les classes, le typage et la compilation sont les piliers des langages tels que Java, Eiffel et C#.

En JavaScript, rien de tout cela n'existe. Le langage est interprété. Il n'y a pas de vraies classes, et les paramètres des méthodes ne sont pas typés, pas plus que les variables, qui peuvent changer de type au gré des affectations, leur déclaration étant d'ailleurs facultative. Toutefois, il y a des *constructeurs*, la notion d'instance et trois mécanismes qui rendent possibles (partiellement) l'encapsulation et l'héritage : les *fonctions anonymes*, le *prototype* des objets, et les *fermetures* (*closure* en anglais). Nous les examinons en détail dans la suite de ce chapitre.

En fait, les concepteurs de JavaScript avaient pour objectif un langage peu contraignant, devant permettre d'ajouter facilement un peu d'interactivité dans les pages Web et de faire le lien entre le HTML et des applets Java, d'où son nom de JavaScript. Mais les applets n'ont guère eu de postérité, et ce qui leur était demandé a de plus en plus été demandé à JavaScript lui-même.

L'API DOM est ensuite apparue, et JavaScript est devenu de plus en plus puissant, tout en gardant son aspect non contraignant. En somme, l'accent a été mis non sur la sûreté, mais sur la souplesse du langage, comme ce fut le cas pour Smalltalk ou Lisp. De ce point de vue, c'est une réussite : le développeur a une grande marge de manœuvre, et il peut modifier son code sans grande contrainte ainsi que tester rapidement les changements induits, ce qui est appréciable lorsque le code est réduit ou sert à prototyper.

Par contre, le développement d'applications complexes et de composants élaborés tourne vite au cauchemar. Ajouter à un objet des propriétés lors de l'exécution, en enlever, les modifier, exécuter du code généré et non écrit, sont autant de possibilités pratiques localement mais qui conduisent à des ensembles fragiles. L'absence de compilateur et de vérification de type se fait cruellement sentir, surtout lorsqu'on a goûté à l'extraordinaire outil de développement Eclipse *(www.eclipse.org)*.

Pour remédier à cette situation, un plug-in Eclipse pour Ajax est en cours de développement, sous le nom d'Ajax Toolkit Framework *(http://www.eclipse.org/atf)*.

Les objets JavaScript

Pour JavaScript, un objet est simplement un tableau associatif, c'est-à-dire un tableau dont les indices sont des chaînes de caractéres.

Chaque entrée du tableau constitue une propriété de l'objet. Il est possible de le déclarer par :

```
var personne = new Object();
```

Cela fournit une référence à l'objet, comme dans la plupart des langages objet. Nous pouvons ensuite spécifier ses propriétés, des deux façons équivalentes suivantes :

```
personne.prenom = "Archibald";
personne["nom"] = "Haddock";
```

Chacune de ces lignes ajoute une propriété à l'objet `personne`. La valeur de chaque propriété peut avoir le type que nous voulons, que ce soit un type primitif (`String`, `Number`, `Boolean`), un type référence (`Object`, `Array`) ou un type spécial (`Null`, `Undefined`).

Une propriété peut changer de type durant la vie de l'objet, si une instruction lui affecte une donnée d'un autre type, mais c'est évidemment fortement déconseillé.

La première syntaxe, commune à la plupart des langages objet, est la plus employée. La seconde est utile lorsque nous avons à lire ou modifier une propriété dont le nom est passé en paramétre.

Par exemple, pour changer, sur un élément HTML, la valeur d'une directive CSS obtenue dynamiquement, nous écrivons :

```
element.style[nomDirective] = valeur;
```

Nous pouvons savoir si un objet possède une propriété donnée grâce au mot-clé `in` :

```
log("prenom" in personne); // Affiche true
log("nom" in personne); // Affiche true
log("age" in personne); // Affiche false
```

Si nous le souhaitons, nous pouvons aussi supprimer une propriété, grâce au mot-clé `delete` :

```
delete personne.prenom;
log("prenom" in personne); // Affiche false
```

Enfin, il est possible de parcourir toutes les propriétés d'un objet, grâce à la construction `for … in`.

Ainsi, pour obtenir la liste des propriétés d'un objet sous la forme `nom = valeur`, où `valeur` vaudra `[function ...]` pour les fonctions, nous pouvons écrire :

```
function getState(unObjet) {
  var result = "", prop, value;
  for (prop in unObjet) {
    if (typeof(unObjet[prop]) == "function") {
      value = "[function ...]";
    }
    else {
      value = unObjet[prop];
    }
    result += prop + " : " + value + "\n";
  }
  return result;
}
```

Nous testons cette fonction sur l'objet personne défini plus haut :

```
log(getState(personne));
```

ce qui affiche :

```
prenom : Archibald
nom : Haddock
```

Pour donner à plusieurs éléments un même style partiel défini dynamiquement, nous pouvons faire de ce style un objet, avec pour propriétés toutes les directives qu'il définit, puis employer la fonction :

```
function setStyle(element, style) {
  for (directive in style) {
    element.style[directive] = style[directive];
  }
}
```

Les figures 3.2 et 3.3 illustrent l'effet de cette fonction sur le `textarea` lui-même.

Figure 3.2

Code de la fonction setStyle *dans le* textarea *"script"*

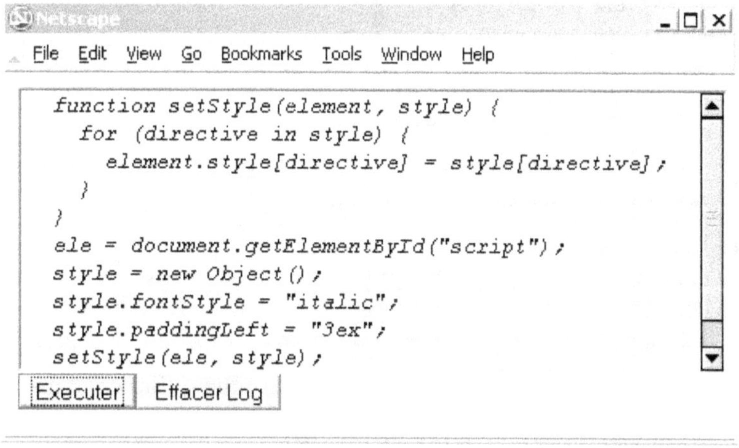

Figure 3.3

Effet de la fonction setStyle *sur le* textarea *lui-même*

La notation JSON

Un objet peut aussi être déclaré sous une forme appelée *initialisateur d'objets*. L'exemple de déclaration vue ci-dessus devient en ce cas :

```
var personne = {
  prenom: "Archibald",
  nom: "Haddock"
}
```

La déclaration forme un bloc et se trouve ainsi entre accolades. Les propriétés sont séparées par une virgule, et leur déclaration consiste en un nom suivi de deux points puis d'une valeur. Les espaces sont facultatifs et en nombre quelconque.

Cette notation est très fréquemment employée dans les bibliothèques de composants. Elle permet de présenter les définitions d'objets sous une forme semblable aux définitions de classe dans les langages tels que Java. Elle est surtout utile pour passer un ensemble de paramètres optionnels.

Par exemple, nous pouvons faire appel à notre fonction setStyle de la façon suivante :

```
setStyle(unElement, { fontStyle: "italic", color: "#ABCDEF"});
```

L'avantage est double : nous pouvons employer ou non chacune des options possibles dans l'appel, et la lecture en reste aisée car toutes sont nommées. C'est là un exemple de situation où la flexibilité de JavaScript est un réel atout.

Il est possible d'imbriquer les déclarations d'objets :

```
var personnage = {
  acteur: {
    prenom: "Louis",
    nom: "de Funés"
  },
  role: "don Salluste"
}
```

Cette notation, jointe à celle des tableaux sous la forme :

```
unTableau = ["1ere valeur", "2e", "etc"];
```

permet de représenter toutes les structures de données rencontrées, qu'elles soient en JavaScript ou dans d'autres langages.

En notant le nom des propriétés entre doubles cotes, nous obtenons une notation standard, appelée JSON (JavaScript Object Notation), sur laquelle nous reviendrons au chapitre suivant, car elle a largement dépassé le cadre de JavaScript pour devenir une solution concurrente au XML en tant que format d'échange de données et d'objets.

Par abus de langage, nous dirons dans la suite qu'un objet est déclaré sous forme JSON quand il est déclaré par un initialisateur d'objets.

Les fonctions anonymes

En JavaScript, les fonctions sont des objets. Il est donc très simple d'ajouter une méthode à un objet.

Nous pourrions écrire :

```
function uneFonction() {←❶
  // corps de la fonction
}
unObjet.uneMethode = uneFonction;
```

mais cette façon de faire présente deux inconvénients : devoir nommer deux fois la méthode (quand nous la déclarons comme fonction, puis quand nous l'associons à l'objet) et ajouter par effet de bord la fonction aux méthodes de window.

En effet, les déclarations qui ne sont pas dans une fonction ajoutent l'élément déclaré aux propriétés de window.

Par exemple, en écrivant :

```
var uneVariable = x;
function uneFonction() { ... }
```

nous faisons de uneVariable un attribut de window et de uneFonction une de ses méthodes. Il en résulte les équivalences suivantes :

```
y = window.uneVariable; // equivaut a y = uneVariable;
window.uneFonction(); // equivaut a uneFonction()
```

que nous pouvons tester en écrivant dans un script :

```
var uneVariable = 5;
uneFonction = function() { return 3; };
alert(window.uneVariable == uneVariable); // true
alert(window.uneFonction == uneFonction); // true
```

Nous ne pouvons pas utiliser notre textarea pour tester cela, car lorsque nous cliquons sur le bouton Exécuter, le code est exécuté dans une fonction execute, dont uneVariable et uneFonction deviennent alors des variables locales.

Il est possible d'éviter les inconvénients de ❶ grâce aux fonctions anonymes, c'est-à-dire des fonctions qui n'ont pas de nom et qui sont déclarées de la façon suivante :

```
unObjet.uneMethode = function() {
  // corps de la fonction
}
```

ou, si la méthode a des arguments arg1 et arg2 :

```
unObjet.uneMethode = function(arg1, arg2) {
  // corps de la fonction
}
```

Cela a pour effet à la fois de créer un objet de « type » fonction et de créer dans unObjet une propriété uneMethode valant une référence à cette fonction.

Contrairement à ce qui se passe en Java, cette fonction ne dépend pas de l'objet auquel elle est ajoutée mais existe indépendamment de lui, ce qui lui permet d'être ajoutée à d'autres objets.

Par exemple, nous pouvons créer un objet avec la méthode bonjour suivante :

```
// Creer la methode bonjour dans l'objet hello
hello = {
  bonjour: function() {
    return "Bonjour tout le monde !";
  }
}
// Y faire reference dans l'objet personne
personne = {
```

```
  bonjour: hello.bonjour;
}
// Supprimer l'objet hello
hello = null;
// La methode bonjour existe toujours dans personne
log(personne.bonjour()); // Affiche "Bonjour tout le monde"
```

La méthode bonjour, déclarée dans l'objet hello puis ajoutée à personne, subsiste dans personne après avoir été supprimée de hello.

Très fréquemment, les réactions à des événements sont écrites sous la forme de fonctions anonymes, comme ci-dessous :

```
var ele = document.getElementById("unId");
ele.onclick = function() {
  alert("J'ai ete clicke");
}
```

Nous allons maintenant créer un fichier **util.js** contenant un objet Element qui rassemble des fonctions qui nous ont été utiles au chapitre précédent et le seront encore par la suite : deux méthodes qui calculent les coordonnées d'un élément de l'arbre DOM et une troisième qui donne les éléments d'un type donné, enfants d'un élément donné.

En créant l'objet Element, nous prenons la précaution de ne pas écraser un objet portant ce même nom, s'il en existe déjà un :

```
// Extension des objets DOM Element
// On stocke toutes les methodes dans un objet Element
if (!window.Element) {
  Element = new Object();
}
```

Nous lui ajoutons ensuite ses méthodes, en commençant par le calcul des coordonnées :

```
Element.getLeft = function(element) {
  var offsetLeft = 0;
  // On cumule les offset de tous les elements englobants
  while (element != null) {
    offsetLeft += element.offsetLeft;
    element = element.offsetParent;
  }
  return offsetLeft;
}

Element.getTop = function(element) {
  var offsetTop = 0;
  // On cumule les offset de tous les elements englobants
  while (element != null) {
    offsetTop += element.offsetTop;
    element = element.offsetParent;
  }
  return offsetTop;
}
```

Puis nous créons la méthode changeant le style d'un élément, déjà écrite plus haut :

```
Element.setStyle = function(element, style) {
    element.style[directive] = style[directive];  for (directive in style) {
  }
}
```

Finalement, la méthode donnant les enfants éléments d'un type donné est la suivante :

```
/** Renvoie le tableau des elements de type tagName enfants
 * de element.
 * Si tagName vaut "*", renvoie tous les elements enfants */
Element.getChildElements = function(element, tagName) {
  var result = new Array();
  var name = tagName.toLowerCase();
  for (var i=0 ; i<element.childNodes.length ; i++) {
    var child = element.childNodes[i];
    if (child.nodeType == 1) { // C'est un element
      if (name == "*" || child.nodeName.toLowerCase() == name) {
        result.push(child);
      }
    }
  }
  return result;
}
```

Nous pouvons tester cet objet sur notre textarea. Nous créons pour cela une zone (popup), que nous positionnons dans le coin supérieur gauche de notre textarea, grâce à la méthode setStyle de Element, puis nous affichons le texte des boutons (éléments de type input) :

```
ele = document.getElementById("script");
popup = document.createElement("div");
style = {
  position: "absolute",
  left: Element.getLeft(ele),
  top: Element.getTop(ele),
  background: "#BBCCDD",
  width: "20em",
  height: "10ex"};
Element.setStyle(popup, style);
document.body.appendChild(popup);

eles = Element.getChildElements(document.body, "input");
for (i=0 ; i < eles.length ; i++) {
  log(eles[i].value);
}
```

La figure 3.4 illustre le résultat : la zone est correctement positionnée, et le texte des deux boutons est bien affiché dans la zone de log.

Element est un objet utilitaire, comme l'objet prédéfini Math. Il a des méthodes mais aucun attribut. En Java, nous en aurions fait une classe dont toutes les méthodes auraient été statiques.

Figure 3.4
Test du fichier util.js

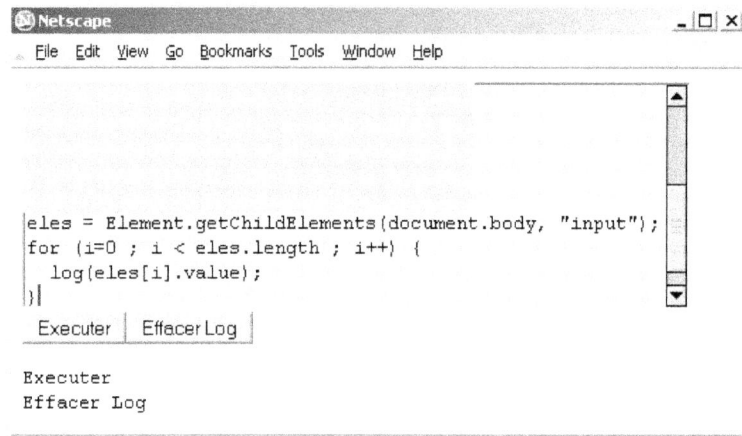

Le mot-clé this

Les méthodes d'un objet font référence à cet objet à travers le mot-clé this.

Par exemple, si nous reprenons l'objet personne défini plus haut :

```
var personne = {
  prenom: "Archibald",
  nom: "Haddock"
}
```

nous pouvons écrire une méthode comptant le nombre de propriétés (attributs et méthodes) de cet objet :

```
personne.propertyNumber = function() {
  var result = 0, prop;
  for (prop in this) {
    result++;
  }
  return result;
}
```

et vérifier le résultat obtenu en appelant cette méthode :

```
log(personne.propertyNumber()); // Affiche 3
```

Nous obtenons 3 : personne a en effet les propriétés prenom, nom et propertyNumber.

Dans les cas courants, this a donc le même sens qu'en Java. Il existe cependant une différence subtile : this représente l'objet courant *lors de l'exécution*, et non lors de la déclaration. Dans le cas d'un appel de méthode `unObjet.uneMethode`, l'objet courant lors de l'exécution est `unObjet`, et le résultat est ainsi le même qu'avec Java.

Une conséquence de ce fait mérite d'être soulignée : comme les fonctions définies au niveau global, et non dans un objet, sont des propriétés de `window`, `this` vaut `window` dans ces fonctions :

```
<script>
log(this == window); // true
</script>
```

À la différence de Java, JavaScript permet de changer l'objet courant, par le biais des méthodes `apply` ou `call`.

Par exemple, l'appel :

```
log(personne.propertyNumber.apply(window));
```

exécute la fonction `personne.propertyNumber` en remplaçant l'objet courant par `window`. Le résultat vaut cette fois le nombre de propriétés de `window`, un nombre très largement supérieur à trois.

Les fonctions `apply` et `call` étant des méthodes des objets `fonction`, nous pouvons écrire `uneFonction.apply`. Ces méthodes ne diffèrent que dans la façon de passer les paramètres éventuels de la fonction à laquelle elles s'appliquent :

```
function uneFonction(arg1, arg2) {
  // corps de la fonction
}
// Avec apply, les parametres sont rassembles dans un tableau
uneFonction.apply(unObjet, [arg1, arg2]);
// Avec call, ils sont simplement rajoutes
uneFonction.call(unObjet, arg1, arg2);
```

Ainsi, contrairement à ce qui se passe en Java, `this` est déterminé, non dans la définition de la méthode, mais au moment de l'exécution.

Mentionnons au passage deux propriétés des fonctions, que nous utiliserons dans la suite, notamment quand nous étudierons le framework prototype.js :

• `arguments` : tableau des paramètres passés à la fonction lors de son appel ;

• `length` : nombre de paramètres attendus par la fonction.

Les constructeurs

En JavaScript, un constructeur est simplement une fonction, quelle qu'elle soit, appelée avec l'opérateur `new`, comme ci-dessous :

```
function UneFonction() {
  // corps de la fonction
}
var unObjet = new UneFonction();
```

L'opérateur new a deux effets : il crée un objet vide puis positionne this à cet objet dans UneFonction, qui est alors exécutée.

Ce mécanisme permet de définir des types d'objets, à défaut de classes.

Ainsi, si nous écrivons :

```
function Personne(prenom, nom) {
  this.prenom = prenom ;
  this.nom = nom;
  this.nomComplet = function() {
    return this.prenom + " " + this.nom;
  };
}

p1 = new Personne("Corto", "Maltese");
log(p1.nomComplet()); // Affiche "Corto Maltese"
p2 = new Personne("He", "Pao");
log(p2.nomComplet()); // Affiche "He Pao"
```

nous créons deux objets de type Personne, qui ont les mêmes méthodes et des attributs de même nom mais de valeurs différentes. Par convention, comme en Java, les noms des constructeurs sont capitalisés.

Toute fonction peut être vue, et utilisée, comme une fonction ou un constructeur, ce qui est malheureusement une source de bogues.

Ainsi, à la place de :

```
p1 = new Personne("Corto", "Maltese");
```

où Personne est utilisée comme un constructeur, nous pouvons écrire :

```
p3 = Personne("Corto", "Maltese"); // Vaut undefined
```

où elle est utilisée comme une simple fonction, ce qui n'a pas du tout le même effet.

Comme la fonction est exécutée dans le contexte global, this désigne l'objet window, si bien que cette instruction ajoute en fait à window deux attributs prenom et nom, ainsi que la méthode nomComplet. De plus, l'affectation ne provoque pas d'erreur, bien que Personne ne renvoie pas de résultat. Simplement, p3 vaut undefined. Comme les deux usages sont possibles, l'oubli du mot-clé new n'est pas détecté par l'interprète JavaScript, si bien que le bogue n'est pas facile à déceler.

Un objet créé par un constructeur est instance de ce constructeur. Notons qu'il peut être instance d'autres constructeurs, en particulier de Object :

```
log(p1 instanceof Personne); // true
log(p1 instanceof Object); // true

o = new Object();
log(o instanceof Object); // true
log(o instanceof Personne); // false
```

Les constructeurs JavaScript ressemblent à la fois aux constructeurs et aux classes Java : comme les classes, ils peuvent inclure des méthodes et des attributs, et comme les constructeurs Java, ils initialisent les attributs.

Précisons que pour définir une propriété de l'objet courant, ils doivent obligatoirement la préfixer de `this` suivi d'un point.

Par exemple, il ne faut pas écrire :

```
nomComplet = function() { // etc.
```

car cela déclarerait au niveau global `nomComplet`, qui serait dès lors une méthode non de `Personne`, mais de `window`, si bien que `nomComplet()` évaluerait `window.prenom` et `window.nom` et renverrait `undefined undefined`, à moins que les variables `prenom` et `nom` n'aient été définies au niveau de `window`.

Remarquons aussi que les objets JavaScript étant des tableaux de propriétés, la référence à la méthode `nomComplet` figure dans tous les objets de type `Personne`, alors qu'avec une classe Java, il n'y aurait pas cette redondance. Or les objets du DOM sont nombreux dans une page et sont tous pourvus de nombreuses méthodes.

Pour éviter d'avoir dans chacun des objets des références à chaque méthode, ce qui encombrerait la mémoire, JavaScript permet de partager ces méthodes à travers un objet appelé leur *prototype :* les objets du même type ont une référence à un même prototype, qui rassemble toutes leurs méthodes. Le prototype est la notion centrale de l'objet en JavaScript, comme la classe l'est en Java.

Les prototypes

En JavaScript, tout objet possède un *prototype,* c'est-à-dire un objet dont il « hérite » des propriétés (attributs et méthodes) de la façon suivante : quand l'interprète JavaScript rencontre une expression `unObjet.unePropriete`, il cherche `unePropriete` dans l'objet `unObjet`. Si elle n'y est pas définie, il la cherche dans le prototype de `unObjet`. Celui-ci étant un objet, il a lui aussi un prototype. L'interprète passe alors de prototype en prototype jusqu'au prototype racine, tant qu'il n'a pas trouvé la propriété. S'il la trouve, il renvoie sa valeur. S'il ne la trouve pas, il renvoie `undefined`. Dans le cas d'un appel de méthode, s'il trouve la méthode, il l'exécute, sinon cela provoque une erreur.

Plusieurs objets peuvent avoir le même prototype, ce qui leur permet de partager des attributs et surtout des méthodes.

Le prototype d'un objet est déterminé, à sa création, par la propriété `prototype` de son constructeur et lui reste attaché toute sa vie : il est donc impossible de le remplacer. Par contre, il est possible de le modifier à tout moment en ajoutant ou enlevant des propriétés à la propriété `prototype` de son constructeur.

Nous pouvons donc écrire le code de `Personne` de la façon suivante :

```
function Personne(prenom, nom) {
  this.prenom = prenom ;
```

```
    this.nom = nom;
}
// Ajouter une methode au prototype des objets crees par Personne
Personne.prototype.nomComplet = function() {
  return this.prenom + " " + this.nom;
};
p1 = new Personne("Corto", "Maltese");
log(p1.nomComplet()); // Affiche bien "Corto Maltese"
```

Les attributs du prototype sont de la sorte lisibles directement par toutes les instances :

```
Personne.prototype.truc = 2;
log(p1.truc); // Affiche 2
log(p2.truc); // Affiche aussi 2
```

Pour modifier un attribut de ce prototype, nous devons passer par la propriété prototype du constructeur.

Si nous tentions de le changer depuis une instance, cela ajouterait en fait une propriété à cette instance, comme ci-dessous :

```
Personne.prototype.truc = 2;
p2.truc = 3; // Ajoute la propriete "truc" a personne
log(p1.truc); // Affiche toujours 2 : le prototype est inchange
log(p2.truc); // Affiche 3, valeur de l'attribut "truc" dans p2
```

Les attributs du prototype sont assez similaires aux attributs statiques des classes Java.

Pour ajouter un compteur dans notre type Personne, nous pourrions écrire :

```
function Personne(prenom, nom) {
  this.prenom = prenom;
  this.nom = nom;
  // Incrementer le compteur
  Personne.prototype.nb++;
}
// Initialiser le compteur
Personne.prototype.nb = 0;
Personne.prototype.nomComplet = function() {
  return this.prenom + " " + this.nom;
}
p1 = new Personne("Corto","Maltese");
log(p1.nb); // Affiche 1
p2 = new Personne("He", "Pao");
log(p1.nb); // Affiche 2
log(p2.nomComplet()); // Affiche "He Pao"
```

Les méthodes du prototype diffèrent quant à elles des méthodes statiques de Java (méthodes ne nécessitant pas d'instance pour être appelées). En effet, elles peuvent faire référence à this, ce qui ne pose pas de problème à l'interprète, car, comme nous l'avons vu plus haut, this est évalué lors de l'appel de la méthode.

Par exemple lors de l'appel p1.nomComplet(), il vaut p1 et non Personne.prototype :

```
p1.nomComplet(); // Dans nomComplet, this est evalue a p1
```

Les notions conjointes de constructeur et de prototype offrent une sorte d'équivalent à la notion de classe.

Le masquage d'information serait possible en déclarant les membres privés comme locaux au constructeur, mais les méthodes qui y feraient appel devraient, pour y avoir accès, être déclarées aussi dans le constructeur, ce qui engendrerait de la redondance et du gaspillage de mémoire.

L'usage veut donc plutôt que nous nous reposions sur la convention suivante : préfixer du caractère souligné les membres privés, par exemple : `Personne.prototype._methodePrivee`.

Points délicats des prototypes

Quelques points délicats des prototypes sont susceptibles de dérouter et de causer des bogues si nous ne les connaissons pas.

Nous pouvons non seulement modifier le prototype associé à un constructeur, mais aussi le remplacer par un autre, sauf dans le cas des constructeurs prédéfinis de JavaScript (`Array`, `Boolean`, `Date`, `Function`, `Number`, `Object`, `RegExp` et `String`). C'est ainsi qu'est implémenté l'héritage.

Il faut toutefois prendre garde que, lorsque nous remplaçons le prototype associé à un constructeur, le prototype des objets déjà créés par ce constructeur n'est pas mis à jour (il est défini une fois pour toutes à la création de l'objet), si bien que les nouvelles propriétés n'y figurent pas. En outre, et c'est plus surprenant, ces objets ne sont plus des instances du constructeur.

Vérifions tout cela :

```
function Personne(prenom, nom) {
  this.prenom = prenom;
  this.nom = nom;
}
p1 = new Personne("Corto", "Maltese");
log(p1 instanceof Personne); // true

Personne.prototype = {
  nomComplet: function() {
    return this.prenom + " " + this.nom;
  }
}
log(p1 instanceof Personne); // false
log(p1.nomComplet()); // Provoque une erreur
```

Nous voyons là combien cette notion de prototype est délicate.

Pour bien la comprendre, nous allons examiner les rapports entre trois notions : la propriété `prototype` des constructeurs, la propriété `constructor` des objets et le prototype des objets. Ce dernier, interne à JavaScript, n'est normalement pas directement accessible au développeur. Toutefois, Mozilla permet de le lire, à travers la propriété __proto__ (proto entouré de deux soulignés à gauche et à droite), ce qui va nous être utile ici.

Évidemment, il ne faut en aucun cas utiliser __proto__ dans une application, ne serait-ce que parce qu'elle n'est pas disponible dans les autres navigateurs. Nous pourrions aussi utiliser la propriété isPrototypeOf, qui indique si un objet est le prototype d'un autre.

Ainsi, plutôt que d'écrire :

```
proto == obj.__proto__;
```

nous pouvons écrire :

```
proto.isPrototypeOf(obj);
```

Par contre, nous ne pouvons savoir avec cette méthode si le prototype d'un objet est null. Dans ce cas, nous sommes obligés d'utiliser __proto__.

Le prototype d'un objet est créé lors de la déclaration de son constructeur. La propriété constructor d'un objet est récupérée depuis son prototype. Elle indique la fonction ayant créé le prototype de l'objet.

Commençons par un cas simple, où nous créons un objet avec le constructeur standard Object. Ce constructeur prédéfini a une propriété prototype, qui est le prototype __proto__ de l'objet que nous créons.

La figure 3.5 illustre les liens entre les trois notions qui nous occupent.

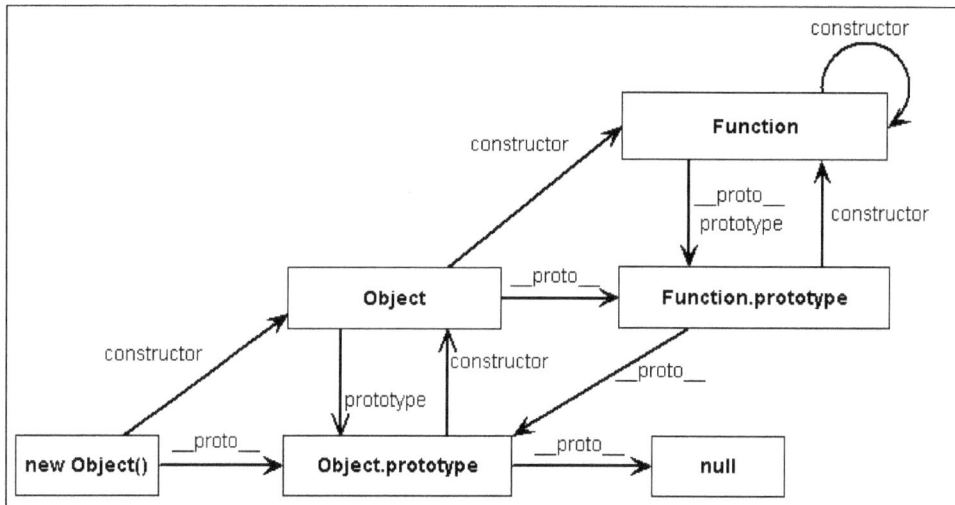

Figure 3.5

Prototypes et constructeurs

Voici ce qu'elle indique :

```
obj = new Object();
```

```
log(obj.constructor == Object); // true
log(obj.__proto__ == Object.prototype); // true
log(Object.prototype.constructor == Object); // true

log(Object.constructor == Function); // true
log(Object.__proto__ == Function.prototype); // true

log(Object.prototype.__proto__); // null

log(Function.constructor == Function); // true
log(Function.prototype.__proto__ == Object.prototype); // true
log(Function.__proto__ == Function.prototype); // true
log(Function.prototype.constructor == Function); // true
```

Il est naturel que le constructeur de `Object` soit `Function`, puisque `Object` est lui-même un constructeur, et donc une fonction.

Le constructeur de `Function` est aussi `Function` pour la même raison : `Function` est une fonction. Le prototype (`__proto__`) de `Function.prototype` est lui-même `Object.prototype`, ce qui se conçoit bien aussi, puisqu'une fonction est un objet. Enfin, `Object.prototype` a pour prototype (`__proto__`) `null`, ce qui signifie qu'il est la racine de tous les prototypes, ce qui là encore semble naturel.

Passons maintenant au cas où nous créons un objet par un constructeur autre que `Object`, dans notre exemple `Personne`.

La figure 3.6 illustre le chaînage des prototypes.

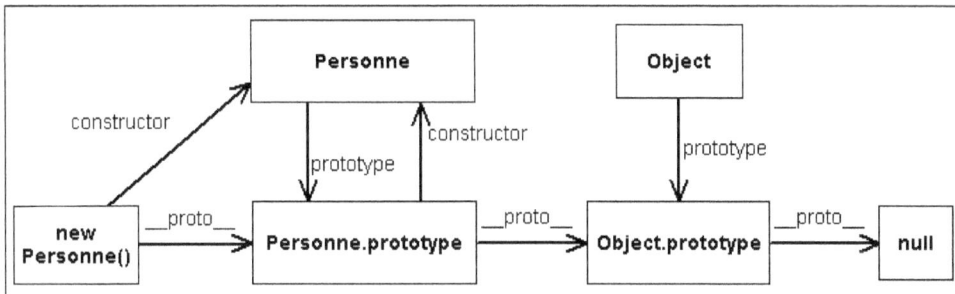

Figure 3.6
Chaîne des prototypes d'un objet

Si nous écrivons :

```
function Personne() {};
```

cela a pour effet de créer la fonction `Personne`, ainsi qu'un autre objet, qui servira de prototype aux objets de type `Personne`. Ce prototype est affecté à la propriété `prototype` de `Personne`, et sa propriété `constructor` a pour valeur `Personne` :

```
function Personne(prenom, nom) {
  this.prenom = prenom;
  this.nom = nom;
}
obj = new Personne("Lucky", "Luke");
Personne.prototype.nomComplet = function() {
  return this.prenom + " " + this.nom;
}
log(obj.constructor == Personne); // true
log(obj.__proto__ == Personne.prototype); // true
log(obj instanceof Personne); // true
log(obj instanceof Object); // true

log(Personne.prototype.constructor == Personne); // true
log(Personne.prototype.__proto__ == Object.prototype); // true
log(Object.prototype.__proto__); // null
```

Le prototype de `obj` a lui-même un prototype. La chaîne est plus longue que dans le cas précédent. De même, il est instance de deux constructeurs.

Remarquons qu'un prototype est créé pour chaque fonction déclarée, même si celle-ci n'est pas destinée à servir de constructeur.

Revenons maintenant sur le point délicat soulevé précédemment. Si nous créons un objet de type `Truc`, son `__proto__` vaudra `premierProto`, et du coup son `constructor` vaudra `Truc` :

```
function Truc() {};
premierProto = Truc.prototype;
obj = new Truc();
log(obj.__proto__ == premierProto); // true
log(obj.constructor == Truc); // true
```

Remplaçons maintenant le prototype de `Truc`, et vérifions l'effet produit sur l'objet `obj` :

```
nouveauProto = new Object();
Truc.prototype = nouveauProto;
log(obj.__proto__ == premierProto); // true
log(obj.constructor == Truc); // true
log(obj instanceof Truc); // false
```

Le prototype `__proto__` de l'objet `obj` reste le même tout au long de la vie de `obj`. Il est donc normal qu'il vaille `premierProto`. Quant à son `constructor`, c'est le constructeur de ce prototype, qui vaut ainsi toujours `Truc`. Par contre, `obj` n'est plus instance de `Truc`, car son `__proto__` diffère de celui maintenant associé à `Truc`. Nous comprenons là que `instanceof` se fonde sur le prototype (`__proto__`) de l'objet.

Vérifions-en l'effet sur un nouvel objet de type `Truc` :

```
obj = new Truc();
log(obj.__proto__ == nouveauProto); // true
log(obj.constructor == Object); // true
log(obj instanceof Truc); // true
```

Là, les choses changent. Comme la valeur de `Truc.prototype` vaut maintenant `nouveauProto`, c'est cet objet que l'interprète JavaScript affecte à `obj.__proto__`. Comme `nouveauProto` a été créé par `Object`, et non lorsque nous avons déclaré `Truc`, `obj.constructor` vaut `Object`, et `obj` est instance de `Truc`.

Tout cela est parfaitement logique mais n'est guère intuitif ni très facile à suivre. En fait, nous n'avons pas intérêt à changer les types ou les prototypes une fois qu'ils sont utilisés, car du code qui se change lui-même est chose dangereuse.

Par contre, remplacer le prototype juste après la déclaration d'un constructeur est monnaie courante en JavaScript, et c'est ainsi qu'est implémenté l'héritage.

Les prototypes et l'héritage

En JavaScript, l'héritage repose uniquement sur le mécanisme du prototype : les objets héritent de leur prototype. Nous pouvons cependant reproduire d'une façon approchée l'héritage de type de Java.

Une façon de faire hériter un type d'un type `T` consiste à remplacer son prototype par une instance de `T`, comme dans l'exemple suivant :

```
function Parent() {};
// liste des proprietes de l'objet courant
Parent.prototype.properties = function() {
  var result = "";
  for (var prop in this) {
    result += " - " + prop;
  }
  return result;
}
obj = new Parent();
log(obj.properties()); // Affiche - properties

function Enfant(nom) {
  this.nom = nom;
}
// Faire heriter Enfant de Parent
Enfant.prototype = new Parent();
obj = new Enfant("toto");
log(obj.properties()); // Affiche - nom - properties
log(obj instanceof Enfant); // true
log(obj instanceof Parent); // true
log(obj.constructor == Parent); // true
```

Nous définissons un type `Parent`, doté d'une méthode `properties`, donnant la liste de ses propriétés, et dépourvu d'attributs. Nous ajoutons la méthode à `Parent.prototype` et vérifions la méthode sur une instance de `Parent`. Puis nous définissons un type `Enfant` qui étend `Parent` d'un attribut `nom`.

Nous pouvons effectivement appeler `properties` depuis une instance du type `Enfant`, laquelle affiche bien la propriété héritée `properties` et la propriété propre au type héritier `nom`.

Remarquons que l'objet créé avec le constructeur Enfant est instance à la fois de Enfant et de Parent, ce qui correspond bien à la signification « est un » de l'héritage. Remarquons aussi que son constructor n'est pas Enfant, comme nous pourrions nous y attendre, mais Parent, comme expliqué à la section précédente.

Nous pouvons cependant le forcer à Enfant de la façon suivante :

```
Enfant.prototype.constructor = Enfant;
log(obj.constructor == Enfant); // true
```

L'héritage par prototype est ainsi une solution adéquate pour hériter des méthodes d'un autre type. Il n'est toutefois pas suffisant pour l'héritage des attributs. En effet, nous voulons généralement pouvoir lire et modifier un attribut. Or lorsqu'un attribut unAttribut provient d'un prototype, il est partagé par toutes les instances, au lieu d'être propre à chacune d'elles.

De plus, dès que nous voulons le modifier en écrivant :

```
uneInstance.unAttribut = nouvelleValeur;
```

nous créons en fait dans uneInstance une nouvelle propriété unAttribut.

Plutôt que de nous en remettre à cet effet de bord, nous pouvons exécuter le constructeur du parent dans le constructeur de l'enfant, ce qui a pour effet de copier dans le type enfant les attributs du type parent définis par son constructeur (d'autres pourraient en effet être définis par d'autres méthodes) :

```
function Parent(attr1, attr2) {
  this.attr1 = attr1; // ce peut etre plus elabore
  this.attr2 = attr2;
  // autres instructions pour initialiser
}
function Enfant(attr1, attr2, attr3) {
  // Applique le constructeur parent
  Parent.call(this, attr1, attr2);
  this.attr3 = attr3;
}
Enfant.prototype = new Parent();
obj = new Enfant(1, 2, 3);
log(obj.attr1); // Affiche 1
log(obj.attr2); // Affiche 2
log(obj.attr3); // Affiche 3
log(obj instanceof Enfant); // true
log(obj instanceof Parent); // true
```

Signalons cependant un inconvénient de cette façon de faire : le constructeur de Parent attend des paramètres, si bien que lorsque nous écrivons :

```
Enfant.prototype = new Parent();
```

les valeurs de attr1 et attr2 dans Enfant.prototype valent undefined.

Les classes et l'héritage selon prototype.js

L'API prototype.js, un framework qui sert de socle à d'autres API du Web 2.0, définit une série de classes et d'objets globaux pour faciliter le développement d'applications Ajax.

Ce framework introduit explicitement la notion de classe en JavaScript au travers de l'objet Class, qui sert à créer des classes *via* sa méthode create. Chaque classe est un objet pourvu d'une méthode initialize, qui désigne le constructeur de la classe. Ce nom provient du langage objet Ruby, ce qui n'est pas surprenant, puisque prototype.js fait partie de Ruby on Rails, un framework Web très populaire, notamment aux États-Unis, apparu en 2005.

Les notions de classe et de constructeur sont distinctes, comme en Java. Par contre, les attributs ne sont pas centralisés en un lieu (la classe en Java), et ils continuent à pouvoir être déclarés dans n'importe quelle méthode (c'est malheureusement inhérent au langage).

En recourant à l'API prototype.js, notre exemple du type Personne devient :

```
// Creer une classe Personne
Personne = Class.create();
// Definir son type (ses methdoes et attributs)
Personne.prototype = {
  // Constructeur de la classe
  initialize: function(prenom, nom) {
    this.prenom = prenom;
    this.nom = nom;
  },
  // Une methode
  nomComplet: function() {
    return this.prenom + " " + this.nom;
  }
}
personne = new Personne("Corto", "Maltese");
log(personne.nomComplet()); // Affiche "Corto Maltese"
```

Voilà qui ressemble beaucoup plus à une définition de classe Java, à ceci près que le constructeur s'appelle initialize au lieu de porter le nom de la classe.

En Java, nous pouvons avoir plusieurs constructeurs, qui se différencient par leur signature. Ici, ce n'est pas possible, car, en JavaScript, les signatures ne spécifient pas le type des arguments. Nous pouvons toutefois avoir une certaine flexibilité en spécifiant que certains arguments sont optionnels.

Par exemple, pour rendre le nom optionnel, nous pouvons écrire :

```
initialize: function(prenom, nom) {
  this.prenom = prenom;
  this.nom = nom || "";
}
```

Nous avons déjà rencontré des affectations telles que la dernière instruction ci-dessus. Si nom n'est pas renseigné, autrement dit s'il ne figure pas parmi les paramètres de initialize, l'attribut nom est une chaîne vide.

Considérons le code de l'objet Class suivant :

```
var Class = {
  create: function() {
    return function() {
      this.initialize.apply(this, arguments);
    }
  }
}
```

En très peu de lignes, il condense des spécificités de JavaScript. Déclaré sous forme JSON, l'objet Class ne contient qu'une méthode, qui renvoie une fonction : le constructeur des instances de la classe que create définit.

Ensuite, lorsque ce constructeur est exécuté, par exemple dans :

```
p1 = new Personne("Corto", "Maltese");
```

this désigne dans le corps de Personne l'objet p1.

Si le constructeur n'avait pas de paramètre, nous pourrions écrire simplement :

```
this.initialize();
```

Mais comme il peut y avoir des paramètres, il nous faut en fait exécuter cet appel en les passant. C'est à quoi sert précisément la méthode apply, que nous avons déjà mentionnée lorsque nous avons présenté le mot-clé this. Elle prend deux paramètres : l'objet auquel appliquer la méthode et le tableau des paramètres, lesquels sont récupérés dans la propriété arguments de la méthode.

Voyons maintenant comment prototype.js traite l'héritage.

Nous définissons un type Personnage, qui étend le type Personne en ajoutant un attribut rôle et une méthode description donnant le nom complet avec le rôle :

```
Personnage = Class.create();
Personnage.prototype = Object.extend(new Personne(), {←❶
  initialize: function(prenom, nom, role) {
    //this.prenom = prenom;
    //this.nom = nom;
    Personne.prototype.initialize.call(this, prenom, nom);←❷
    this.role = role;
  },
  description: function() {
    return this.nomComplet() + " (" + this.role + ")";
  }
});
obj = new Personnage("Tryphon", "Tournesol", "savant");
log(obj.description()); // Affiche Tryphon Tournesol (savant)
log(obj instanceof Personnage); // true
log(obj instanceof Personne); // true
```

En ❶, nous utilisons la méthode `extend`, ajoutée par prototype.js à l'objet prédéfini `Object`. Cette méthode a deux paramètres de type objet, et elle recopie toutes les propriétés du second dans le premier. Dans notre cas, `Personnage.prototype` reçoit donc un objet de type `Personne`, auquel sont ajoutées deux propriétés : `initialize`, la fonction constructeur, et `description`.

En ❷, ce constructeur fait appel au constructeur de l'objet parent.

La méthode `extend` est beaucoup utilisée dans ce framework, tant pour des classes que pour des objets, en particulier certains objets prédéfinis de JavaScript, tels que `Number`, `String` et `Array.prototype`.

Le code de la méthode `extend` est très simple :

```
Object.extend = function(destination, source) {
  for (property in source) {
    destination[property] = source[property];
  }
  return destination;
}
```

Nous reviendrons plus en détail sur prototype.js au chapitre 6, consacré aux frameworks Ajax.

Le mécanisme de fermeture

Les composants JavaScript sont pour la plupart conçus pour ajouter en quelques lignes de code, idéalement une, des réactions à des éléments HTML.

Prenons un exemple simple, qui utilise le `textarea` des exemples précédents de ce chapitre. Nous allons créer un composant qui compte le nombre de fois où l'utilisateur clique dans cette zone de saisie :

```
CompteurDeClics = function(id) {
  this.unElementHTML = document.getElementById(id);
  // Le nombre de clics
  this.nb = 0;
  this.unElementHTML.onclick = function() {
    // Ici il faut incrementer this.nb et l'afficher
  }
  // etc.
}
obj = new CompteurDeClics("script"); // script : id du textarea
```

Le problème est que, dans la définition de la méthode `onclick`, `this` désigne l'élément HTML, et non le composant JavaScript.

Pour faire référence à ce composant, JavaScript offre un mécanisme appelé *fermeture*.

Remarquons tout d'abord que la fonction définie à l'intérieur, qui est pourtant locale à la fonction englobante, survit à l'exécution de cette dernière, car un objet du DOM (l'élément de id `script`), qui reste en mémoire, l'a pour propriété.

Ce mécanisme de fermeture s'écrit de la façon suivante :

```
CompteurDeClics = function() {
  this.unElementHTML = document.getElementById("script");
  // Le nombre de clics
  this.nb = 0;
  // Stocker en variable locale l'objet courant
  var current = this;
  this.unElementHTML.onclick = function() {
    // Utiliser cette variable
    current.nb++;
    log("Nb de clics sur le textarea : " + current.nb);
  }
  // etc.
}
obj = new CompteurDeClics();
```

Nous copions l'objet courant dans une variable, et c'est cette variable qui est utilisée dans la méthode onclick.

Cela est possible pour deux raisons :

• Cette fonction a accès à toutes les variables définies dans la fonction qui l'englobe ainsi qu'à tous les paramètres de celle-ci.

• Comme la fonction interne survit à l'exécution de la fonction englobante, les variables et paramètres de celle-ci survivent aussi à l'appel.

Ces deux règles constituent ce qu'on appelle le mécanisme de fermeture.

this *et les événements*

Pour terminer sur l'objet, récapitulons les valeurs que peut prendre this dans les réactions à des événements selon la façon dont la réaction est associée à l'élément HTML.

Commençons par définir une fonction qui affiche simplement, selon la valeur de this, "window" ou le id de l'élément sur lequel l'utilisateur a cliqué :

```
function maFonction(){
  var element = (this == window) ? "window" : this.id;
  log("this == " + element);
}
```

La figure 3.7 illustre le résultat obtenu dans quatre cas différents.

Les cas :

```
<button id="button1" onclick="maFonction()"/>
```

et :

```
button3.onclick = function() {
  maFonction();
};
```

sont strictement équivalents.

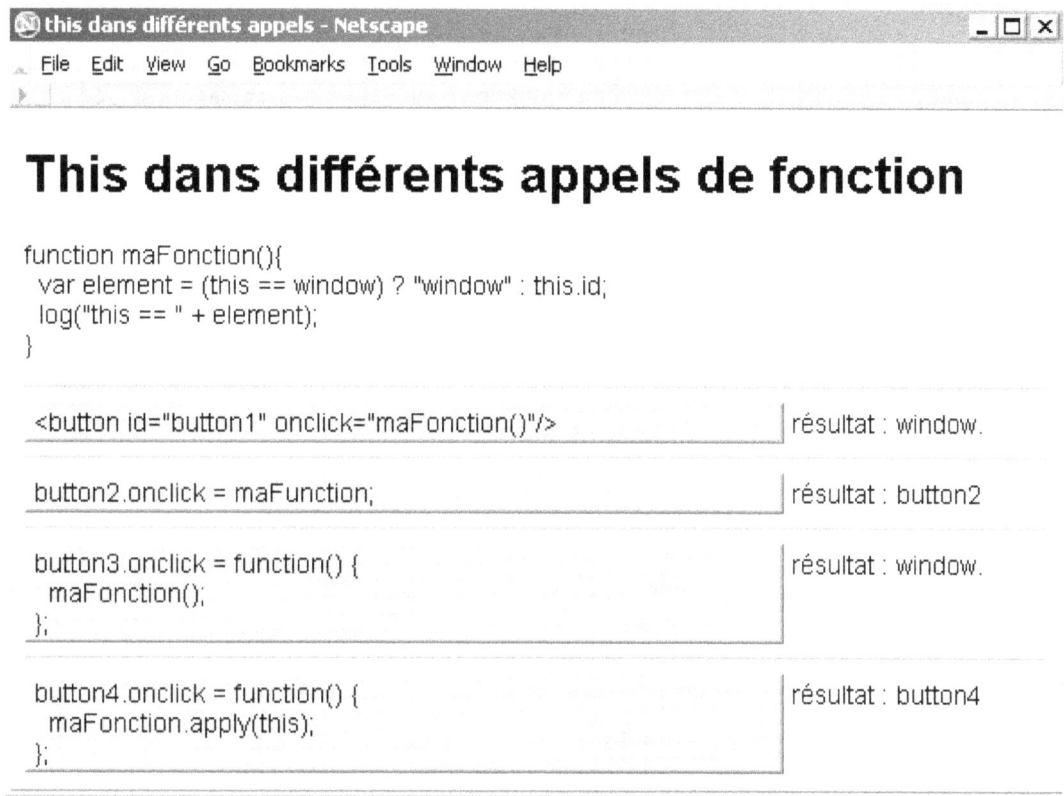

This dans différents appels de fonction

```
function maFonction(){
  var element = (this == window) ? "window" : this.id;
  log("this == " + element);
}
```

`<button id="button1" onclick="maFonction()"/>`	résultat : window.
`button2.onclick = maFunction;`	résultat : button2

`button3.onclick = function() {`
`  maFonction();`
`};`
	résultat : window.

`button4.onclick = function() {`
`  maFonction.apply(this);`
`};`
	résultat : button4

Figure 3.7

Valeur de this *selon la façon d'enregistrer la réaction à un clic*

La réaction exécute la fonction maFonction. Celle-ci n'étant alors rattachée à aucun élément, est rattachée par défaut à window : this vaut donc window.

Dans le cas :

```
button2.onclick = maFonction;
```

maFonction devient une méthode de button2, dans laquelle this vaut button2.

Enfin, dans le cas :

```
button4.onclick = function() {
  maFonction.apply(this);
};
```

maFonction est appelée dans le contexte global et équivaut donc à window.maFonction. L'appel à apply remplace, dans maFonction, window par son paramètre, this, qui désigne button4.

En résumé

Alors que Java est organisé autour de la notion de classe, JavaScript l'est autour de la notion de prototype. Tout objet a un prototype (sauf `Object.prototype`) et est créé par un constructeur.

Le prototype de l'objet s'obtient normalement par la propriété `prototype` de son constructeur. Les méthodes de l'objet sont en général définies dans son prototype. Un objet hérite des méthodes (et des attributs, mais c'est moins utile) de son prototype. Le chaînage des prototypes est la façon qu'a JavaScript d'implémenter l'héritage. Enfin, `this` est déterminé au moment de l'exécution, et non de la déclaration.

Lorsqu'un composant (un objet) a parmi ses attributs un élément HTML, les fonctions anonymes et les fermetures permettent de définir les réactions de cet élément dans le composant et d'y utiliser les attributs du composant.

Création de composants JavaScript réutilisables

Nous allons maintenant mettre en œuvre les notions abordées précédemment pour créer trois composants JavaScript que nous pourrons réutiliser : une boîte d'information, permettant de masquer/afficher un contenu, utile sur des pages chargées, des onglets et une suggestion de saisie en local, comme celle que l'on trouve sur le site de la RATP.

Pour chaque composant, nous discuterons des implémentations possibles et expliquons les choix retenus, qui illustrent avant tout un principe : séparer le contenu, l'apparence, et le comportement.

Nous écrivons du code autodocumenté, une pratique très précieuse dans la production de composants. En réalisant ce travail à travers trois cas, nous pourrons consolider notre approche.

Notons que ces composants seront réutilisés ou étendus au cours des chapitres suivants.

La boîte d'information

Commençons par une version simplifiée des boîtes d'information que nous trouvons sur le site netvibes *(www.netvibes.com)*.

Chaque boîte consiste en un en-tête et un corps, celui-ci pouvant être masqué ou déployé d'un clic sur une icône figurant dans l'en-tête. Il faut en fait deux icônes : une lorsque la boîte est dépliée, l'autre lorsqu'elle est repliée, comme l'illustrent les figures 3.8 et 3.9.

Avant d'étudier ce composant, une petite convention de vocabulaire est nécessaire. Pour la netteté de l'exposé, nous appellerons *auteur du composant* le développeur qui l'a créé, *développeur* la personne qui utilise le composant, qu'elle soit développeur ou intégrateur HTML, et *utilisateur* la personne qui interagit avec une page faisant appel à ce composant.

Figure 3.8

*Les deux boîtes
d'information,
la seconde
étant repliée*

Figure 3.9

*Les deux boîtes
d'information
dépliées*

Séparation du contenu, de l'apparence et du comportement

Il est souhaitable que les icônes soient les mêmes dans toutes les boîtes, afin d'induire un même « look and feel » pour l'utilisateur. Leur incorporation dans le code HTML devrait ainsi être assurée par le composant lui-même et non par le développeur.

Chaque boîte comporte trois composantes :

- un *contenu* : le texte de l'en-tête et le corps de la boîte ;

- une *apparence* : en particulier les couleurs, marges et dimensions de la boîte ;

- un *comportement* : la réaction aux clics. Cette réaction est entièrement à la charge du composant.

Le développeur devrait pouvoir écrire le contenu le plus simplement possible. Pour en indiquer la structure, plusieurs solutions sont envisageables. La plus légère semble être un `div` englobant deux autres `div` : un pour l'en-tête et l'autre pour le corps.

Nous aurions pu choisir plutôt un `dl` *(definition list)* encadrant un `dt` *(defined term)* pour l'en-tête, et un `dd` *(definition data)* pour le corps, mais `dl` suggère plusieurs paires en-tête/corps, et sa signification, quoique proche, serait quand même détournée, ce qui serait fâcheux.

Le composant modifiera la structure HTML du contenu, notamment en y incorporant les icônes. Il devra aussi s'assurer qu'il n'y a que deux enfants div au div englobant, afin de prévenir les erreurs éventuelles du développeur.

L'apparence est du domaine des CSS. Il serait judicieux de prévoir des valeurs par défaut évitant du travail au développeur. Une solution naturelle consiste à mettre l'en-tête en gras, à laisser la taille se calculer automatiquement et à utiliser les couleurs système : couleurs de la barre de titre de la fenêtre active pour l'en-tête et couleurs du contenu des fenêtres pour le corps.

Ainsi, l'apparence s'adaptera aux préférences de l'utilisateur, ce qui est une bonne chose. Cependant, pour un site donné, le développeur peut souhaiter personnaliser ces valeurs par défaut. Aussi, plutôt que de les écrire en dur dans le code JavaScript, il est préférable de les écrire dans des classes CSS par défaut, fournies avec le composant, que le développeur pourra modifier au gré de ses besoins.

Nous retrouverons dans d'autres composants cette séparation entre contenu, apparence et comportement. Elle organise en fait le code et en facilite les évolutions, un peu comme l'architecture MVC (modèle, vue, contrôleur).

Notre composant se chargera de gérer les réactions de la boîte et de modifier sa structure HTML pour induire l'apparence souhaitée.

La structure (HTML)

Voici le code HTML du body de la page illustrée aux figures 3.8 et 3.9 :

```
<body>
  <h1>Boites d'informations</h1>
  <div id="infoBoxSansClasse">←❶
    <div>Un exemple d'info</div>
    <div>Dans cet exemple, l'apparence est mise à la valeur par
    défaut : l'en-tete a les couleurs systeme de la barre de la
    fenetre active, et le corps celles de son contenu.
    </div>
  </div>

  <div id="infoBoxAvecClasses" class="unInfoBox">←❷
    <div class="unInfoBoxHeader">Un autre exemple</div>
    <div class="unInfoBoxBody">Dans cet exemple, l'apparence
    de la boîte est spécifiée par des classes CSS.</div>
  </div>

  <script>
  new InfoBox("infoBoxSansClasse");←❸
  new InfoBox("infoBoxAvecClasses", true);←❹
  </script>

</body>
```

Les deux boîtes comprennent chacune un div qui porte un id (lignes ❶ et ❷) et contiennent deux div, ainsi que nous l'avons décidé plus haut.

Cet id est utilisé pour faire de chaque div une boîte d'information, et ce, en une ligne de code JavaScript (lignes ❸ et ❹). Le code des div, en particulier celui du premier, est dénué de style et de code JavaScript : les trois parties du composant sont de la sorte bien isolées. Le second paramètre (ligne ❹) spécifie que la boîte doit être repliée.

L'apparence (CSS)

Le second div et ses deux enfants div ont une classe CSS qui personnalise leur apparence.

Ces classes CSS ont le code très simple suivant :

```
.unInfoBox {
  width: 20em;
  border: solid 1px #FFE0A4;
}
.unInfoBoxHeader {
  background: #FFEBC4;
  color: green;
  padding: 2px;
}
.unInfoBoxBody {
  background: #FFF7E8;
  color: black;
  padding: 1ex;
}
```

Le premier div a l'apparence par défaut, définie par les classes CSS infoBox, infoBoxHeader et infoBoxBody.

Ces noms sont écrits en dur dans le code JavaScript Voici le code de ces classes CSS :

```
.infoBox {
  border: solid 1px ActiveBorder;
  margin-bottom: 1ex;
}
.infoBoxHeader {
  background: ActiveCaption;
  color: CaptionText;
  padding: 2px;
}
.infoBoxBody {
  background: Window;
  color: WindowText;
  padding: 3px;
}
```

Les valeurs sont assez parlantes : ActiveBorder (bordure de la fenêtre active), ActiveCaption (barre de titre de la fenêtre), CaptionText (texte de la barre de titre), Window (fond de fenêtre) et WindowText (texte dans la fenêtre). Ces valeurs font partie de la norme CSS.

Le type `InfoBox` est défini dans un fichier **infobox.js,** qui nécessite le fichier utilitaire **util.js,** que nous avons constitué précédemment.

Le `head` de la page Web contient ainsi :

```
<script type="text/javascript" src="util.js"></script>
<script type="text/javascript" src="infobox.js"></script>
```

Écriture de code autodocumenté

Considérons le constructeur de `InfoBox` :

```
/** @class  ←❶
 * Boîte d'information, avec un en-tête ... (etc.)
 * @constructor
 * @param idBox id HTML de la boite
 * @param collapsed (optionnel) booleen indiquant si la boite
 * est fermee (defaut : false)
 */
function InfoBox(idBox, collapsed) {
  /** L'element HTML racine de la boite d'information
   * @type HTMLTable */
  this.box = document.getElementById(idBox);
  this.checkStructure(idBox);
  /** L'en-tete @type HTMLDiv*/
  this.header = Element.getChildElements(this.box, "div")[0];
  /** Le corps @type HTMLDiv */
  this.body = Element.getChildElements(this.box, "div")[1];
  /** Zone contenant l'icone sur laquelle cliquer @type HTMLSpan */
  this.icon = document.createElement("span"); ←❷
  /** Icone montrant que le contenu est visible @type HTMLImage*/
  this.openImg = document.createElement("img");
  /** Icone montrant que le contenu est masque @type HTMLImage */
  this.closedImg = document.createElement("img");
  // Initialiser la structure HTML
  this.setStructure();
  // Mettre les styles
  this.setStyle();
  // Faire reagir aux clics
  this.setOnClick();
  // Au depart, reduire a l'en-tete ou afficher le contenu
    this.collapse();  if (collapsed) { ←❸
  }
  else {
    this.expand();
  }
}
```

Notons tout d'abord (ligne ❶) un type de commentaire (deux étoiles après le slash), introduit en Java pour produire automatiquement la documentation des classes grâce à l'outil javadoc, qui a été porté dans le monde JavaScript sous le nom jsdoc.

Cet outil utilise quelques mots-clés, tous préfixés de @, pour structurer le texte produit. Parmi ceux-ci, @param désigne un paramètre de méthode et @type le type d'un attribut ou de la valeur de retour d'une méthode. La documentation des composants Yahoo *(http:// developer.yahoo.com/yui)* est produite par cet outil.

La figure 3.10 illustre le début de la documentation HTML produite pour InfoBox. Nous y retrouvons les attributs déclarés dans le constructeur de notre objet, avec leur description et leur type tels que définis dans les commentaires. Par contre, les commentaires classiques (deux slashs) ne sont pas pris en compte.

Figure 3.10

Documentation du composant InfoBox *généré par l'outil jsdoc*

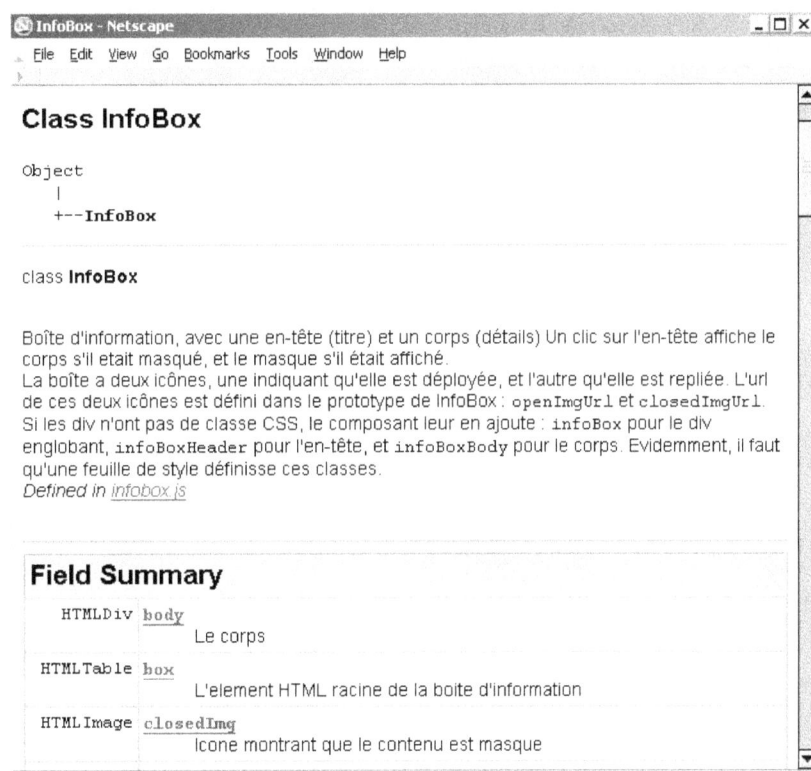

Le type InfoBox mémorise la boîte, l'en-tête, le corps et les icônes indiquant si le corps est déployé (openImg) ou replié (closedImg). Il conserve aussi (ligne ❷) un span nommé icon, qui englobera les deux icônes.

Le constructeur prend deux paramètres : le id du div correspondant à la boîte et un attribut optionnel de type booléen indiquant si la boîte doit être repliée au départ. En ❸, la condition du test n'est vraie que lorsque le paramètre est présent et vaut true. Par défaut, la boîte est dépliée.

Le constructeur vérifie d'abord que le `div` a la structure attendue. Il modifie ensuite celle-ci, en ajoutant essentiellement les icônes, puis la stylise et la fait réagir aux clics. Ces méthodes sont définies dans le prototype de `InfoBox`.

Code autodocumenté et bande passante

Autodocumenter le code est une pratique mise en avant depuis très longtemps. Le langage Eiffel l'incorpore depuis son origine (1986). L'outil javadoc de Java a été porté sur JavaScript (jsdoc) et PHP (phpdoc). Cette pratique est ainsi non seulement recommandée, mais désormais facile à suivre.

Avec JavaScript, nous pouvons cependant nous inquiéter de l'impact sur la bande passante, puisque les commentaires sont transmis avec le code. En réalité, non seulement les commentaires mais l'indentation augmentent la taille du code. Aussi a-t-on inventé des outils de compression, qui éliminent tout ce surpoids. Le développeur peut ainsi continuer à travailler avec un code structuré, lisible et documenté, tandis que le navigateur reçoit un code réduit aux seules instructions.

Nous pouvons employer, par exemple, l'outil ShrinkSafe inclus dans le framework dojo et utilisable en ligne à l'adresse *http://alex.dojotoolkit.org/shrinksafe*. Nous donnons à l'outil un fichier `toto.js`, et il nous retourne une version compressée nommée `toto.compressed.js`. À titre indicatif, dans le cas de `infobox.js`, la taille passe de 6,5 à 2,3 Ko.

Le comportement *(InfoBox.prototype)*

La figure 3.11 illustre la documentation des méthodes, provenant toutes du prototype de `InfoBox`.

Figure 3.11

Documentation jsdoc des méthodes de InfoBox

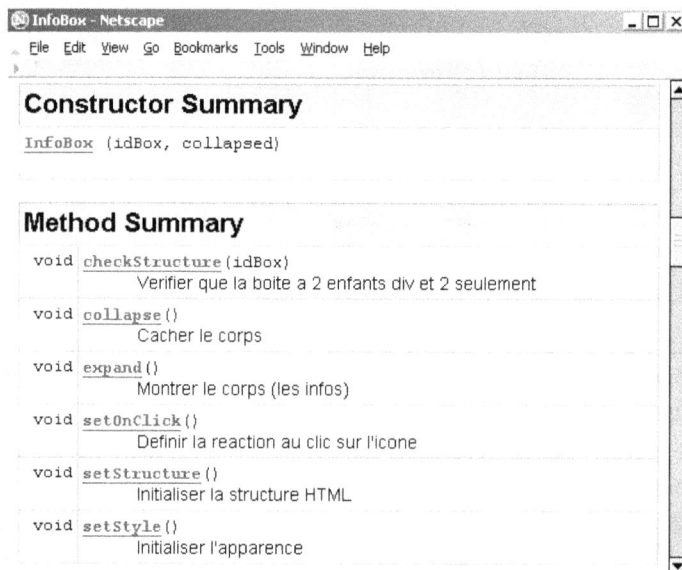

Celui-ci définit d'abord trois attributs :

```
InfoBox.prototype = {
  /** Icone par defaut indiquant que le contenu est visible
   * @type String */
  openImgUrl: "/ajax/images/open.gif",
  /** Icone par defaut indiquant que le contenu est masque
   * @type String */
  closedImgUrl: "/ajax/images/closed.gif",
  /** Couleur de fond du span englobant les icones @type String */
  iconBackground: "white",
  // etc.
}
```

Ces attributs sont mis dans le prototype, et non dans les instances, car toutes les instances sont censées partager cette apparence (le « look »).

Passons à setStructure, qui réorganise le code HTML du div :

```
/** Initialiser la structure HTML */
setStructure: function() {
  // Reorganiser l'en-tete : ajouter les images devant
  var content = this.header.innerHTML;
  this.header.innerHTML = "";
  this.header.appendChild(this.icon);
  this.icon.appendChild(this.openImg);
  this.openImg.src = this.openImgUrl;
  this.icon.appendChild(this.closedImg);
  this.closedImg.src = this.closedImgUrl;
  this.header.appendChild(document.createElement("span"));
  this.header.lastChild.innerHTML = content;
},
```

Nous remplaçons là le texte du div d'en-tête par deux span, dont le premier (this.icon) contient les deux icônes, et le second le texte.

Dans le cas de la première boîte de notre exemple, ce div devient :

```
<div>
  <span>
    <img src="/ajax/images/open.gif" />
    <img src="/ajax/images/closed.gif" />
  </span>
  <span>Un exemple d'info</span>
</div>
```

La méthode setStyle ajoute les informations de style :

```
/** Initialiser l'apparence */
setStyle: function() {
  // Les classes
  if (this.box.className == "") {
    this.box.className = "infoBox";
  }
```

```
    if (this.header.className == "") {
      this.header.className = "infoBoxHeader";
    }
    if (this.body.className == "") {
      this.body.className = "infoBoxBody";
    }
    this.header.style.fontWeight = "bold";
    // Les icones
    this.icon.style.background = this.iconBackground;
    this.icon.style.cursor = "pointer";
    this.icon.style.margin = "0em 1ex 0em 0em";
    this.icon.style.verticalAlign = "middle";
  },
```

À chaque div constituant la boîte et dénué de classe CSS, elle associe la classe CSS par défaut correspondante et spécifie en dur quelques directives pour les icônes. En particulier, elle donne au curseur de la souris la valeur indiquant que l'élément est réactif.

La réaction aux clics est déclarée dans setOnClick :

```
/** Definir la reaction au clic sur l'icone */
setOnClick: function() {
  var current = this;
  this.icon.onclick = function() {
    if (current.openImg.style.display == "none") {
      current.expand();
    }
    else {
      current.collapse();
    }
  }
},
```

Notons ici l'usage d'une fermeture : pour pouvoir faire référence au composant dans le code de this.icon.onclick, la fonction englobante le mémorise dans la variable locale current, qui reste accessible dans la fonction englobée.

Voici enfin les deux méthodes collapse et expand qui affichent ou masquent les icônes et le corps :

```
/** Montrer le corps (les infos) */
expand: function() {
  this.openImg.style.display = "";
  this.closedImg.style.display = "none";
  this.body.style.display = "";
},

/** Cacher le corps */
collapse: function() {
  this.openImg.style.display = "none";
  this.closedImg.style.display = "";
  this.body.style.display = "none";
}
```

Prévention des erreurs du développeur

La méthode `checkStructure` vérifie que le composant peut être créé, c'est-à-dire qu'il existe un `div` de id idBox et qu'il a seulement deux enfants et de type `div` (nœuds texte vides exceptés).

Les figures 3.12 et 3.13 illustrent le résultat quand les conditions pour créer la boîte d'information ne sont pas remplies.

Figure 3.12

Vérification de l'existence du div *englobant pour créer la boîte*

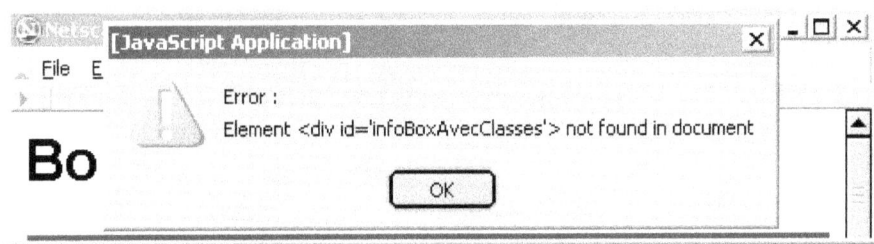

Figure 3.13

Vérification que le div *a exactement deux enfants et de type* div

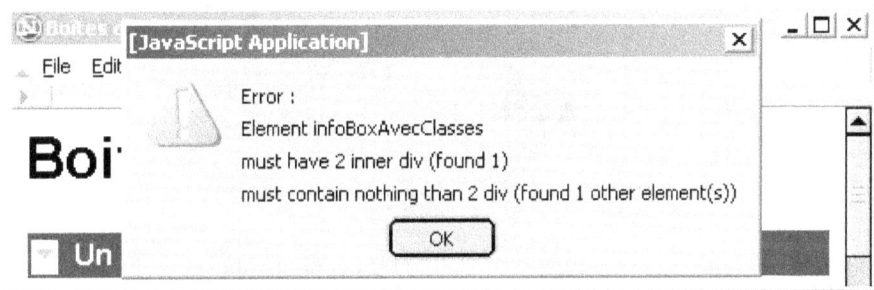

Voici le code de la méthode :

```
/** Verifier que la boite a uniquement 2 enfants div */
checkStructure: function(idBox) {
  if (this.box == null || this.box.nodeName != "DIV") {
    Log.error("Element <div id='" + idBox +
      "'> not found in document");←❶
  }
  else {
    Element.cleanWhiteSpace(this.box);←❷
    var divs = Element.getChildElements(this.box, "div");
    var children = this.box.childNodes;
    var msg = new Array();
    if (divs.length != 2) {
      msg.push("must have 2 inner div (found "
        + divs.length + ")");
    }
    if ((children.length - divs.length) > 0) {
```

```
      msg.push("must contain nothing than 2 div"
        + " (found " + (children.length - divs.length)
        + " other element(s))");
    }
    if (msg.length > 0) {
      Log.error("Element " + idBox + "\n" + msg.join("\n"));←❸
    }
  }
},
```

En ❶ et ❸, nous utilisons la méthode `error` d'un objet `Log`, qui a pour fonction d'enregistrer l'erreur.

Dans un premier temps, nous nous contentons de faire afficher l'erreur par `window.alert`. Nous définissons cet objet dans **util.js :**

```
Log = {
  error: function(msg) {
    alert("Error : \n" + msg);
  }
}
```

L'intérêt de procéder ainsi est de pouvoir changer au besoin la façon d'indiquer l'erreur sans avoir à modifier les composants qui feraient appel à `Log.error`.

Par exemple, nous pourrions déclencher une exception :

```
error: function(msg) {
  throw("Error : \n" + msg);
}
```

qui aurait l'avantage d'être visible du développeur, s'il utilisait la console JavaScript, et pas de l'utilisateur.

En ❷, nous employons une nouvelle méthode de `Element`, qui figure elle aussi dans prototype.js sous le nom `cleanWhitespace` (qui ne respecte pas les standards de nommage de JavaScript) et qui élimine les nœuds texte vides enfants d'un élément.

Son code fait appel à l'expression régulière `/\S/`, qui désigne n'importe quel caractère autre que l'espace, le retour chariot, la fin de ligne ou la tabulation :

```
/** Enleve les noeuds texte vides enfants de l'element */
Element.cleanWhiteSpace = function(element) {
  for (var i = 0; i < element.childNodes.length; i++) {
    var node = element.childNodes[i];
    if (node.nodeType == 3 && !/\S/.test(node.nodeValue)) {
      element.removeChild(node);
    }
  }
}
```

Mentionnons un dernier détail. Nous désirons que les instances de `InfoBox` aient `InfoBox` pour constructeur. C'est pourquoi nous écrivons, après avoir défini le prototype :

```
// Faire de InfoBox le constructeur de son prototype
InfoBox.prototype.constructor = InfoBox;
```

Les onglets

Passons maintenant aux onglets, une variante de ceux que l'on trouve notamment dans les fenêtres d'options des applications.

Les figures 3.14 et 3.15 illustrent le rendu quand l'utilisateur a cliqué sur le premier puis sur le deuxième onglet. Par défaut, le premier onglet est sélectionné.

Figure 3.14

Les onglets,
le premier
étant sélectionné

Nous avons deux zones principales : une barre d'onglets et une zone de détail. À tout moment, les onglets non sélectionnés ont un même style, différent de celui de l'onglet sélectionné. La zone de détail a son propre style, qui, dans l'exemple affiché, a la même couleur de fond que l'onglet sélectionné.

À la différence des onglets classiques, la barre d'onglets s'étale sur toute la largeur de la zone de détail, et chaque onglet a la même largeur. Nous aurions pu ne leur donner que la largeur de leur texte. Le code aurait en ce cas été un peu différent.

Lorsque l'utilisateur clique sur un onglet, le composant doit mettre celui-ci en avant-plan et les autres en arrière-plan et, bien sûr, afficher dans la zone de détail le contenu correspondant à l'onglet.

La structure (HTML)

Quelle structure HTML serait adéquate pour définir cette boîte d'onglets ? Plusieurs choix sont possibles.

Nous pourrions, comme pour les boîtes d'information, constituer un div contenant autant de div que d'onglets, ces div ayant à leur tour un div pour le titre de l'onglet et un autre pour le contenu à afficher.

Figure 3.15

*Les onglets,
le deuxième
étant sélectionné*

Figure 3.15

*Les onglets,
le deuxième
étant sélectionné*

Une autre solution consiste à créer un tableau, dont la première ligne constitue la barre d'onglets. Pour le contenu, nous pouvons créer une ligne pour chaque détail d'onglet ou bien un `div` par détail, tous ces `div` étant inclus dans une seconde ligne unique.

C'est cette dernière solution que nous retenons : un tableau à deux lignes, qui a l'avantage d'être pour le développeur très proche du résultat final. Comme pour les boîtes d'information, le développeur pourra spécifier l'apparence dans des CSS.

Nous avons besoin de trois classes CSS : une pour l'onglet sélectionné, une pour les onglets en arrière-plan et la dernière pour la zone de contenu. Comme nous voulons que, par défaut, les titres soient centrés et en gras, ce qui est aussi le style par défaut des `th`, nous ferons des titres des `th` et non des `td`.

Voici le code HTML des onglets de notre exemple (le contenu de chaque zone de détail y est abrégé, car seule la structure nous importe ici) :

```
<table id="ongletsSerie" style="width: 30em">
  <tr>
    <th>Descriptif</th>
    <th>Synopsis</th>
    <th>Avis</th>
  </tr>
  <tr>
    <td>
      <div>Série britannique ...</div>
      <div>Lorsqu'un agent secret ...</div>
      <div>...</div>
    </td>
  </tr>
</table>
```

Le développeur peut étaler le `td` sur toute la deuxième ligne par `colspan="3"` ou s'en dispenser, car le composant s'en chargera.

Le constructeur *TabbedPane*

Voyons maintenant le constructeur du composant :

```
function TabbedPane(idTable, cssClasses) {
  // Elements du bloc d'onglets
  this.id = idTable;
  this.root = document.getElementById(idTable);
  this.tabs = null;
  this.content = null;
  this.divs = null;
  // Les classes CSS
  var cssClasses = (cssClasses) ? cssClasses : new Object();←❶
  this.foregroundClass = cssClasses.foreground || "tabbedPaneOn";
  this.backgroundClass = cssClasses.background || "tabbedPaneOff";
  this.contentClass = cssClasses.content || "tabbedPaneContent";
  // Calculer tabs, content et divs
  this.setTabsAndDivs();
  // Specifier la reaction des onglets aux clics
  this.setBehaviour();
  // Ajuster l'apparence
  this.setLayout();
  // Selectionner le premier onglet
  this.setTab(0);
}
```

Le constructeur positionne les attributs puis ajoute aux éléments HTML des réactions aux clics (setBehavior), ajuste l'apparence (setLayout) et sélectionne le premier onglet (setTab). Les attributs divs et tabs sont nécessaires, car nous les manipulons pour changer l'état des onglets. Les trois autres attributs sont nécessaires aux méthodes.

Le second argument du constructeur est optionnel. C'est un objet pouvant comporter trois propriétés : foreground, background et content, qui désignent les classes CSS pour l'onglet en avant-plan, celle pour les onglets en arrière-plan et celle pour la zone de contenu.

En ❶, si le paramètre n'existe pas, nous le créons. Puis nous affectons aux trois classes CSS de l'objet les classes CSS de ce paramètre si elles sont définies, ou une valeur par défaut sinon.

Comme pour les boîtes d'information, les méthodes sont ajoutées au prototype, puis nous positionnons le constructor de ce prototype :

```
TabbedPane.prototype.constructor = TabbedPane;
```

Nous utilisons là encore le code défini dans le fichier **util.js.** Commençons par setTabsAndDivs :

```
TabbedPane.prototype.extend({
  /** Verifie que le tableau a la forme requise : 2 tr, et autant
   * de th dans le 1er tr que de divs dans le td de la 2e ligne,
   * celui-ci ayant un colspan egal au nombre de th
   */
```

```
setTabsAndDivs: function() {
  var tBody = Element.getChildElements(this.root, "tbody")[0];
  if (Element.getChildElements(tBody, "tr").length != 2) {
      Log.error("Table " + this.id + " must have 2 'tr'");
  }
  // Les onglets
  var headerRow = Element.getChildElements(tBody, "tr")[0];
  this.tabs = Element.getChildElements(headerRow, "th");
  // Le td de contenu
  var bodyRow = Element.getChildElements(tBody, "tr")[1];
  var tds = Element.getChildElements(bodyRow, "td");
  if (tds.length != 1) {
      Log.error("Table " + this.id +
        " must have in its 2d 'tr' a single 'td'");
  }
  // Les contenus correspondants
  this.content = tds[0]
  this.divs = Element.getChildElements(this.content, "div");
  if (this.tabs.length != this.divs.length) {
      Log.error("Table " + this.id + " must have as many 'th'"
        + " in 1rst 'tr' as 'div' in the 'td' of the 2d 'tr'");
  }
},
```

Les onglets sont les th du premier tr. Notons que nous prenons d'abord le tbody enfant du table, ce qui peut surprendre vu que, dans le code HTML, nous n'avons pas écrit ce tbody. En fait, l'interprète HTML du navigateur ajoute ce niveau entre le table et les tr, afin de rendre l'arbre conforme au type HTML, pour lequel les tr doivent être dans un thead, un tbody ou un tfoot (balises ajoutées au HTML 4).

Pour récupérer les onglets et les div, nous utilisons getChildElements, et non getElementsByTagName, lequel recherche des éléments parmi tous les descendants, car nous voulons nous restreindre aux enfants. Nous vérifions que le table a la forme attendue et produisons une erreur si ce n'est pas le cas (Log.error).

Modification de la structure HTML

Le comportement des onglets est spécifié par setBehaviour, méthode à examiner attentivement, car elle fait appel à des mécanismes délicats de JavaScript :

```
/** Faire reagir les onglets aux clics */
setBehaviour: function() {
  // Memoriser le tabbedPane courant pour les onclick
  var tabbedPane = this;←❶
  for (var i=0 ; i<this.tabs.length ; i++) {
    // Memoriser dans le th (l'onglet) son rang
    this.tabs[i].setAttribute("index", i);←❷
    // La reaction de l'onglet
    this.tabs[i].onclick = function() {←❸
      // Ici this designe le th
      tabbedPane.setTab(this.getAttribute("index"));
```

```
      }
    }
  },
```

Nous voulons ajouter à chaque th (this.tabs[i]) une réaction à un clic, qui consiste à appeler la méthode setTab. Nous sommes là face à deux difficultés.

Tout d'abord, dans le code de la réaction ❸, this ne désigne pas l'objet que nous sommes en train de définir mais le th. Cette difficulté, nous en connaissons déjà la solution : déclarer dans setBehaviour une variable locale tabbedPane (❶), qui vaut justement cet objet courant et qui sera visible dans la fonction ❸ puisque JavaScript dispose du mécanisme des fermetures.

Le second problème est plus subtil. Dans ❸, nous reposant sur ces fermetures, nous aurions pu écrire naïvement :

```
    this.tabs[i].onclick = function() {
      // Ici this designe le th
      tabbedPane.setTab(i));
    }
```

ce qui, loin de donner le résultat escompté, aurait provoqué une erreur.

En effet, quand la fonction ❸ s'exécute, setBehaviour a déjà été exécutée, et la valeur de i y vaut this.tabs.length. Par le mécanisme des fermetures, la fonction ❸ récupérerait cette valeur de i et ainsi exécuterait setTab avec pour indice le nombre d'onglets. Or, non seulement ce n'est pas ce que nous voulons, mais ce nombre n'est pas dans les bornes (il doit être entre zéro et ce nombre moins un). C'est pourquoi, en ❷, nous ajoutons au th son indice dans un attribut index, qu'il nous suffit de lire dans la fonction ❸.

Passons maintenant à setLayout :

```
/** Specifie l'apparence des onglets, en focntion des styles CSS */
setLayout: function() {
  this.root.setAttribute("cellspacing", 0);
  this.root.cellSpacing = "0";
  // Meme largeur pour tous les onglets
  for (var i=0 ; i<this.tabs.length ; i++) {
    this.tabs[i].style.width =
      Math.round(100/this.tabs.length) + "%";
    this.tabs[i].style.cursor = "pointer";
  }
  // La zone de contenu
  this.content.className = this.contentClass;
  // Forcer son colspan au nb d'onglets
  this.content.setAttribute("colspan", this.divs.length);
  // Ceci pour IE qui ignore le setAttribute sur colspan
  this.content.colSpan = this.divs.length;
  // Dimensionner le td de contenu aux dimensions max des div
  var height = 0, width = 0, display;
  for (i=0 ; i<this.divs.length ; i++) {
    // Hauteur quand l'onglet i est selectionne
```

```
      this.setTab(i);
      if (this.content.offsetHeight > height) {
        height = this.content.offsetHeight;
      }
      if (this.content.offsetWidth > width) {
        width = this.content.offsetWidth;
      }
    }
  this.content.style.height = height;
  this.content.style.width = width;
},
```

Cette méthode commence par forcer la marge entre les cellules du tableau à zéro, afin de garantir une apparence d'onglets, et ajuste de même le colspan du td. Elle modifie aussi cellSpacing et colSpan, car Internet Explorer ignore l'appel à setAttribute sur les attributs cellspacing et colspan. Elle donne la même largeur à chaque onglet puis donne à la zone de contenu (le td) la plus grande hauteur des div et leur plus grande largeur, de façon que sa taille reste la même quand l'utilisateur passe d'onglet en onglet.

Nous pourrions calculer les plus grandes dimensions des div et les leur donner à tous, mais, dans Mozilla, cela ne donne pas le résultat escompté. Nous adoptons donc plutôt une façon sûre d'arriver à nos fins en sélectionnant chaque onglet à tour de rôle et en donnant au td (this.content) la plus grande taille obtenue.

Comportement du composant

Concluons par la méthode setTab, qui sélectionne un onglet :

```
/* Mettre en avant-plan l'onglet de rang index
 * (et en arriere-plan tous les autres) */
setTab: function(index) {
  // Mettre l'onglet clique au style avant-plan
  this.tabs[index].className = this.foregroundClass;
  // Montrer le div correspondant
  this.divs[index].style.display = "block";
  // Mettre les autres onglets a un style arriere-plan
  for (var i=0 ; i<this.tabs.length ; i++) {
    if (i != index) {
      this.tabs[i].className = this.backgroundClass;
      // Masquer le contenu correspondant
      this.divs[i].style.display = "none";
    }
  }
}
```

Cette méthode se contente de modifier le style ou la classe CSS des onglets et des div. Le code ne présente pas de difficulté.

Personnalisation de l'apparence

Il ne nous reste plus qu'à utiliser ce composant dans notre fichier HTML.

Nous l'incluons dans l'en-tête, ainsi que le fichier **util.js** auquel il fait appel, et définissons trois classes CSS :

```html
<html>
<head>
  <script type="text/javascript" src="util.js"></script>
  <script type="text/javascript" src="tabbedPane.js"></script>
  <style>
  .unAvantPlan {
    background: #F0F7FA;
    color: MenuText;
    border: solid 1px #9ADAF0; /* Window; */
    border-bottom-color: Window;
    padding: 5px;
  }
  .unArrierPlan {
    background: #DAEAF0;
    color: GrayText;
    border: solid 1px ActiveBorder;
    border-bottom: solid 1px #9ADAF0; /* Window; */
    padding: 5px;
  }
  .unContenu {
    background: #F0F7FA;
    border: solid 1px #9ADAF0; /* Window; */
    border-top-width: 0px;
    padding: 1ex;
  }
  </style>
</head>
```

À la fin du body, nous ajoutons l'appel :

```html
<script language="javascript">
// Faire de l'element de id "ongletsSerie" un ensemble d'onglets
var onglets = new TabbedPane("ongletsSerie", {
  background: "unArrierPlan",
  foreground: "unAvantPlan",
  content: "unContenu"});
</script>
```

Si nous avions utilisé les classes par défaut, nous aurions écrit simplement :

```javascript
var onglets = new TabbedPane("ongletsSerie");
```

Ces classes par défaut pourraient reposer sur les préférences utilisateur :

```css
.tabbedPaneOn {
  background: ActiveCaption;
  color: CaptionText;
  border: solid 1px ActiveBorder;
  padding: 4px;
}
```

```
.tabbedPaneOff {
  background: InactiveCaption;
  color: InactiveCaptionText;
  border: solid 1px ActiveBorder;
  padding: 4px;
}
.tabbedPaneContent {
  background: Window;
  color: WindowText;
  border: solid 1px ActiveBorder;
  padding: 1ex;
}
```

ou être définies dans la charte graphique de l'application ou du site développé.

Suggestion de saisie

La figure 3.16 illustre la suggestion de saisie en local, dont une petite partie a été déjà construite au chapitre 2 (cet exemple riche de questions est aussi riche d'enseignements).

Figure 3.16

*Suggestion
de saisie,
les données étant
présentes en local*

Chaque fois que l'utilisateur saisit un caractère dans le champ Départ (ou Arrivée), l'application lui suggère les stations de métro d'Île de France dont le nom commence par sa saisie. Il peut alors naviguer dans cette liste au moyen des touches fléchées « ligne suivante », « ligne précédente », « page suivante » (qui l'amène au bas de la liste) et « page précédente » (qui l'amène au premier élément). Chaque fois, la ligne prenant le curseur est mise en surbrillance, et la valeur du champ de saisie est mise à jour *(voir figure 3.17)*.

Figure 3.17

*Déplacement
dans la liste
de suggestions
à l'aide des touches
fléchées*

S'il presse la touche Echap, la liste disparaît, et le champ reprend la valeur qu'il a saisie. S'il presse Entrée, la valeur est sélectionnée, et la liste disparaît. Le formulaire est soumis seulement s'il presse à nouveau Entrée. C'est en effet le comportement standard dans les applications Windows ou MacOS natives.

Il peut aussi faire passer sa souris sur la liste, avec pour seul effet de mettre en surbrillance la ligne recevant la souris. Quand la souris quitte la liste, la mise en surbrillance disparaît. Pendant ces mouvements de souris, la valeur du champ de saisie reste inchangée. Par contre, si l'utilisateur clique sur une ligne de la suggestion, la réaction est la même que lorsqu'il navigue avec les touches fléchées et presse Entrée : la valeur de la ligne est mise dans le champ de saisie, et la liste disparaît.

La liste disparaît aussi lorsque l'utilisateur presse la touche Tab ou qu'il clique sur un élément autre que le champ ou la liste. Il quitte alors le champ, tandis qu'il est considéré y être encore lorsqu'il navigue dans la liste.

Le comportement de ce composant est ainsi plutôt riche. C'est qu'il ne s'agit pas d'un mais de trois composants (ou plutôt de deux et d'une fonction) :

- Une liste pop-up, qui se charge de mettre en surbrillance la ligne de la liste ayant le curseur ou la souris et d'en récupérer la valeur. Ce composant mime plus ou moins le comportement d'une liste déroulante, un élément HTML que nous ne pouvons pas utiliser, car, comme nous l'avons constaté au chapitre précédent, il fait apparaître dans Firefox une barre de défilement, même quand la liste est complètement déroulée.

- Une fonction, qui récupère une liste de valeurs correspondant à une expression, celle-ci pouvant être notamment la saisie de l'utilisateur.

- La suggestion de saisie, qui réagit aux événements clavier, appelle la fonction récupérant les valeurs, avec en paramètre la saisie de l'utilisateur, et passe le résultat à la liste qui l'affiche.

En somme, nous avons là un découpage MVC : la fonction pour le modèle, la liste pour la vue (et un peu le contrôleur) et la suggestion pour le contrôleur.

En ce qui concerne l'apparence, nous ne prévoyons que les couleurs système, autrement dit la liste aura les mêmes couleurs de fond et de texte que les fenêtres, et les couleurs de la ligne en surbrillance seront identiques à leur équivalent système. Ainsi, nous nous adaptons aux préférences de l'utilisateur.

Récupération des données

Dans notre exemple, la fonction renvoie les noms des stations de métro commençant par une expression passée en paramètre. Un tableau de chaînes est la structure la plus simple pour le résultat.

Il serait bon, dans le cas général, de limiter le nombre de résultats retournés, pour réduire tant les transferts, si la fonction fait des appels au serveur, que le nombre de suggestions affichées, pour une meilleure d'ergonomie.

Nous pourrions faire une requête vers le serveur à chaque caractère saisi. Nous pouvons cependant nous en dispenser, car les noms des 790 stations forment un fichier de seulement 13 Ko, dont le transfert au navigateur est très rapide. En outre, si nous l'envoyons de façon qu'il se mette en cache, la récupération n'aura lieu que lors du premier accès.

Pour ce faire, nous l'envoyons sous la forme d'un fichier JavaScript, que la page inclura par une balise `script`. Les fichiers JavaScript pouvant se mettre en cache, c'est parfait. Nous produisons un fichier, ou plutôt un flux, JavaScript, qui définit un objet `Metro` doté d'un attribut `stations` (un tableau des noms de toutes les stations) et d'une méthode `getStations` (la fonction dont nous avons besoin).

Supposons que les noms soient dans le fichier texte **stations-metro.txt,** à raison d'une station par ligne (s'ils étaient dans une base de données, cela ne changerait rien de fondamental).

Voici le fichier **metro.js.php** qui produit le JavaScript :

```php
<?php
// Concatener les stations de metro dans une string en les separant par ";"
$stations = file_get_contents("stations-metro.txt");
$stations = str_replace("\n", ";", $stations);←❶

header("Content-type: text/javascript");←❷
// Creer le javascript definissant l'objet Metro
print <<<END
var Metro = {←❸
  /** Liste des stations, en 1 tableau */
  stations: ("$stations").split(";"),←❹

  /** Tableau de stations dont le nom commence par debut
   *  Si debut est une chaine de blancs, renvoie un tableau vide
   *  Si maxLinesNumber est specifie, renvoie au plus
   *  ce nombre de lignes
   */
```

```
  getStations: function(debut, maxLinesNumber) {←❺
    var i, nom;
    var result = [];
    var lengthMax = Metro.stations.length;
    if (maxLinesNumber) {
      lengthMax = Math.min(lengthMax, maxLinesNumber);
    }
    // Si on a du contenu, pas que du blanc
    if (!debut.match(/^ *$/)) {
      for (i=0 ; i<Metro.stations.length
          && result.length < lengthMax ; i++) {
        nom = Metro.stations[i].toLowerCase();←❻
        if (nom.indexOf(debut.toLowerCase()) == 0) {
          result.push(Metro.stations[i]);
        }
      }
    }
    return result;
  }
};
END;
?>
```

En ❶, après avoir récupéré le contenu du fichier texte listant les stations, nous remplaçons les fins de ligne par un point-virgule. Nous obtenons une longue chaîne de caractères, dans laquelle les noms des stations sont séparés par des points-virgules. Nous positionnons en ❷ l'en-tête Content-type, nécessaire au navigateur pour qu'il interprète le fichier envoyé comme étant du JavaScript. Le code JavaScript produit se trouve entre les deux étiquettes END.

En ❹, nous transformons la chaîne des stations en un tableau, plus pratique à parcourir, et le mettons en attribut de l'objet Metro. En ❺, nous définissons la méthode getStations, qui renvoie sous forme de tableau les stations dont le nom commence par le premier paramètre. Le développeur peut limiter le nombre de résultats à renvoyer avec le second paramètre. Notons aussi en ❻ que nous rendons la recherche insensible à la casse.

La structure (HTML)

Le fichier HTML inclut ce fichier JavaScript, ainsi que celui contenant le composant de suggestion, qui réclame lui-même **util.js** :

```
<html>
  <head>
    <style>
    label {←❶
      width: 9ex;
      float:left;
    }
    </style>
    <!-- Recuperer les noms des stations de metro -->
```

```
      <script type="text/javascript" src="metro.js.php"></script>
      <script type="text/javascript" src="util.js"></script>
      <script type="text/javascript" src="suggest.js"></script>←❷
  </head>
  <body>
    <h1>Suggestion de saisie en local</h1>
    <form>
      <label>Départ :</label>
      <input type="text" id="depart" size="40" />
      <br/>
      <label>Arrivée :</label>
      <input type="text" id="arrivee" size="40" />
      <br/>
      <input type="submit" value="Chercher"/>
    </form>
    <script>
    // Creer une suggestion de saisie pour depart et arrivee
    new Suggest("depart", Metro.getStations);←❸
    new Suggest("arrivee", Metro.getStations);
    // focus
    document.getElementById("depart").focus();
    </script>
  </body>
</html>
```

Comme nous le constatons, le code que doit écrire le développeur est on ne peut plus réduit. Le HTML est, comme d'habitude, dépouillé de tout JavaScript, et même de CSS. Il fait simplement appel aux fichiers JavaScript en ❷.

Nous avons deux champs de saisie très simples et un script qui se contente de créer deux objets de type Suggest : nos suggestions de saisie (ligne ❸). Le constructeur prend deux paramètres : le id du champ pour lequel faire des suggestions et la fonction récupérant les résultats, que nous avons définie au-dessus.

Notons que, pour une fois, l'alignement est réalisé non pas au moyen d'un tableau, mais avec des CSS, qui font des label des boîtes flottantes à gauche et d'une même largeur (ligne ❶). Les boîtes flottantes sont retirées du flux normal et placées le plus à droite (float: right) ou le plus à gauche (float: left) possible dans leur conteneur. Le contenu suivant une boîte flottante s'écoule le long de celle-ci, dans l'espace laissé libre.

Prenons garde qu'avec cette technique nous devons spécifier la largeur des label. Nous ne pouvons la laisser se calculer automatiquement, à la différence des table. Ici, le cas est si simple que ce n'est pas un problème.

Signalons au passage que de nombreuses implémentations des onglets utilisent, pour la barre de titres, des li, un par onglet, rendus flottant à gauche.

La liste de suggestions *PopupList*

Commençons par cette liste, dont dépend la suggestion et dont voici le constructeur :

```
/** @class
 * Liste popup d'options possibles pour un champ de saisie
 * @constructor
 * @param source element HTML (champ de saisie) associe a la liste
 */
function PopupList(source) {
  /** Element div contenant les options  @type HTMLElement */
  this.list = document.createElement("div");
  document.body.appendChild(this.list);
  /** Rang de l'option selectionnee (-1 au depart) @type int*/
  this.index = -1;
  /** Element (champ de saisie) auquel la popup est rattachee
   * @type HTMLElement */
  this.source = source;
  // Initialiser
  this.setLayout();
  this.hide();
  this.setBehaviour();
}
```

La liste a trois attributs : le conteneur div des options, le rang de l'option sélectionnée et le champ HTML pour lequel la liste propose des options.

Le constructeur les initialise, masque la liste et en définit l'affichage et le comportement. Comme dans les deux exemples précédents, les méthodes se retrouvent dans le prototype, et nous écrivons après la déclaration de celui-ci :

```
PopupList.prototype.constructor = PopupList;
```

La documentation des méthodes générée par jsdoc est illustrée à la figure 3.18.

Voici le code de setLayout :

```
PopupList.prototype = {
  /** Initialiser la popup de suggestion */
  setLayout: function() {
    // Donner au div l'apparence d'une popup
    this.list.style.background = "Window";
    this.list.style.border = "solid 1px WindowText";
    this.list.style.padding = "2px";
    // La positionner juste sous le champ de saisie
    this.list.style.position = "absolute";
    this.list.style.left = Element.getLeft(this.source) + "px";
    this.list.style.top = (Element.getTop(this.source) +
      this.source.offsetHeight) + "px";
  },
```

Comme indiqué précédemment, nous nous reposons sur les préférences de l'utilisateur pour définir les couleurs de la liste. Nous positionnons la pop-up grâce aux méthodes getLeft et getTop de Element, que nous avons déjà utilisées à plusieurs reprises.

Figure 3.18

Méthodes du composant PopupList

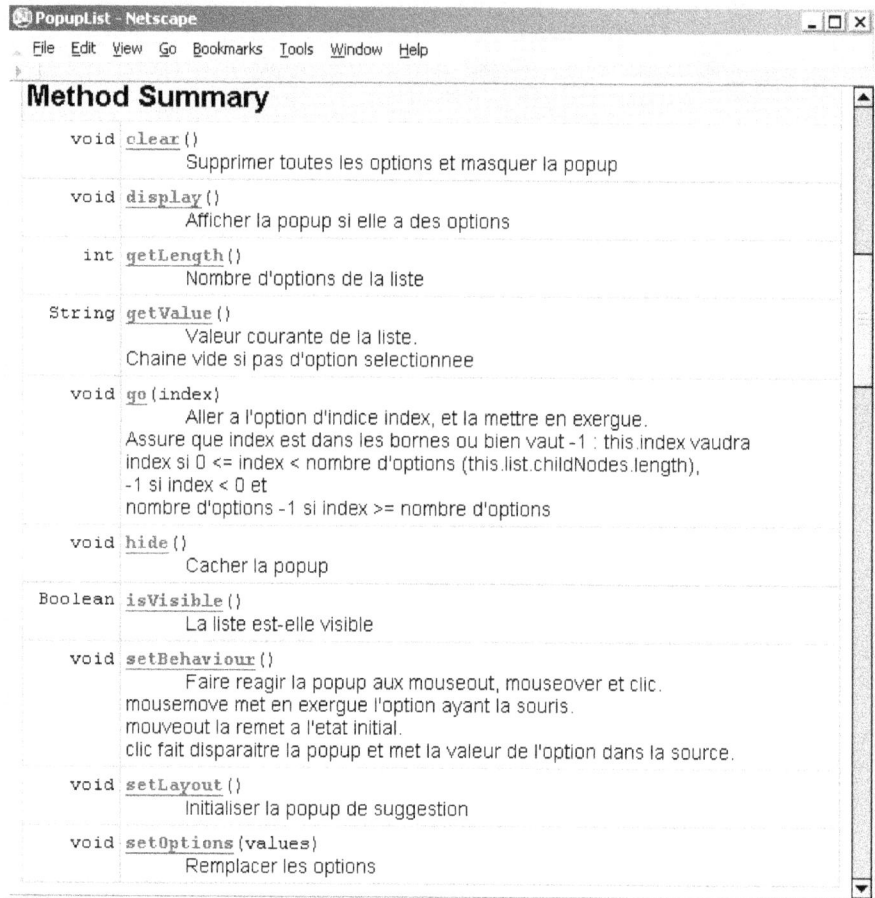

```
PopupList - Netscape                                    _ □ ×
File  Edit  View  Go  Bookmarks  Tools  Window  Help

Method Summary

    void  clear()
                Supprimer toutes les options et masquer la popup

    void  display()
                Afficher la popup si elle a des options

     int  getLength()
                Nombre d'options de la liste

  String  getValue()
                Valeur courante de la liste.
                Chaine vide si pas d'option selectionnee

    void  go(index)
                Aller a l'option d'indice index, et la mettre en exergue.
                Assure que index est dans les bornes ou bien vaut -1 : this.index vaudra
                index si 0 <= index < nombre d'options (this.list.childNodes.length),
                -1 si index < 0 et
                nombre d'options -1 si index >= nombre d'options

    void  hide()
                Cacher la popup

 Boolean  isVisible()
                La liste est-elle visible

    void  setBehaviour()
                Faire reagir la popup aux mouseout, mouseover et clic.
                mousemove met en exergue l'option ayant la souris.
                mouveout la remet a l'etat initial.
                clic fait disparaitre la popup et met la valeur de l'option dans la source.

    void  setLayout()
                Initialiser la popup de suggestion

    void  setOptions(values)
                Remplacer les options
```

La liste est effacée par clear, masquée par hide, affichée par display, et une méthode permet de savoir si elle est affichée :

```
/** Supprimer toutes les options et masquer la popup */
clear: function() {
  this.list.style.display = "none";
  this.list.innerHTML = "";
  this.index = -1;
},

/** Afficher la popup si elle a des options */
display: function() {
  if (this.list.childNodes.length > 0) {
    this.list.style.display = "block";
  }
},
```

```
/** Cacher la popup */
hide: function() {
  this.list.style.display = "none";
},

/** La liste est-elle visible
 * @type Boolean */
isVisible: function() {
  return this.list.style.display != "none";
},
```

Dynamique de la liste

Les options sont mises à jour par la méthode setOptions :

```
/** Remplacer les options
 * @param values tableau des nouvelles valeurs */
setOptions: function(values) {
  this.clear();←❶
  if (values.length > 0) {
    var div;
    // Les proposer, s'il y en a
    for (i=0 ; i<values.length ; i++) {
      div = document.createElement("div");←❷
      div.innerHTML = values[i];
      this.list.appendChild(div);
      // Memoriser dans l'element div son rang
      div.setAttribute("index", i);←❸
      div.className = "option";←❹
    }
    this.display();
  }
},
```

Après avoir effacé les options existantes (ligne ❶), nous créons un div par valeur récupérée (ligne ❷) et l'ajoutons à l'intérieur du div this.list.

Nous lui ajoutons deux attributs, qui nous serons utiles par la suite : index (ligne ❸), pour connaître à tout moment l'indice de l'option sélectionnée, et une classe CSS (ligne ❹), qui nous permettra de distinguer ces div du div this.list dans la méthode setBehaviour :

```
/** Faire reagir la popup aux mouseout, mouseover et clic.<br/>
 * mouseover met en surbrillance l'option ayant la souris.<br/>
 * mouveout la remet a l'etat initial.<br/>
 * clic fait disparaitre la popup et met la valeur de l'option
 * dans la source.
 */
setBehaviour: function() {
  // Garder l'objet courant pour les on... des options
  var current = this;←❶
  this.list.onmouseover = function(event) {
    var target = Event.target(event);←❷
```

```
      if (target.className == "option") {←❸
        current.go(target.getAttribute("index"));←❹
        Event.stopPropagation(event);
      }
    }
  this.list.onmouseout = function(event) {
    current.go(-1);
  }
  this.list.onclick = function(event) {
    current.source.value = Event.target(event).innerHTML;
    // Effacer la liste : les options ne sont plus a jour
    current.clear();
    // Redonner le focus au champ de saisie
    current.source.focus();
  }
},
```

Comme nous l'avons fait précédemment, nous mémorisons localement (ligne ❶) l'objet courant pour l'utiliser dans les réactions des éléments HTML. Plutôt que d'ajouter à chaque option une réaction aux mouseover, nous l'ajoutons à leur liste, en utilisant la source de l'événement (ligne ❷). Comme le code pour la récupérer et la manipuler dépend du navigateur, nous ajoutons dans **util.js** un objet Event qui encapsule ce code (nous le présentons plus loin).

En ❸, nous nous limitons aux div dont la classe CSS vaut option, ce qui exclut le div constituant la liste. C'est à cette fin que nous avons ajouté cet attribut. L'attribut index montre son utilité en ❹.

Dans la méthode onclick, nous effaçons la liste. En effet, comme la valeur cliquée est transférée dans le champ de saisie, les options ne sont plus en phase avec la saisie.

La méthode go sélectionne une option :

```
/** Aller a l'option d'indice index, et la mettre en surbrillance.<br/>
 * Assure que index est dans les bornes ou bien vaut -1 :
 * this.index vaudra <br/>
 * index si 0 <= index < nombre d'options
 * (this.list.childNodes.length),<br/>
 * -1 si index < 0 et <br/>
 * nombre d'options -1 si index >= nombre d'options */
go: function(index) {
  var divs = this.list.childNodes;
  // Deselectionner le div selectionne
  if (-1 < this.index && this.index < divs.length) {
    divs[this.index].style.background = "Window";
    divs[this.index].style.color = "WindowText";
  }
  // Mettre a jour l'index
  if (-1 < index && index < divs.length) {
    this.index = index;
  }
```

```
  else if (index <= -1) {
    this.index = -1;
  }
  else {
    this.index = divs.length - 1;
  }
  // Mettre en surbrillance l'element selectionne s'il y en a un
  if (this.index != -1) {
    divs[this.index].style.background = "Highlight";
    divs[this.index].style.color = "HighlightText";
  }
}
```

Cette méthode met à jour `this.index` en assurant qu'il reste dans les bornes : de −1 (pas de sélection) à nombre d'options − 1. Elle l'ajuste si ce n'est pas le cas. Quant au reste, elle met en surbrillance l'option sélectionnée, en s'appuyant sur les préférences de l'utilisateur.

Encapsulation des événements DOM

Voici le code de l'objet `Event`. Nous avons donné aux méthodes le nom qu'elles ont dans la norme W3C :

```
/** DOM event */
if (!window.Event) {
  Event = new Object();
}
Event.event = function(event) {
  // W3C ou alors IE
  return (event || window.event);
}

Event.target = function(event) {
  return (event) ? event.target : window.event.srcElement ;
}

Event.preventDefault = function(event) {
  var event = event || window.event;
  if (event.preventDefault) { // W3C
    event.preventDefault();
  }
  else { // IE
    event.returnValue = false;
  }
}

Event.stopPropagation = function(event) {
  var event = event || window.event;
  if (event.stopPropagation) {
    event.stopPropagation();
  }
```

```
  else {
    event.cancelBubble = true;
  }
}
```

Mentionnons pour finir les méthodes `getValue` et `getLength` de `PopupList` :

```
/** Valeur courante de la liste.<br/>
 * Chaine vide si pas d'option selectionnee
 * @type String */
getValue: function() {
  return (0 <= this.index
          && this.index < this.list.childNodes.length)
    ? this.list.childNodes[this.index].innerHTML
    : "";
},

/** Nombre d'options de la liste @type int */
getLength: function() {
  return this.list.childNodes.length;
},
```

Le composant de suggestion *Suggest*

Venons-en maintenant au composant `Suggest`, dont la figure 3.19 illustre la documentation générée par jsdoc.

Voici son constructeur :

```
/** @class
 * Creer une suggestion de saisie pour un champ textuel
 * @param idField : id du champ de saisie
 * @param getValuesFunction : fonction des parametres
 * (unTexte, nbResultats) qui renvoie un tableau JavaScript
 * des valeurs correspondant a la saisie unTexte, ce tableau
 * etant limite aux nbResultats premieres valeurs
 * @param maxSuggestNumber (optionnel) : nombre maximal de
 * resultats a afficher (defaut : 10)
 */
function Suggest(idField, getValuesFunction, maxSuggestNumber) {
  /** Le champ de saisie */
  this.source = document.getElementById(idField);
  /** La fonction recuperant les valeurs */
  this.getValues = getValuesFunction;
  /** Nombre maximum de valeurs suggerees */
  this.maxSuggestNumber = (maxSuggestNumber)? maxSuggestNumber :10;
  // Verifier la validite des parametres
  this.check(idField);
  /** La zone de suggestion */
  this.popup = new PopupList(this.source);
  /** Valeur saisie par l'utilisateur */
  this.inputValue = "";
```

```
    this.setBehaviour();
  }
```

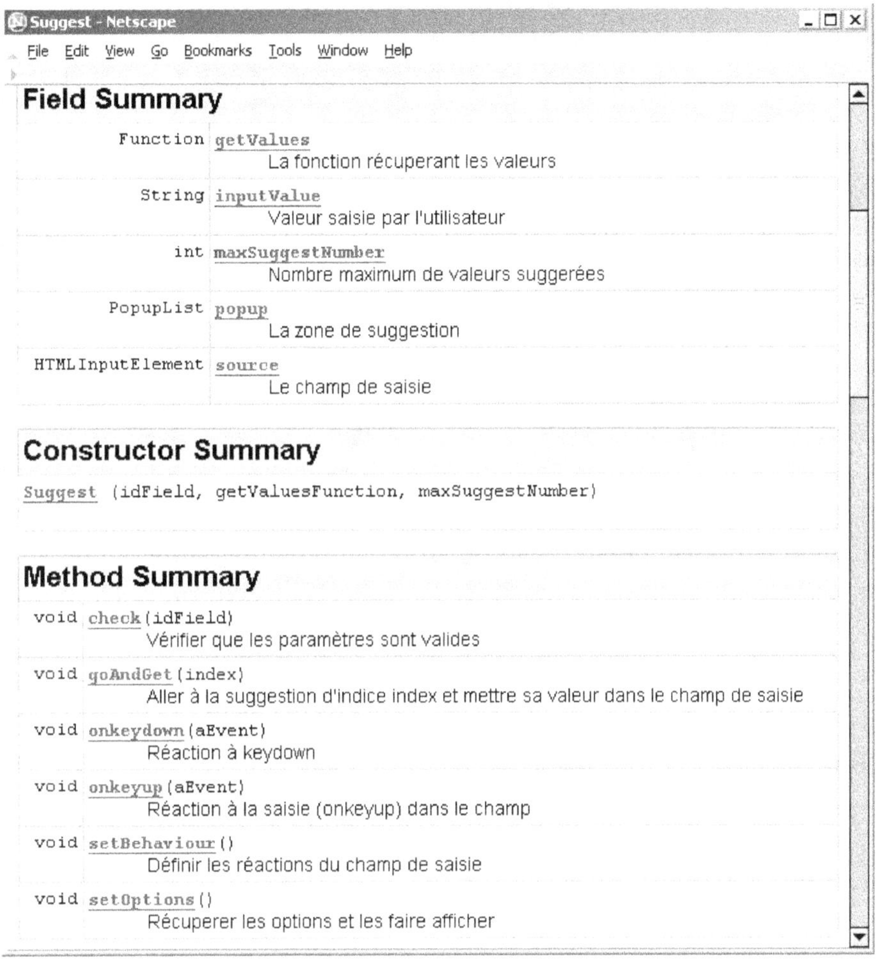
Suggest - Netscape

File Edit View Go Bookmarks Tools Window Help

Field Summary

Function	getValues La fonction récuperant les valeurs
String	inputValue Valeur saisie par l'utilisateur
int	maxSuggestNumber Nombre maximum de valeurs suggerées
PopupList	popup La zone de suggestion
HTMLInputElement	source Le champ de saisie

Constructor Summary

Suggest (idField, getValuesFunction, maxSuggestNumber)

Method Summary

void	check(idField) Vérifier que les paramètres sont valides
void	goAndGet(index) Aller à la suggestion d'indice index et mettre sa valeur dans le champ de saisie
void	onkeydown(aEvent) Réaction à keydown
void	onkeyup(aEvent) Réaction à la saisie (onkeyup) dans le champ
void	setBehaviour() Définir les réactions du champ de saisie
void	setOptions() Récuperer les options et les faire afficher

Figure 3.19
Documentation jsdoc de l'objet Suggest

Le constructeur déclare les attributs et exécute la méthode `check`, qui vérifie la validité des paramètres. Nous mémorisons `inputValue` pour remettre le champ à la valeur saisie par l'utilisateur quand il remonte en haut de la suggestion par les touches fléchées.

Comme dans les deux exemples précédents, les méthodes se retrouvent dans le prototype, et nous écrivons après sa déclaration :

```
Suggest.prototype.constructor = Suggest;
```

Commençons par la méthode `check`, qui vérifie la validité des paramètres. Elle fait appel elle aussi à notre objet `Log` défini dans **util.js :**

```
Suggest.prototype = {
  /** Verifier que les parametres sont valides */
  check: function(idField) {
    // Verifier qu'il y a bien une saisie a suggerer
    if (this.source == null) {
      Log.error("Element with id '" + idField + "' not found");
    }
    if (typeof(this.getValues) != "function") {
      Log.error("Suggestion function for '" +
        idField + "' not found");
    }
    if (isNaN(parseInt(this.maxSuggestNumber)) ||
        parseInt(this.maxSuggestNumber) <= 0) {
      Log.error("Max suggest number for '" + idField +
        "' not positive (" + this.maxSuggestNumber + ")");
    }
  },
```

Les réactions aux événements clavier

La méthode setBehaviour définit les réactions du champ de saisie :

```
/** Définir les réactions du champ de saisie */
setBehaviour: function() {
  // Desactiver la completion automatique du navigateur
  this.source.setAttribute("autocomplete", "off");
  // Stocker l'objet courant ...
  var suggest = this;←❶
  // ... car dans la fonction ci-dessous, this est
  // le champ de saisie (this.source) qui a genere l'evenement
  this.source.onkeyup = function(aEvent) {
    suggest.onkeyup(aEvent);
  };
  // Gerer l'evenement keydown qui est lance AVANT keyup,
  // or si on fait ENTER, par defaut le formulaire est soumis :
  // on ne peut pas bloquer cela dans onkeyup
  this.source.onkeydown = function(aEvent) {
    suggest.onkeydown(aEvent);
  }
  this.source.onblur = function() {
    // Masquer la popup seulement si la souris n'y est pas
    // Comme le mouseout est declenche avant le clic ou le tab
    // qui fait perdre le focus, il n'y a plus de div selectionne
    if (suggest.popup.index == -1) {
      suggest.popup.hide();
    }
  };
},
```

Nous prenons tout d'abord la précaution de désactiver la complétion automatique fournie par le navigateur, qui suggère les saisies passées. Si nous ne le faisions pas, l'utilisateur verrait apparaître deux pop-up, avec la nôtre en arrière-plan.

C'est maintenant une habitude de stocker dans une variable locale l'objet courant (ligne ❶) pour y faire appel dans les réactions des éléments HTML qu'il gère. Un peu longues, les réactions à keyup et keydown sont déportées dans des méthodes dédiées.

Nous sommes obligés de gérer à la fois keydown et keyup. En effet, si la liste est affichée et que l'utilisateur presse la touche Entrée, nous voulons que la liste disparaisse sans que le formulaire soit soumis. Le premier événement généré est keydown : c'est donc lui qui doit être intercepté et bloqué. En revanche, si l'utilisateur presse une lettre, nous voulons la trouver dans la valeur du champ de saisie, or ce n'est le cas qu'avec keyup, keydown indiquant la valeur *avant* la pression du dernier caractère. Aussi distribuons-nous le traitement entre onkeydown et onkeyup.

Ces méthodes récupèrent le caractère saisi à travers son code Unicode. La comparaison de la valeur obtenue avec les numéros des touches fléchées et spéciales étant fastidieuse et propice aux erreurs, nous ajoutons dans **util.js** un objet Keys qui répertorie ces valeurs :

```
Keys = {
  TAB:        9,
  ENTER:     13,
  ESCAPE:    27,
  PAGE_UP:   33,
  PAGE_DOWN:34,
  END:       35,
  HOME:      36,
  LEFT:      37,
  UP:        38,
  RIGHT:     39,
  DOWN:      40
};
```

Voici onkeydown :

```
/** Réaction à keydown */
onkeydown: function(aEvent) {
  var event = Event.event(aEvent);
  switch (event.keyCode) {
    case Keys.ESCAPE:
      this.popup.hide();
      break;
    // S'il y a une suggestion, l'efface
    // s'il n'y en a pas (ou plus), soumet le formulaire
    case Keys.ENTER:
      if (this.popup.isVisible()) {  ←❶
        Event.preventDefault(event);
        this.popup.clear();
      }
      break;
```

```
        case Keys.TAB:
          this.popup.clear();
          break;
        case Keys.DOWN:
          this.goAndGet(this.popup.index + 1);
          break;
        case Keys.UP:
          this.goAndGet(this.popup.index - 1);
          break;
        case Keys.PAGE_UP:
          this.goAndGet((this.popup.getLength() > 0) ? 0 : -1);
          break;
        case Keys.PAGE_DOWN:
          this.goAndGet(this.popup.getLength() - 1);
          break;
        default:
          break;
      }

},
```

Le traitement de la touche Entrée (ligne ❶) est conforme à ce que nous avons expliqué précédemment. Les touches fléchées appellent la méthode goAndGet, en lui passant la valeur adéquate de l'indice où aller.

Voici cette méthode :

```
/** Aller à la suggestion d'indice index
 * et mettre sa valeur dans le champ de saisie */
goAndGet: function(index) {
  this.popup.go(index);←❷
  if (-1 < this.popup.index) {
    this.source.value = this.popup.getValue();
  }
  else {
    this.source.value = this.inputValue;←❸
  }
}
```

En ❷, elle demande à la liste de sélectionner l'option d'indice index. Si cet index est en dehors des bornes, la liste désélectionne toutes ses options, et la suggestion remet le champ à sa valeur mémorisée (ligne ❸). Dans le cas contraire, elle lui donne la valeur courante de la liste.

Voici le code de onkeyup :

```
/** Réaction à la saisie (onkeyup) dans le champ */
onkeyup: function(aEvent) {
  // L'evenement selon W3 ou IE
  switch (Event.event(aEvent).keyCode) {
    // Ne rien faire pour les touches de navigation
    // qui sont prises en compte par keydown
    case Keys.DOWN: case Keys.UP: case Keys.PAGE_UP:
```

```
    case Keys.HOME: case Keys.PAGE_DOWN: case Keys.END:
    case Keys.ENTER: case Keys.ESCAPE:
      break;
    default:
      // Memoriser la saisie
      this.inputValue = this.source.value;
      // Mettre a jour la liste
      this.setOptions();
  }
},
```

Dans le cas où l'utilisateur a saisi un vrai caractère, elle appelle la méthode setOptions, que voici :

```
/** Recuperer les options et les faire afficher */
setOptions: function() {
  var values = this.getValues(this.source.value,
    this.maxSuggestNumber);←❶
  this.popup.setOptions(values);
},
```

Cette méthode se contente de récupérer les valeurs à suggérer par un appel à la méthode getValues (ligne ❶) et les passe ensuite à la méthode setOptions de la liste pop-up.

Conclusion

En créant des composants JavaScript, nous avons manipulé les mécanismes objet du langage et mis en œuvre de façon répétée plusieurs principes de développement : séparer structure, apparence et comportement (et même modèle, vue et contrôleur), écrire du code autodocumenté et proposer des valeurs par défaut adaptées à l'utilisateur.

Ces principes, très importants pour développer des composants, sont également utiles dans le développement de toute application ou site un peu riche ou appelée à évoluer.

Les bibliothèques Ajax fleurissent sur le marché et nous proposent de multiples composants graphiques, ou widgets. Une fois le choix fait, c'est autant de travail économisé. Il nous reste à les utiliser, en créant à notre tour des composants pour structurer et maîtriser nos applications. Leur réutilisation n'est sans doute pas l'avantage premier. C'est surtout l'organisation qui est en jeu. Les trois exemples de ce chapitre nous donnent quelques repères et un fil conducteur.

4

Communication avec le serveur via *XMLHttpRequest*

En Ajax, la communication entre JavaScript et le serveur repose sur l'objet `XMLHttpRequest`, qui permet d'émettre des requêtes HTTP et de traiter leur réponse en JavaScript. Le plus souvent asynchrone, cette communication constitue le « A » de AJAX (Asynchronous JavaScript And XML).

L'objet `XMLHttpRequest`, inventé par Microsoft en 1998, a été porté ensuite sous Mozilla 1.0 (juin 2002), Safari 1.2 (février 2004), Konqueror 3.4 (mars 2005) et Opera 8.0 (avril 2005). Il est ainsi disponible dans la grande majorité des navigateurs actuellement en usage. En avril 2006, le Web Consortium a publié un *working draft* de sa spécification, fort brève au demeurant, et les éditeurs de navigateurs ont suivi d'assez prés l'implémentation de Microsoft. Cet objet est simple, et les divergences peu contraignantes, même s'il faut bien sûr les connaître (elles sont sans commune mesure avec celles du DOM Event).

Nous avons déjà vu, dans l'exemple du chapitre 1, comment utiliser `XMLHttpRequest`. Dans le présent chapitre, nous allons examiner en détail cet objet et les questions que soulève son usage, notamment la gestion du cache (comment forcer ou empêcher la mise en cache d'une réponse), l'encodage des caractères dans la réponse et les problèmes que peuvent poser les requêtes parallèles produites par la communication asynchrone.

Nous illustrerons cette étude par deux applications :

* Une *suggestion de saisie*, interrogeant le serveur en continu pour obtenir les valeurs suggérées. Ce composant étendra celui travaillant en local, que nous avons créé au chapitre 3, ce qui complétera notre travail sur les composants.

- Une *mise à jour partielle* : une liste déroulante recevant ses valeurs dynamiquement du serveur en fonction de la saisie d'un autre champ. Dans notre exemple, il s'agira des villes en fonction du code postal.

L'objet *XMLHttpRequest*

Dans cette section, nous allons parcourir les différents points à connaître sur XMLHttpRequest, à travers quelques manipulations de code. Nous mentionnerons le code serveur, indispensable à la compréhension, que nous écrirons en PHP.

De même que nous avons dû revisiter au chapitre précédent une partie de JavaScript, nous ferons quelques rappels sur HTTP, car Ajax oblige à traiter à la main certains aspects de HTTP transparents dans le Web classique, notamment le statut.

Nous désignerons par *appels Ajax* les requêtes HTTP émises par l'objet XMLHttpRequest.

Rappels sur HTTP

Le protocole HTTP définit comment les serveurs HTTP communiquent avec leurs clients (navigateurs, indexeurs des moteurs de recherche, XMLHttpRequest).

La communication entre le client et le serveur consiste en une succession d'échanges requête-réponse : le client envoie une requête au serveur, et celui-ci lui envoie une réponse en retour, comme l'illustre la figure 4.1.

Figure 4.1

*Le protocole HTTP,
une suite
d'échanges requête-
réponse*

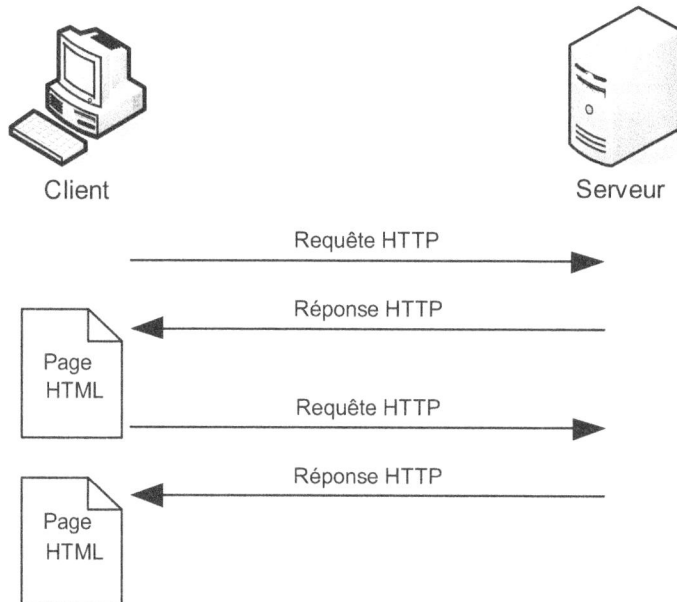

Toute requête aboutie reçoit une réponse. L'information échangée réside intégralement dans la paire requête-réponse, le protocole ne mémorisant rien, ni sur le client ni sur le serveur. C'est la raison pour laquelle on dit que HTTP est un protocole sans état. Le serveur ne reconnaît jamais un client et ne sait que ce qui figure dans la requête.

Dans une application Web, nous mémorisons certes des informations côté serveur, notamment dans la session — en PHP, dans la variable $_SESSION —, et, côté client, avec les cookies. Mais HTTP ne mémorise rien. Côté serveur, c'est l'application bâtie sur le serveur HTTP (le serveur d'applications) qui mémorise les informations. Quant au mécanisme des cookies, c'est un ajout pris en charge par serveurs et navigateurs, mais qui ne fait pas partie de HTTP. Nous pourrions tout à fait créer un client HTTP qui ne stockerait aucun des cookies envoyés par le serveur. C'est vraisemblablement ce que font les indexeurs de sites.

La requête et la réponse sont des fichiers, ou plutôt des flux, qui ont une structure prédéfinie, en trois parties. Le site *http://web-sniffer.net* permet de les visualiser pour les serveurs accessibles sur Internet. En intranet, nous pouvons utiliser les extensions Firefox Tamper Data ou LiveHTTPHeaders, qui montrent la requête et la réponse correspondant à la page courante.

La requête HTTP

Si nous recherchons « ajax » sur *www.eyrolles.com*, voici à quoi ressemble la requête produite :

```
GET /Accueil/Recherche/index.php?q=ajax HTTP/1.1[CRLF]←❶
Host: www.eyrolles.com[CRLF]←❷
Connection: close[CRLF]
Accept-Encoding: gzip[CRLF]
Accept: image/gif, image/jpeg, text/html, application/msword[CRLF]
Accept-Language: fr[CRLF]
User-Agent: Mozilla/4.0 (compatible; MSIE 6.0; Windows NT 5.1)[CRLF]
Referer: http://web-sniffer.net/[CRLF]
[CRLF]←❸
←❹
```

Les trois composants de cette requête sont les suivants :

- La ligne de requête ❶, qui comprend trois éléments : la méthode de communication *(voir plus loin)*, le chemin de la page demandée sur le serveur (ici /search?q=ajax) et la version de HTTP utilisée.

- Un certain nombre de *lignes d'en-têtes*, qui commencent à la ligne ❷. Leur forme est toujours nomEnTete: valeurEnTete.

- Un corps, optionnel, qui commence en ❹ et qui, dans notre cas, est absent.

Les lignes de requêtes et d'en-têtes ne contiennent que de l'ASCII et se terminent par CRLF (retour chariot puis fin de ligne), quel que soit le système abritant le serveur (UNIX, Windows, MacOS, etc.).

La fin des en-têtes est signifiée par une ligne vide (la ligne ❸ dans notre exemple). Les en-têtes indiquent des informations sur le client ou sur la communication. Par exemple, User-Agent indique que le navigateur est IE 6. Accept indique tous les types MIME que le navigateur peut traiter (ici, la liste est tronquée pour plus de lisibilité).

Les méthodes *GET* et *POST*

Le site *web-sniffer.net* permet aussi de soumettre la requête par le biais de la méthode POST. Nous obtenons alors :

```
POST /Accueil/Recherche/index.php HTTP/1.1[CRLF]←❶
Host: www.eyrolles.com[CRLF]←❷
(les lignes d'en-tête sont identiques)
[CRLF]←❸
q=ajax←❹
```

La ligne de requête ❶ comporte deux différences : la méthode, qui est devenue POST, et le chemin demandé, qui ne contient plus les paramètres, ceux-ci se retrouvant dans le corps (ligne ❹). Les en-têtes restent inchangées (lignes ❷ à ❸).

La méthode POST a été conçue pour les requêtes qui modifient l'état du serveur (mise à jour de la base de données ou modification de la session Web), à la différence de la méthode GET, réservée aux lectures censées renvoyer le même résultat quand elles sont émises à nouveau. C'est en somme la distinction classique entre procédures et fonctions.

Les paramètres étant ajoutés à l'URL avec la méthode GET, nous pouvons construire des liens hypertextes pointant vers des pages calculées en fonction de ces paramètres. Par exemple, dans une application de commerce en ligne, un lien *http://unSite.com/ produit.php?idProduit=123* pourrait donner la description du produit d'id 123). La méthode GET est donc idéale pour des consultations, rôle pour lequel elle a d'ailleurs été conçue.

Avec la méthode POST, en revanche, les paramètres ne peuvent être transmis que depuis un formulaire et ne sont pas visibles dans la barre d'adresse, ce qui offre une raison de plus de l'utiliser pour transmettre les mots de passe. La méthode POST est ainsi tout à fait adaptée aux mises à jour.

Au niveau du cache, GET et POST ne sont pas traitées de la même manière. Dans le cas de POST, le navigateur demande toujours s'il doit renvoyer les paramétres.

Les méthodes GET et POST sont les plus courantes. Ce sont elles que nous avons surtout à utiliser. Il en existe cependant d'autres, pas toujours disponibles sur le serveur Web. Citons HEAD, qui renvoie seulement des informations sur une page, et non son corps, ainsi que PUT, pour ajouter ou substituer un document sur le serveur, et DELETE, pour le supprimer. Par sécurité, PUT et DELETE demandant normalement à l'utilisateur de s'authentifier.

La figure 4.2 illustre la structure d'une requête HTTP.

Figure 4.2

*Structure
d'une requête
HTTP*

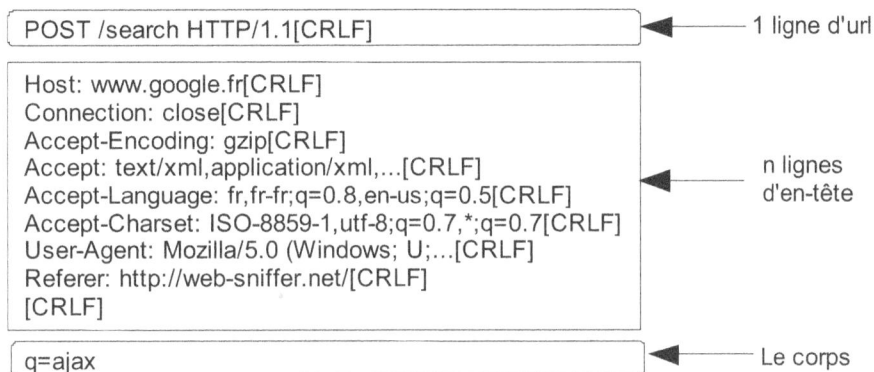

POST /search HTTP/1.1[CRLF] ◀——— 1 ligne d'url

Host: www.google.fr[CRLF]
Connection: close[CRLF]
Accept-Encoding: gzip[CRLF]
Accept: text/xml,application/xml,...[CRLF] ◀——— n lignes
Accept-Language: fr,fr-fr;q=0.8,en-us;q=0.5[CRLF]   d'en-tête
Accept-Charset: ISO-8859-1,utf-8;q=0.7,*;q=0.7[CRLF]
User-Agent: Mozilla/5.0 (Windows; U;...[CRLF]
Referer: http://web-sniffer.net/[CRLF]
[CRLF]

q=ajax ◀——— Le corps

Encodage des paramètres

Si, au lieu de « ajax », nous saisissons « Molière », la ligne ❹ dans le cas de la méthode POST devient :

```
q=Moli%E8re
```

Le caractère « é » est remplacé par « % » suivi du numéro Unicode de « é » (232), numéro écrit en notation hexadécimale. En effet, dans un formulaire, les paramètres transmis sont au préalable encodés suivant le format `application/x-www-form-urlencoded`. Le développeur n'a rien à préciser. C'est la valeur par défaut de l'attribut *enctype* des formulaires HTML. Par contre, en Ajax, il faut gérer à la main l'encodage.

Lorsque nous envoyons un fichier par le biais d'un formulaire, par exemple une pièce jointe dans une messagerie Web, le fichier est mis dans le corps de la requête. Celui-ci contient ainsi les paramètres du formulaire (dans le cas du mail, tous les champs textuels) et un ou plusieurs fichiers qui peuvent être de n'importe quel type. Pour distinguer entre les différentes parties du corps, nous devons donner à l'attribut `enctype` du formulaire la valeur `multipart/form-data`, prévue à cet effet.

La réponse HTTP

La réponse à la requête `GET` cherchant « ajax » sur *www.google.fr* est la suivante :

```
HTTP/1.1 200 OK[CRLF]←❶
Cache-Control: private[CRLF]←❷
Content-Type: text/html[CRLF]
Set-Cookie:  PREF=ID=0a912d32efd8b554:TM=1149364371:LM=1149364371:S=ZcJqdGXZba_Z2qRj;
expires=Sun, 17-Jan-2038 19:14:07 GMT; path=/; domain=.google.fr[CRLF]
Server: GWS/2.1[CRLF]
Transfer-Encoding: chunked[CRLF]
Date: Sat, 03 Jun 2006 19:52:51 GMT[CRLF]
[CRLF]←❸
```

```
<html>←❹
etc. (tout le code HTML de la page de résultat)
```

Comme la requête, la réponse comporte trois parties : la ligne de statut, en ❶, une série de lignes d'en-têtes, commençant en ❷ et finissant en ❸ par une ligne vide, puis un corps, commençant en ❹, qui est le résultat interprété et affiché dans le navigateur.

La figure 4.3 illustre la structure d'une réponse HTTP.

Figure 4.3

Structure d'une réponse HTTP

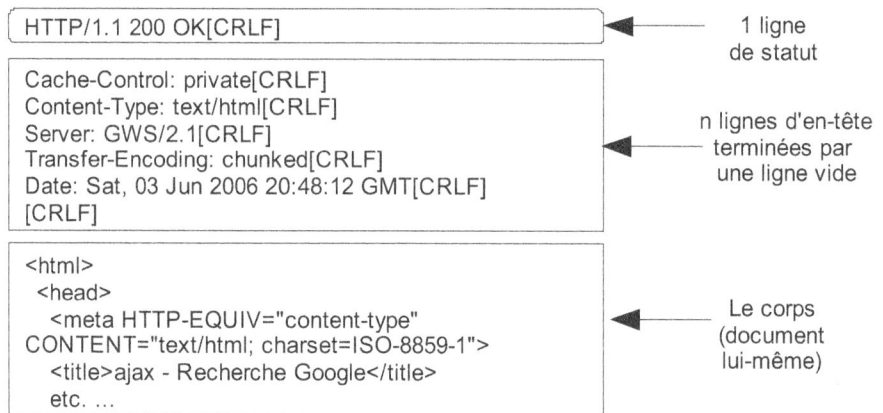

HTTP/1.1 200 OK[CRLF] ← 1 ligne de statut

Cache-Control: private[CRLF]
Content-Type: text/html[CRLF]
Server: GWS/2.1[CRLF]
Transfer-Encoding: chunked[CRLF]
Date: Sat, 03 Jun 2006 20:48:12 GMT[CRLF]
[CRLF]
← n lignes d'en-tête terminées par une ligne vide

<html>
 <head>
  <meta HTTP-EQUIV="content-type"
CONTENT="text/html; charset=ISO-8859-1">
   <title>ajax - Recherche Google</title>
   etc. …
← Le corps (document lui-même)

Remarquons, parmi les en-têtes, l'en-tête Content-Type, particulièrement importante en Ajax, qui spécifie le type MIME du résultat. Parmi les valeurs fréquentes, citons text/plain pour le texte brut, text/html pour HTML, text/xml, ou application/xml pour XML, application/xhtml+xml pour XHTML. En ce qui concerne JSON, le standard n'est pas encore fixé. Certains utilisent text/javascript, tandis que application/json est proposé par un « working draft », disponible à l'adresse *http://www.ietf.org/internet-drafts/draft-crockford-jsonorg-json-04.txt*.

Nous examinerons l'en-tête Cache-Control plus loin, car elle permet d'agir sur le comportement du cache, qui varie selon qu'il s'agit d'un appel Web classique ou d'un appel Ajax.

Cookies et sessions

L'en-tête Set-Cookie définit un cookie et demande au navigateur de le stocker. Lorsque, côté serveur, en PHP (ou Java ou C#), nous définissons des variables de session, le serveur d'applications utilise un id de session et l'ajoute en cookie grâce à Set-Cookie. Du moins, c'est le comportement le plus fréquent, certains serveurs d'applications pouvant réécrire les URL en ajoutant un paramètre contenant cet id dans le cas où le navigateur n'accepte pas les cookies.

L'objet XMLHttpRequest transmet les cookies comme le fait le navigateur. Les traitements côté serveur répondant à des appels Ajax peuvent ainsi définir ou lire des variables de session.

Statut de la réponse

Le tableau 4.1 récapitule les plages de valeurs du statut de la réponse HTTP. Les valeurs elles-mêmes étant détaillées en annexe, il nous suffira ici de connaître les principales.

Tableau 4.1 Statut de la réponse HTTP

Valeur	Signification
100 à 199	Message informatif
200 à 299	Requête accomplie avec succès : 200 = OK. Cinq autres valeurs sont définies, dont 204 = pas de contenu (le corps est vide).
300 à 399	Requête du client redirigée. D'autres actions sont nécessaires, notamment grâce à l'en-tête `Location`, qui redirige vers une autre URL.
400 à 499	Erreur du client. En particulier 404 = pas trouvé. Autre exemple, 405 = méthode non autorisée pour cette URL.
500 à 599	Erreurs du serveur (par exemple : erreur de script PHP).

Instanciation d'une requête XMLHttpRequest

La grande différence entre Internet Explorer et les autres navigateurs apparaît dans l'instanciation des objets de type `XMLHttpRequest`. Dans IE 5 et 6 sous Windows, le constructeur `XMLHttpRequest` est obtenu à travers un composant ActiveX, alors que c'est un objet natif de IE 7 et des autres navigateurs (autrement dit, il est une propriété de `window`).

Nous pouvons déclarer une fonction qui encapsule les deux types d'instanciation, comme nous l'avons fait au chapitre 1. Nous pouvons aussi unifier le code à peu de frais, en ajoutant une propriété `XMLHttpRequest` à l'objet `window` quand nous sommes dans IE 5 ou 6 sous Windows :

```
if (!window.XMLHttpRequest && window.ActiveXObject) {←❶
  try {
    // Tester si les ActiveX sont autorises
    new ActiveXObject("Microsoft.XMLHTTP");←❷
    // Definir le constructeur
    window.XMLHttpRequest = function() {
      return new ActiveXObject("Microsoft.XMLHTTP");
    }
  }
  catch (exc) {}
}
```

Nous sommes dans IE 5 ou 6 sous Windows quand ❶ est vérifié. Nous testons si les ActiveX sont autorisés en créant un objet `XMLHTTP`. Puis nous définissons simplement un constructeur, que nous ajoutons aux propriétés de `window`.

Rappelons en effet que l'instruction :

```
requete = new XMLHttpRequest();
```

est équivalente à :

```
requete = new window.XMLHttpRequest();
```

puisque les fonctions globales sont en fait des méthodes de l'objet `window`.

Nous encadrons le tout dans un bloc `try…catch`, car si les ActiveX sont désactivés, l'instruction ❷ provoque une erreur. Étant donné que l'ActiveX gérant `XMLHTTP` peut avoir différentes versions, nous pourrions écrire, pour un maximum de sécurité :

```
window.XMLHttpRequest = function() {
  var result = null;
  try {
    result = new ActiveXObject("Msxml2.XMLHTTP");
  }
  catch (exc) {
    try {
      result = new ActiveXObject("Microsoft.XMLHTTP");
    }
    catch (exc) {}
  }
  return result;
}
```

Dans le cas où le navigateur ne supporte pas Ajax, ou ne l'autorise pas parce que JavaScript, ou les ActiveX dans le cas de IE, sont désactivés, nous pouvons avertir l'utilisateur en écrivant au début du corps de la page :

```
<body onload="bodyOnLoad()">
  <div id="prerequis">
      <h1>Ajax n'est pas disponible</h1>
  Cette page nécessite JavaScript et un navigateur adapté
  (Internet Explorer 5 ou plus sous Windows, Firefox 1.0 ou plus,
  Netscape 7 ou plus, Safari 1.2 ou plus, Konqueror 3.4 ou plus,
  et Opera 8.0 ou plus).<br/>
  IE sous Windows doit aussi autoriser les ActiveX.
  </div>
    <div id="page" style="display: none">
  <h1>Ajax est disponible</h1>
  ... reste de la page qui utilise XMLHttpRequest ...
  </div>
</body>
```

et, dans la fonction `bodyOnLoad` :

```
function bodyOnLoad() {
  if (window.XMLHttpRequest) {
    document.get
yId("prerequis").style.display = "none";
    document.getElementById("page").style.display = "block";
  }
}
```

Si `XMLHttpRequest` est disponible, l'avertissement `prerequis` est masqué, et le reste de la page est affiché, comme l'illustre la figure 4.4. C'est l'inverse si `XMLHttpRequest` n'est pas disponible, ou pas autorisé *(voir figure 4.5)*.

Figure 4.4

Le navigateur est compatible Ajax

Figure 4.5

L'utilisateur est averti que son navigateur ne supporte pas Ajax

Requêtes synchrones ou asynchrones ?

Une requête synchrone bloque le navigateur, qui ne réagit plus à aucun événement tant que la réponse n'est pas arrivée. Les actions de l'utilisateur se mettent en ce cas dans la file d'attente des événements, comme nous l'avons vu au chapitre 2. Une requête asynchrone, au contraire, permet à l'utilisateur de continuer à travailler, la communication s'effectuant en parallèle.

C'est pourquoi, la plupart du temps, il est préférable de faire des requêtes Ajax *asynchrones*. C'est indispensable dans le cas d'une suggestion de saisie et recommandé pour récupérer un flux RSS ou sauvegarder une édition WYSIWYG. En effet, la suggestion de saisie doit être parallèle à la saisie et ne surtout pas la bloquer. Les flux RSS constituent en effet des éléments autonomes dans une page, comme les images, et doivent, comme elles, être récupérés indépendamment des autres éléments. Quant aux éditions, il est souhaitable que l'utilisateur puisse continuer son travail sur le document sans attendre la fin de la sauvegarde sur le serveur.

Inversement, nous pourrions penser qu'une communication *synchrone* est plus sûre lorsque l'utilisateur ne peut agir qu'une fois les données arrivées sur le poste client : un document à éditer en WYSIWYG ou des données manipulées côté client (tri, filtrage, transformation graphique). Ces cas se présentent plutôt au début ou à la fin d'une session de travail.

Nous pourrions aussi nous poser la question « synchrone ou asynchrone ? » lorsque nous faisons mettre à jour un champ en fonction d'un autre. Si d'autres champs en sont indépendants, le choix asynchrone est bien sûr le meilleur. En revanche, dans le cas d'une cascade de dépendances (pays région département, ou catégorie marque modèle options), une requête synchrone pourrait sembler préférable. Nous aurions alors un comportement semblable au Web classique.

Il existe cependant une différence notable : si le serveur est très lent ou qu'il se bloque temporairement, le client se retrouve bloqué lui aussi, et l'utilisateur n'a aucune possibilité d'interrompre la requête, contrairement au Web classique, où il pourrait abandonner la soumission du formulaire en pressant la touche Echap.

En fait, l'intérêt du choix synchrone est d'empêcher des actions inopportunes de l'utilisateur — ce qui n'est pas négligeable. Nous pouvons toutefois y parvenir avec des requêtes asynchrones, au prix d'un travail supplémentaire : désactiver les champs et les liens inopportuns quand la requête est en cours. Par exemple, dans le cas d'une cascade de listes déroulantes, le bouton de validation du formulaire devrait rester désactivé tant que les requêtes ramenant le contenu des listes ne sont pas toutes terminées.

Puisque nous parlons ergonomie, répétons que lorsque le travail de l'utilisateur dépend de la réponse Ajax, il peut être bon de prévoir un bouton (ou tout autre moyen) pour annuler la requête en cours, comme nous l'avons fait dans l'exemple du chapitre 1, ou bien de fixer un délai d'attente au-delà duquel la requête sera abandonnée si elle n'a pas abouti. C'est utile lorsque le serveur est bloqué.

De même, il est bon de montrer à l'utilisateur qu'une requête est en cours dés lors qu'elle modifie ce sur quoi il travaille. C'est notamment le cas pour un champ mis à jour en fonction d'un autre champ, par exemple la ville en fonction du code postal. En revanche, c'est à proscrire dans le cas d'une suggestion de saisie, qui est un confort et non une nécessité. Ce serait du « bruit » et non de l'information.

Pour résumer, sauf cas particuliers, les requêtes doivent être asynchrones.

Cycle de vie de la requête

Les figures 4.6 à 4.11 illustrent le cycle de vie d'un appel Ajax et les quelques divergences d'implémentation entre les navigateurs. La page est limitée à deux boutons, un pour lancer l'appel, l'autre pour l'annuler. L'URL de la requête est ici sans importance : il suffit de savoir si la réponse est reçue ou pas.

L'état de la requête est stocké dans son attribut readyState, qui peut prendre les valeurs indiquées au tableau 4.2. La page affiche la valeur de l'état chaque fois qu'il change.

Figure 4.6

*La requête
a été envoyée,
comme l'indique
le bouton d'envoi
par son texte*

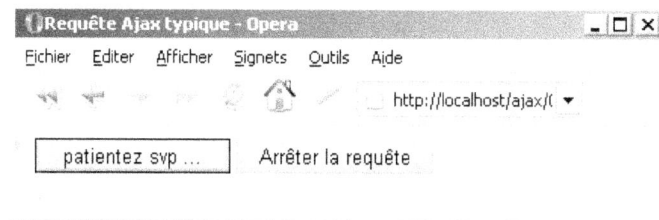

Figure 4.7

Dans Mozilla et IE,
la requête passe
à l'état 1 quand
elle est envoyée

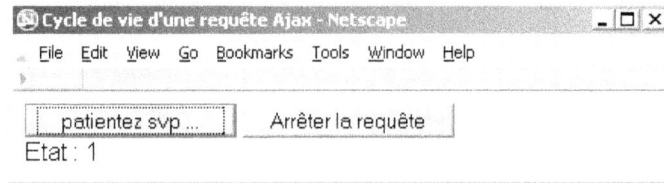

Tableau 4.2 L'attribut *readyState* de *XMLHttpRequest*

Valeur	Signification
0	Pas encore initialisée *(uninitialized)*. C'est l'état après l'instanciation ou l'appel de abort.
1	Initialisée *(loading)*. La méthode open a été appelée.
2	*(loaded)*. Le navigateur a reçu le statut et les en-têtes.
3	En cours *(interactive)*. Le navigateur reçoit la réponse ; responseText est censé contenir le contenu partiel (cela ne marche que dans Mozilla).
4	Terminée *(completed)*. Le transfert est terminé.

Dans IE et Mozilla (Firefox, Netscape, etc.), la requête passe par les cinq états, tandis qu'Opera ne reconnaît que les états 0, 3 et 4. D'ailleurs, l'état 3 n'est véritablement utile que dans Mozilla : si la réponse est volumineuse et envoyée par blocs, Mozilla génère un changement d'état à chaque arrivée d'un bloc, ce qui lui permet d'indiquer la progression du transfert, tandis que IE en génère un seul. La conclusion s'impose d'elle-même : pour la portabilité, nous devons nous préoccuper seulement de l'état 4, le plus important.

Figure 4.8

La réponse
est reçue,
et le bouton d'envoi
revient à l'état
d'origine (Opera
ignore les états 1
et 2)

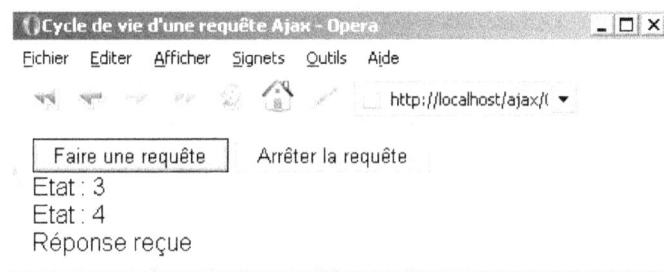

Figure 4.9

La réponse est reçue
(dans IE et Mozilla,
la requête a passé
par tous les états)

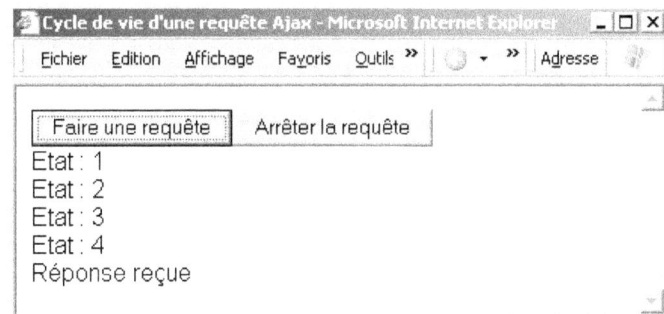

Lorsque l'utilisateur annule la requête, le programme appelle la méthode abort de la requête. Curieusement, dans IE et Mozilla, l'état passe à 4 avant de passer à 0.

Figure 4.10

*La requête
est abandonnée,
et le bouton d'envoi
revient à l'état
initial*

Figure 4.11

*Dans IE et Mozilla,
la requête
abandonnée passe
par l'état 4 avant
de revenir à l'état 0*

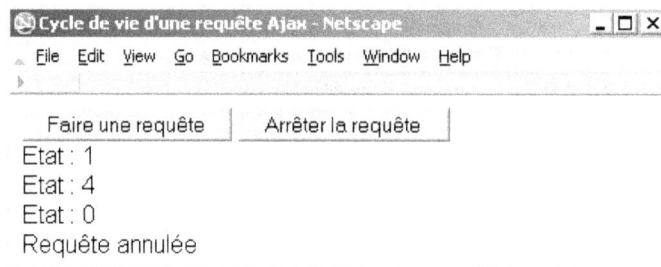

Code de l'exemple

Le code HTML de cet exemple est on ne peut plus simple :

```
<body>
  <button id="start">Faire une requête</button>
  <button id="stop">Arrêter la requête</button>
  <div id="resultat"></div>
  <script>
    // ce u'il y a ci-dessous
  </script>
</body>
```

Quant au code JavaScript, après avoir unifié l'instanciation de XMLHttpRequest, comme nous l'avons vu précédemment, il récupère les éléments de la page et les paramètres du traitement :

```
// La requete
var request;
// Les elements HTML
var buttonStart = document.getElementById("start");
var buttonStop = document.getElementById("stop");
var element = document.getElementById("resultat");
// L'url appelee par la requete
var url = "serveur/attendre.php";
```

Il associe ensuite au bouton `buttonStart` une requête HTTP et définit le traitement à la réception de la réponse :

```
buttonStart.onclick= function() {
   request = new XMLHttpRequest();←❶
   request.open("GET", url, true);←❷
   request.onreadystatechange = function() {←❸
     element.innerHTML += "Etat : " + request.readyState + "<br/>";
     if (request.readyState == 4 && request.status == 200) {←❹
       buttonStart.innerHTML = "Faire une requête";
       element.innerHTML += "Réponse reçue<br/>";
       // Traiter request.responseText ou request.responseXML
     }
   }
   buttonStart.innerHTML = "patientez svp ...";
   request.send("");←❺
}
```

En ❶, nous créons une nouvelle requête. En ❷, nous spécifions ses paramètres : la méthode de transmission, l'URL à appeler et un troisième paramètre indiquant que la communication sera asynchrone. En ❸, nous indiquons quel traitement effectuer quand l'état de la requête change. Notons que `onreadystatechange` est entièrement en minuscules, alors que `readyState` suit le standard JavaScript. Le traitement est défini par une fonction anonyme : c'est pratique, et c'est l'usage en Ajax, comme nous l'avons indiqué au chapitre précédent. Le seul traitement qui nous intéresse ici est celui à effectuer lorsque le transfert est terminé *et* que la réponse est valide (ligne ❹). Enfin, en ❺, la requête est envoyée, sans corps.

L'ordre `open` – `onreadystatechange` – `send` est important, car un autre ordre produirait des résultats inattendus.

Voici maintenant la réaction du bouton « Annuler la requête » :

```
buttonStop.onclick = function() {
   try {←❶
     request.abort();
     buttonStart.innerHTML = "Faire une requête";
     element.innerHTML += "Etat : " + request.readyState +
       "<br/>Requête annulée<br/>";
   }
   catch (exc) {
     element.innerHTML += exc + "<br/>";
   }
}
```

Nous prenons en ❶ la précaution d'encadrer le code dans un `try…catch`, car, étrangement, Mozilla lève systématiquement une exception lors d'un appel à la méthode `abort`.

Un autre ennui avec cette méthode, toujours dans Mozilla, est que, si nous réutilisons l'objet requête pour faire un nouvel appel, cet appel n'est pas sûr, si bien que la réponse peut ne pas arriver. Il vaut donc mieux créer un nouvel objet. C'est précisément ce que nous avons fait à la ligne ❶ du code de buttonStart.onclick.

En résumé, au lieu de :

```
uneRequete.abort();
uneRequete.open(...);
```

il faut écrire systématiquement :

```
uneRequete.abort();
uneRequete = new XMLHttpRequest();
uneRequete.open(...);
```

Bien sûr, cela fait travailler le ramasse-miettes, qui doit éliminer la requête annulée, mais ce surcoût semble négligeable, et, de toutes façons, la fiabilité est plus importante.

this et *onreadystatechange*

Nous pourrions nous attendre à ce que this fasse référence à request dans le code de request.onreadystatechange, puisque onreadystatechange est une méthode de request. C'est effectivement le cas dans IE et Opera, mais pas dans Mozilla. C'est la raison pour laquelle il ne faut jamais utiliser this dans onreadystatechange.

Pour nous en convaincre, nous créons une page avec une zone de message :
```
<pre id="msg"></pre>
```

En JavaScript, nous écrivons :

```
requete = new XMLHttpRequest();
requete.open("GET", ".");
requete.onreadystatechange = function () {
  document.getElementById("msg").innerHTML += "Etat " +
    requete.readyState + " : " + (this == requete) + "<br/>";
}
requete.send("");
```

Nous demandons à récupérer la liste des fichiers du répertoire courant et affichons l'état de la requête. Le booléen indique si this vaut la requête courante.

Les figures 4.12 et 4.13 illustrent le résultat dans IE et dans Mozilla. Notons au passage que Mozilla indique deux fois l'état 3, ce qui signifie que la réponse est arrivée en deux blocs.

Figure 4.12

Dans IE, this *vaut la requête courante dans* onreadystatechange

Figure 4.13

Dans Mozilla,
this *diffère de la*
requête courante
dans
onreadystatechange

XMLHttpRequest *et la sécurité*

Les appels Ajax sont invisibles à l'utilisateur (sauf si le développeur les lui signale par un changement dans la page). Du coup, il serait possible à un site malveillant d'inclure dans ses pages des appels agissant sur d'autres sites, à l'insu des utilisateurs, appels qui pourraient altérer ces sites ou espionner les utilisateurs (en renvoyant, par exemple, l'historique des pages visitées durant la session).

Pour ces raisons, les navigateurs interdisent les appels Ajax vers un serveur différent. Tout appel Ajax doit donc être à destination du même serveur que celui de la page courante. Une exception est générée si la règle est violée.

Gestion du cache

Dans le Web classique, le comportement du cache est défini en partie par quelques entêtes HTTP et en partie par l'utilisateur. Par exemple, IE permet de spécifier dans ses options quand il doit vérifier s'il existe une version de la page demandée plus récente que celle enregistrée dans le cache.

Plusieurs choix sont possibles : jamais (IE prend la page en cache chaque fois que c'est possible) ; à chaque visite de la page (IE ignore le cache) ; à chaque démarrage de IE ; automatiquement (IE vérifie seulement si la page n'a pas été consultée depuis le dernier démarrage de IE).

Comportement par défaut des navigateurs

Avec XMLHttpRequest, le comportement est défini aussi en partie par le navigateur. Or les navigateurs n'ont pas le même comportement par défaut. Par exemple, si la réponse HTTP ne spécifie aucun en-tête concernant le cache, voici ce que nous observons :

• IE (dans le cas où la gestion du cache est automatique) met la réponse en cache *si et seulement si* la requête n'a pas de corps. Habituellement, le corps est vide dans les requêtes GET et présent dans les requêtes POST, bien qu'il puisse y avoir des exceptions.

• Firefox ne met rien en cache.

- Opera met la réponse en cache si la requête est de type GET, mais pas si elle est de type POST.

Pour vérifier cela, écrivons une page get-time.php, qui se contente d'afficher l'heure :

```php
<?php
print strftime("%H:%M:%S", time());
?>
```

Nous créons une page qui va effectuer des appels Ajax vers elle. Cette page, illustrée à la figure 4.14, contient deux boutons, ainsi qu'une zone d'affichage dans laquelle les réponses sont écrites les unes après les autres.

Figure 4.14

Gestion du cache dans IE et Mozilla en l'absence d'en-tête HTTP contrôlant le cache

Nous constatons, sur quatre appels successifs, la différence de comportement de IE et Mozilla. Voici le code HTML de la page :

```html
<button id="boutonGET">Faire une requête GET</button>
<button id="boutonPOST">Faire une requête POST</button>
<div id="resultat"></div>
```

Son code JavaScript définit les réactions des boutons à des clics :

```javascript
var url = "serveur/get-time.php";
document.getElementById("boutonGET").onclick = function() {
  call("GET", url);
}

document.getElementById("boutonPOST").onclick = function() {
  call("POST", url);
}

function call(method, url) {
```

```
    var element = document.getElementById("resultat");
    request = new XMLHttpRequest();
    request.open(method, url);
    request.onreadystatechange = function() {
      if (request.readyState == 4 && request.status == 200) {
        element.innerHTML += request.responseText + " (" +
          method + ")<br/>";
      }
    };
    var body = (method == "POST") ? "a=b" : null;
    //var body = "";
    request.send(body);
  }
```

La fonction call fait un appel à la page que nous avons définie juste avant. Nous avons placé cette page dans un sous-répertoire serveur (ligne ❶), qui contiendra dans ce chapitre toutes les pages appelées par Ajax. La ligne ❷ permet de tester l'envoi d'un corps vide ou pas au serveur, l'appel se faisant en ❹. Ici, le corps est vide uniquement dans le cas où la méthode est GET, ce qui est le cas le plus fréquent.

Si nous voulions tester le comportement d'Opera, nous mettrions la ligne ❷ en commentaire et la remplacerions par ❸.

Forcer la mise en cache en Ajax

Nous allons contrôler ce comportement en forçant XMLHttpRequest soit à redemander la réponse au serveur, pour être certain que les données sont à jour, soit à prendre la version en cache (et donc à l'y mettre au préalable), pour rendre l'application rapide et fluide et réduire le trafic réseau.

Par exemple, dans le cas d'une suggestion de saisie, si l'utilisateur corrige sa frappe et revient à une saisie qui vient de récupérer des suggestions sur le serveur, il est judicieux de garder celles-ci un certain temps en cache. Ce temps dépend de la vitesse de rafraîchissement des données suggérées. S'il s'agit des communes de France, comme dans l'exemple que nous traitons plus loin, ce temps peut être très long, puisque la liste des communes varie très rarement.

Dans la plupart des cas, ces suggestions, qui sont de l'ordre du confort, n'ont pas besoin de données mises à jour en permanence.

Inversement, si les données récupérées changent extrêmement vite, comme dans le cas de réservations de billets, d'enchères, de Bourse en ligne et plus généralement d'applications multiutilisateur à fort taux de mise à jour, nous avons intérêt à garder toujours la réponse à jour et à ne jamais la mettre en cache.

La gestion du cache est une question classique des applications Web, qui se pose simplement avec plus d'acuité dans le cas d'Ajax, car les requêtes peuvent être plus fréquentes. Il importe donc de réduire le plus possible l'impact sur le trafic réseau, tout en garantissant la fiabilité des données.

Les en-têtes HTTP configurant le cache se trouvent avant tout dans la réponse. Certaines sont disponibles dans la requête, mais `XMLHttpRequest` n'en tient aucun compte, comme nous pouvons le constater, tant avec IE qu'avec Firefox, sur la page *http://www.mnot.net/javascript/xmlhttprequest/cache.html*, qui effectue toute une série de tests sur la gestion du cache dans le navigateur en utilisant `XMLHttpRequest`. Nous devons donc intervenir sur le code serveur, et non sur le code client.

Si aucun en-tête de cache ne figure dans la réponse HTTP, la navigateur place le document reçu dans le cache. Deux en-têtes permettent de contrôler ce cache : `Expires` et `Cache-Control`. Il en existe une autre, `Last-Modified`, à éviter en Ajax, car le résultat diffère d'un navigateur à l'autre.

`Expires` prend pour valeur une date au format GMT, par exemple :

```
Expires: Wed, 31 May 2006 13:35:06 GMT)
```

`Cache-Control` peut prendre une série de valeurs séparées par des virgules, par exemple :

```
Cache-Control: no-cache, must-revalidate
```

Parmi les valeurs possibles, citons :

- `no-cache` : le document peut être mis en cache mais doit être revalidé avant d'être utilisé. La validation consiste à vérifier sur le serveur d'origine si le document est à jour (en utilisant `Last-Modified`, par exemple).

- `must-revalidate` : le cache doit vérifier la validité des documents ayant expiré.

- `max-age = nombreDeSecondes` : le document expire dans le nombre de secondes spécifié.

- `private` : le document ne peut être caché par un cache partagé, comme celui des proxy.

Pour laisser le document en cache quatre secondes, nous positionnons l'en-tête `Expires` dans `get-time.php` :

```php
<?php
// Faire expirer dans 4 secondes
$time = time() + 4;
header("Expires: ".gmdate("D, d M Y H:i:s", $time) . " GMT");  ←❶
print strftime("%H:%M:%S", time());
?>
```

Pour cela, nous faisons appel en ❶ à la fonction `header`, qui produit l'en-tête HTTP passé en paramètre. Cette fonction doit être appelée avant tout envoi de corps, par exemple par `print`, car une réponse doit commencer par le statut, puis par les en-têtes et enfin seulement par le corps. Si nous ne respections pas cet ordre, PHP générerait une erreur ("Cannot modify header information…"), à moins que le mécanisme de tampon ne soit activé, mais alors la sortie déjà produite serait perdue.

Dans IE 6, Firefox 1.5 et Opera 8, nous obtenons le résultat attendu, comme l'illustre la figure 4.15. Curieusement, Netscape 7 ignore complètement l'en-tête et redemande chaque fois la page.

Figure 4.15

Mise en cache durant quatre secondes de la page demandée en Ajax

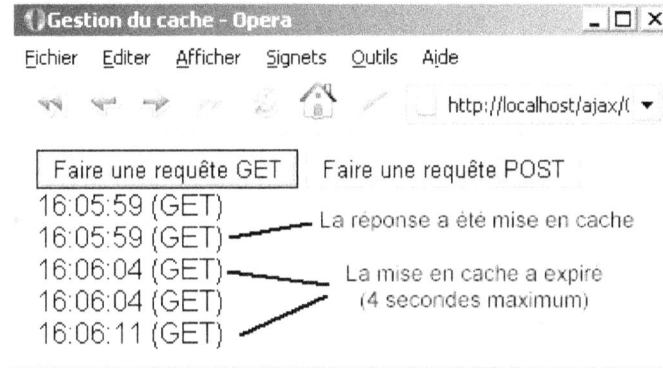

L'utilisation de Expires présente un inconvénient : l'horloge du serveur et celle du client ne sont peut-être pas synchrones. Pour éviter cela, nous pouvons utiliser Cache-Control avec l'option max-age :

```php
<?php
// Faire expirer dans 4 secondes
header("Cache-Control: max-age=4");←❶
print strftime("%H:%M:%S", time());
?>
```

Là encore, nous obtenons le résultat attendu dans IE 6, Firefox 1.5 et Opera 8, mais pas dans Netscape 7. Vu la part de marché de Netscape 7 (passé depuis à la version 8), nous pouvons considérer cet ennui comme négligeable. Nous avons donc avec l'en-tête ❶ une façon portable de forcer la mise en cache.

Empêcher la mise en cache en Ajax

Nous pouvons utiliser le mécanisme des en-têtes précédents en spécifiant :

```
header("Cache-Control: no-cache, max-age=0, private");
header("Pragma: no-cache");
```

Cela fonctionne dans tous les navigateurs mentionnés ci-dessus. La deuxième ligne indique aux serveurs d'authentification tournant avec le protocole HTTP/1.0 (la version actuelle est HTTP/1.1) de ne pas utiliser leur cache.

Nous pouvons aussi utiliser un moyen détourné mais sûr pour empêcher la mise en cache : ajouter parmi les paramètres l'instant présent. Par rapport à l'autre méthode, cela présente l'avantage qu'elle n'oblige pas à intervenir sur le code de la page appelée, ce qui peut être utile quand celle-ci est développée par une autre équipe que la nôtre. Nous modifions le code uniquement dans l'appel Ajax.

Pour ce faire, nous ajoutons un bouton (ligne ❶) :

```html
<button id="boutonGET">Faire une requête GET</button>
<button id="boutonPOST">Faire une requête POST</button>
```

```
<button id="boutonGETSansCache">Faire une requête GET
  sans cache</button> ← ❶
<div id="resultat"></div>
```

Nous définissons sa réaction :

```
document.getElementById("boutonGETSansCache").onclick= function() {
  call("GET", url + "?time=" + (new Date()).getTime());
}
```

en ajoutant à la requête le paramètre time, dont la valeur est le « timestamp » de l'instant présent (new Date()).

La figure 4.16 illustre que cela fonctionne comme escompté.

Figure 4.16

Empêcher la mise en cache en ajoutant un paramètre valant le timestamp courant

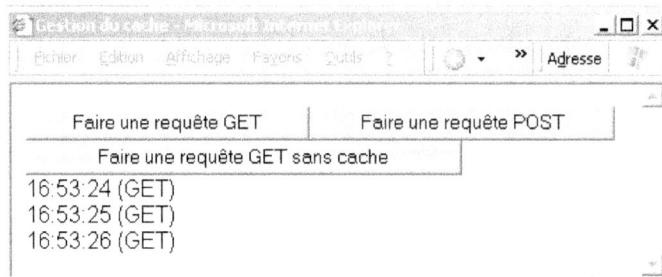

Les problèmes d'encodage

Les problèmes d'encodage sont l'un des aspects les plus pénibles des applications Web et XML. Chaque partie de l'application a son propre encodage, qu'il s'agisse de la base de données, des requêtes et réponses HTTP, sans parler des navigateurs, des éditeurs et des environnements de développement (IDE), et tous ces encodages doivent être compatibles. Certains recommandent de travailler exclusivement en UTF-8, mais est-ce toujours facile, et même possible ?

Rappelons que le standard Unicode vise à définir et numéroter tous les caractères utilisés dans le monde, quelle que soit la plate-forme informatique utilisée. Les 128 premiers caractères Unicode sont aussi les 128 caractères de l'ASCII. La représentation en mémoire ou sur disque repose sur un encodage, qui définit le nombre d'octets qu'occupe chaque caractère et la valeur de ces octets.

L'encodage ISO-8859-1 (dit Latin-1) code les caractères de l'alphabet latin sur un seul octet, ce qui économise l'espace pour les textes de l'Europe occidentale. Les autres caractères ne peuvent être représentés. Or, il se trouve que, pour une raison aberrante, les caractères œ, Œ, Ÿ et € en sont absents, d'où évidemment des problèmes en français.

Pour pallier ce problème, une mise à jour, nommée ISO-8859-15 (ou Latin-9), a ajouté ces caractères. Le Latin-1 est supporté par tous les serveurs et navigateurs, qui en ont l'obligation. Il est en outre supporté par la plupart des éditeurs, tandis que ce n'est pas le cas du Latin-9.

L'encodage UTF-8 (Unicode Transformation Format) code chaque caractère sur un nombre variable d'octets. L'ASCII tient sur un octet, ou 8 bits, d'où le chiffre 8 qui donne son nom à ce format. Cela évite la réécriture des logiciels, tous fondés à l'origine sur l'ASCII.

Les caractères latins tiennent sur 2 octets, les idéogrammes asiatiques sur 3, d'autres caractères pouvant nécessiter jusqu'à 4 octets. Par exemple, le caractère « A », 65e caractère, est codé 0x41 en hexadécimal ; le caractère « é », 233e caractère, est codé 0xC3 0xA9 ; le signe «≠ », 8 800e caractère, est codé 0xE2 0x89 0xA0.

Tous les navigateurs actuels supportent UTF-8. C'est d'ailleurs là une conséquence du fait qu'ils supportent XML à travers XMLHttpRequest, les applications XML *devant* supporter UTF-8 (c'est dans la norme XML).

L'encodage UTF-16 code tous les caractères sur deux octets, que ce soit de l'ASCII, des caractères accentués ou des caractères asiatiques. Comme Java, JavaScript stocke dans la mémoire les caractères sous cet encodage. C'est une très bonne chose pour nous : quel que soit l'encodage des données récupérées par JavaScript, il les transforme en UTF-16 en mémoire et les gère de façon transparente pour le développeur, qui ne traite que des caractères, et non des octets. Il faut simplement que le flux récupéré indique son encodage dans ses en-têtes.

Quel que soit l'encodage utilisé, nous faisons face à des problèmes. Si nous utilisons ISO-8859-1, les caractères non pris en compte doivent être encodés (par exemple : œ en HTML ou œ en XML pour le « œ »). Si nous utilisons UTF-8, les longueurs de chaînes de caractères seront erronées en PHP, car la fonction strlen compte le nombre d'octets (pour avoir la valeur correcte, il faudrait utiliser mb_strlen).

Encodage des appels Ajax

Avec Ajax, un problème supplémentaire surgit, car il faut encoder nous-mêmes les paramètres transmis, XMLHttpRequest n'encodant pas lui-même les paramètres au format application/x-www-form-urlencoded spécifié par HTTP. Or, nous n'avons en JavaScript aucune fonction à notre disposition pour faire cela. À la place, nous utilisons la fonction encodeURIComponent, qui transforme une chaîne en remplaçant ses caractères non ASCII par la séquence de leurs codes UTF-8. Par exemple, « é » est remplacé par %C3%A9 et « œ » par %C3%93.

Si certains prétendent qu'Ajax « travaille en UTF-8 », cette affirmation semble bien hasardeuse. Si nous n'encodons pas nous-mêmes les caractères, le résultat transmis au serveur diffère d'un navigateur à un autre, IE ne transmettant pas en UTF-8. Par ailleurs, lorsque la réponse arrive sur le client, JavaScript se débrouille pour l'interpréter correctement, mais à la condition expresse que l'encodage soit défini dans l'en-tête de réponse Content-Type.

Si nous encodons correctement les paramètres de la requête, grâce à `encodeURIComponent`, prenons bien garde que la valeur récupérée sur le serveur est encodée en UTF-8. Si tout notre système ne fonctionne pas en UTF-8, il nous faut alors décoder.

Voyons cela avec un exemple. La figure 4.17 illustre la page que nous allons écrire. Nous avons un champ de saisie et deux boutons, l'un pour faire un appel Ajax, l'autre pour soumettre les données par le Web classique.

Voici le code du formulaire :

```
<form action="serveur/echo-field-utf8.php" method="get">
  Paramètre : <input type="text" id="field" name="field"/>
  <br/>
  <input type="button" value="XMLHttpRequest" onclick="send()"/>←❶
  <input type="submit" value="Navigateur"/>
</form>
<div id="msg">Réponse :<br/></div>
```

Figure 4.17

Encodage de paramètres avec encodeURICompon ent, *sans décodage côté serveur*

Voici le code de la méthode `send` appelée en ligne ❶ par le bouton :

```
function getValue(idChamp) {
  var valeur = document.getElementById(idChamp).value;
  return encodeURIComponent(valeur);←❶
}

function send() {
  try {
    var request = new XMLHttpRequest();
    var url = "serveur/echo-field-utf8.php?field="
      + getValue("field");←❷
    request.open("GET", url, false);
    request.send("");
    document.getElementById("msg").innerHTML = "Url : " + url
      + "<br/>Retour : " + request.responseText;
  }
  catch (exc) {
```

```
       document.getElementById("msg").innerHTML = exc;
   }
}
```

La fonction getValue donne la valeur encodée (ligne ❶) du champ d'id passé en paramètre. En ❷, nous construisons l'URL de la requête en prenant cette valeur pour le champ
de saisie, et nous affichons simplement la chaîne de requête générée, ainsi que la réponse
du serveur.

Décodage côté serveur

Voici maintenant le code du serveur, tout d'abord sans décodage (le paramètre reçu est
utilisé tel quel, dans son encodage UTF-8) :

```
header("Content-type: text/html; charset=UTF-8");←❶
header("Cache-Control: max-age=0");←❷
$result = $_REQUEST["field"];
print "$result";
print "<br/>Taille du texte sur le serveur : ".strlen($result);←❸
```

Notons en ❷ que nous empêchons la page de se mettre en cache. La figure 4.17 montre
que l'envoi du serveur est interprété correctement par JavaScript, qui traite l'encodage
comme il faut. Cela est dû au fait que nous précisons en ❶ l'encodage de la réponse. Si
nous ne l'avions pas fait, JavaScript aurait utilisé ISO-8859-1, qui est considéré comme
l'encodage par défaut.

Côté serveur, nous constatons un problème : la chaîne reçue n'est pas dans l'encodage
par défaut de PHP, si bien que sa longueur est mal calculée en ❸. Si nous voulons rétablir
un encodage sur 1 octet, nous pouvons utiliser la fonction utf8_decode, qui transforme en
Latin-1, ou bien mb_convert_encoding, pour transformer en Latin-9 (qui est supporté par
PHP mais pas par MySQL) ou encore en windows-1252 (supporté par PHP et que
MySQL appelle improprement latin1).

Voici le code avec une transformation en Latin-9 :

```
header("Content-type: text/html; charset=iso-8859-15");←❶
header("Cache-Control: max-age=0");
$result = mb_convert_encoding($_REQUEST["field"], "ISO-8859-15", "UTF-8");←❷

print "$result";
print "<br/>Taille du texte : ".strlen($result);
```

En ❶, nous indiquons que nous produisons du iso-8859-15. Ce format est supporté par les
navigateurs Ajax. En ❷, nous transformons l'encodage de la valeur du champ field de
UTF-8 vers iso-8859-15. Il ne reste plus qu'à envoyer le résultat. Grâce au changement
d'encodage, la longueur de la chaîne est bien de 5 dans notre exemple, comme l'illustre la
figure 4.18.

Figure 4.18

*Encodage
de paramètres avec
encodeURIComponent,
avec décodage côté
serveur*

Les requêtes parallèles

Une page peut émettre de nombreux appels Ajax. Il ne semble pas y avoir de limite particulière au nombre de requêtes en attente de réponse. Par contre, les navigateurs limitent à deux ou quatre le nombre de connections simultanées à un même serveur (réponses en train d'arriver). Nous pouvons observer ce phénomène à travers la page illustrée à la figure 4.19.

L'utilisateur saisit une expression, et, à chaque caractère saisi, une requête Ajax est envoyée au serveur, lequel répond en renvoyant simplement le caractère saisi. Si, pour être réalistes, nous mettons un délai au serveur, nous constatons que les réponses arrivent par blocs de deux, sauf pour Opera, où elles arrivent par quatre.

Cette page nous permet surtout de constater que l'ordre des réponses ne suit pas forcément l'ordre des requêtes. Un serveur très sollicité ajouté à l'absence d'en-tête de gestion du cache dans la réponse peuvent accroître la différence entre les deux ordres. Notre code ne doit donc pas être fondé sur l'ordre d'émission.

Figure 4.19

*Requêtes
XMLHttpRequest
parallèles*

Voici le code de cet exemple. Côté serveur, dans le fichier **echo.php,** nous renvoyons simplement la saisie, récupérée dans le paramètre `field`, en prenant la précaution de ne pas mettre la réponse en cache et en simulant un délai d'une seconde pour le réalisme :

```
sleep(1);
header("Content-type: text/plain");
header("Cache-Control: no-cache, max-age=0");
print $_REQUEST["field"];
```

Côté client, nous avons juste un champ, une zone de résultat et une zone d'erreurs éventuelles :

```
Saisie : <input type="text" id="saisie"/>
<div id="reponse">Réponse :<br/></div>
<div id="erreurs"></div>
```

Le code JavaScript consiste en un appel Ajax :

```
document.getElementById("saisie").onkeyup = function(event){←❶
  var event = window.event || event;
  if (/[A-Z0-9 ]/.test(String.fromCharCode(event.keyCode))) {←❷
    try {
      var requete = new XMLHttpRequest();
      requete.open("GET",
        "serveur/echo.php?field=" + event.keyCode, true);←❸
      requete.onreadystatechange = function() {
        if (requete.readyState == 4) {
          if (requete.status == 200) {
            document.getElementById("reponse").innerHTML +=
              String.fromCharCode(requete.responseText);←❹
          }
        }
      }
      requete.send(null);
    }
    catch (exc) {
      document.getElementById("erreurs").innerHTML += exc;
    }
  }
}
```

Nous associons la réaction du champ de saisie à la saisie (ligne ❶). En ❷, nous ne traitons que les touches correspondant à une lettre (non accentuée), un chiffre ou un blanc, grâce à l'expression régulière /[A-Z0-9]/. En ❸, nous créons un appel Ajax vers la page **echo.php** définie juste avant, et nous ajoutons en ❹ la réponse à la zone de résultat.

La différence entre l'ordre de réception et l'ordre d'émission peut être plus ou moins grande selon le navigateur et l'encombrement du serveur.

Risques avec des requêtes parallèles

Ce comportement présente un risque relatif lors d'une mise à jour Ajax. Il est en effet peu probable qu'un utilisateur fasse deux appels si rapprochés dans le temps qu'ils seraient parallèles. Le risque d'effectuer la première mise à jour après la seconde est donc faible. Il est plus gênant dans le cas d'une suggestion de saisie, ce qui nous fournit une raison supplémentaire d'annuler les appels précédant l'appel correspondant au dernier caractère saisi. En réalité, plus que la fiabilité, ce sont la réactivité et la stabilité de l'application qui sont en jeu.

D'une façon générale, si deux requêtes successives font appel à la même action côté serveur, il est impératif d'annuler la première (si elle n'est pas terminée) avant de soumettre la seconde. En effet, si nous n'annulons pas la première requête, dont la réponse est pourtant inutile, non seulement nous surchargeons inutilement le serveur et le réseau, ce qui est déjà très fâcheux, mais nous sommes confrontés à un risque grave : le navigateur peut se figer si les réponses sont volumineuses ou si leur réponse est lourde à traiter. L'utilisateur peut alors être contraint d'arrêter le navigateur par une fin de tâche, perdant ainsi sa ou ses sessions.

Le webmail de Yahoo comporte ce défaut (mais peut-être est-il aujourd'hui corrigé) lorsque l'utilisateur trie les messages de sa boîte de réception en cliquant sur le titre d'une colonne. S'il clique plusieurs fois sur des colonnes, le navigateur ne répond plus. Vraisemblablement, les requêtes de tri antérieures à la dernière ne sont pas annulées, si bien que le navigateur passe son temps à recevoir les réponses et à les interpréter, ce qui, dans ce cas, nécessite d'importantes, et donc lentes, réorganisations du DOM. Le même problème apparaît sur le site de Backbase *(www.backbase.com)*, un framework Ajax.

Ce risque est lié au temps que doit passer JavaScript à traiter les requêtes. Si elles sont très nombreuses mais que leur réponse soit très légère en taille et en manipulations DOM, le risque de blocage est faible. Nous pouvons sans problème atteindre une soixantaine de requêtes en cours, comme l'illustre la figure 4.20. Par contre, quelques requêtes très lourdes en manipulations DOM ou en volume reçu peuvent occuper le navigateur très longtemps, voire le saturer. JavaScript est particulièrement lent pour certaines opérations, par exemple pour afficher des caractères indiqués sous la forme `&#numero;` où `numero` est le numéro Unicode du caractère.

Figure 4.20

Requêtes parallèles

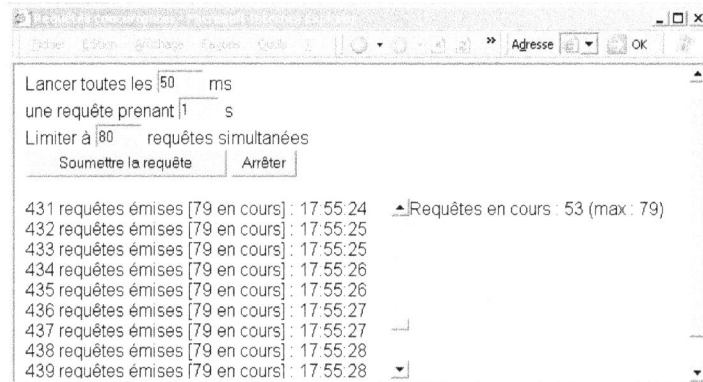

Suivi d'un flux de données en temps réel

Dans l'exemple de la figure 4.20, une requête Ajax à la page **flux-periodique.php** est lancée à intervalle régulier (celui défini dans le champ « Lancer toutes les »). Cette répétition peut être annulée par le bouton Arrêter. Ce genre de répétition est intéressant pour des applications temps réel : connexion à un flux boursier ou financier, suivi de l'état du réseau, etc.

Dans notre cas, la page **flux-periodique.php** se contente d'afficher l'heure après un délai lu en paramètre :

```
$delai = (array_key_exists("delai", $_REQUEST)) ?
  $_REQUEST["delai"] : 1;
sleep($delai);
header("Content-type: text/html; charset=iso-8859-1");
header("Cache-control: no-cache, max-age=0");
print strftime("%H:%M:%S", time());
```

Cet exemple comporte plusieurs éléments intéressants. Passons rapidement sur le HTML, très simple :

```
<form action="javascript: run()">←❶
  Lancer toutes les
  <input type="text" id="frequence" value="50" size="3"/> ms
  <br/>une requête prenant
  <input type="text" id="delai" value="1" size="2"/> s
  <br/>Limiter à
  <input type="text" id="nbMax" value="80" size="3"/>
  requêtes simultanées<br/>
  <input type="submit"/>
  <input type="button" onclick="stop()" value="Arrêter"/>←❷
</form>

<div id="scrollDiv">←❸
  <div id="log"></div>
</div>
<div id="state"></div>
```

Nous définissons un formulaire, qui lance la fonction `run` (ligne ❶) et contient des champs de saisie, ainsi que deux boutons, dont l'un appelle la fonction `stop` (ligne ❷). Nous avons aussi deux `div` pour l'affichage des résultats.

La feuille de style CSS est plus intéressante :

```
div {
  float: left;
}
#scrollDiv {
  height: 10em;
  width: 22em;
  overflow: auto;←❹
}
```

Nous rendons les `div` flottants, ce qui permet de les aligner en largeur. Le `div` d'id `scrollDiv`, qui contient le log (ligne ❸), a une taille fixe, et le `div` englobé fait apparaître des barres de défilement quand il en dépasse les bornes (ligne ❹), ce qui est le cas sur la figure 4.20.

En JavaScript, après avoir étendu l'objet `window` pour disposer de l'objet `XMLHttpRequest`, nous écrivons :

```
// Nombre de requetes effectuees
var index = 0;
// Nombre de requetes en cours
var counter = 0;
// Nombre maximal de requetes en cours observe
var maxCounter = 0;
// L'appel a repetition
var repeatCall;←❶

function run() {
  repeatCall = window.setInterval("callServer()",
    document.getElementById("frequence").value);←❷
}
function stop() {
  if (repeatCall) {
    window.clearInterval(repeatCall);←❸
  }
}
```

Les commentaires des variables parlent d'eux-mêmes. En ❶, nous déclarons un appel initialisé en ❷ : la méthode setInterval exécute périodiquement l'instruction passée en premier paramètre, le délai (en milliseconde) entre deux appels étant indiqué en second paramètre. Cette méthode renvoie un id qui est utilisé en ❸ avec la méthode clearInterval, qui annule la répétition périodique.

Voici la fonction callServer, ainsi que la fonction display qu'elle appelle :

```
function callServer() {
  try {
    var delai = document.getElementById("delai").value
    if (counter < document.getElementById("nbMax").value) {←❶
      var request = new XMLHttpRequest();
      request.open("GET", "serveur/flux-periodique.php?delai="
        + delai, true);
      counter++;←❷
      index++;
      request.onreadystatechange = function() {
        if (request.readyState == 4 && request.status == 200) {
          counter--;←❸
          if (counter > maxCounter) {
            maxCounter = counter;
          }
          display(request);
        }
      }
      request.send("");
    }
  }
  catch (exc) {}
}
```

```
function display(request) {
  document.getElementById("log").innerHTML +=
    index + " requêtes émises [" + counter +
    " en cours] : " + request.responseText + "<br/>";
  document.getElementById("state").innerHTML =
    "Requêtes en cours : " + counter +
    " (max : " + maxCounter + ")";
}
```

La fonction `callServer` fait un appel Ajax. En ❶, nous vérifions si le nombre de requêtes maximal est atteint. Si ce n'est pas le cas, nous créons une requête, en incrémentant (en ❷) le nombre de requêtes effectuées et le nombre de requêtes en cours. À la réception de la réponse (en ❸), nous décrémentons le nombre de requêtes en cours puis mettons à jour le nombre maximal de requêtes observé. Quant à la fonction `display`, elle met simplement à jour les zones de log et d'état.

Nous pourrions envisager de faire un composant pour suivre un flux en temps réel. Il faudrait alors que la fonction `stop` interrompe toutes les requêtes en cours, ce qui nécessiterait de les mémoriser dans le composant.

En résumé

Nous avons parcouru dans cette section les différentes questions que soulève l'usage de `XMLHttpRequest` — la gestion du cache, l'encodage, la gestion de l'asynchronisme ainsi que des requêtes parallèles — et avons vu comment en tirer parti pour garantir au mieux la fiabilité des applications (notamment, en les empêchant de figer le navigateur), et leur réactivité.

Reste une question, qui fait beaucoup débat sur le Web : celle du bouton « Page précédente » et de l'action « Ajouter à mes favoris ». Nous la traiterons au chapitre 7, consacré aux applications Ajax et Web 2.0.

Applications exemples

Nous allons maintenant mettre en œuvre ce que nous venons de voir en portant en Ajax la suggestion de saisie vue au chapitre précédent.

Nous mettrons ensuite à jour une liste déroulante en fonction d'un champ de saisie.

Suggestion de saisie

Nous allons modifier légèrement le composant `Suggest` créé au chapitre précédent, en remontant dans un type parent ce qui est commun à la suggestion en local et à la suggestion en Ajax.

Mis à part quelques attributs et la vérification des paramètres du constructeur, la seule chose importante qui diffère entre les suggestions locale et distante réside dans la méthode `setOptions`, qui récupère les options et les fait afficher. C'est pourquoi nous renommons `LocalSuggest` le constructeur `Suggest` du chapitre précédent et définissons un nouveau type `Suggest`, qui sera l'ancêtre de `LocalSuggest` et de notre nouveau composant `HttpSuggest`.

Voici le code du type parent :

```
function Suggest() {}←❶

Suggest.prototype = {
  /** Initialisation, utilisable dans les types descendants
   * @param idField : id du champ de saisie
   * @param maxSuggestNumber (optionnel) : nombre maximal de
   * resultats a afficher (defaut : 10) */
  init: function(idField, maxSuggestNumber) {←❷
    /** Le champ de saisie @type HTMLInputElement */
    this.source = document.getElementById(idField);
    /** Nombre maximum de valeurs suggerées @type int */
    this.maxSuggestNumber = (maxSuggestNumber)?maxSuggestNumber:10;
    // Verifier la validité des paramètres
    this.check(idField);
    /** La zone de suggestion @type PopupList */
    this.popup = new PopupList(this.source);
    /** Valeur saisie par l'utilisateur @type String */
    this.inputValue = "";
    this.setBehaviour();
  },

  /** Vérifier que les paramètres sont valides */
  check: function(idField) {←❸
    // Verifier qu'il y a bien une saisie a suggerer
    if (this.source == null) {
      Log.error("Element with id '" + idField + "' not found");
    }
    if (isNaN(parseInt(this.maxSuggestNumber)) ||
        parseInt(this.maxSuggestNumber) <= 0) {
      Log.error("Max suggest number for '" + idField +
        "' not positive (" + this.maxSuggestNumber + ")");
    }
  },

  /** Récuperer les options et les faire afficher
  * (méthode abstraite) */
  setOptions: function() {←❹
    Log.error("setOptions is abstract, must be implemented");
  },

  /** Les méthodes suivantes restent inchangées */
  setBehaviour: function() { ... },
  onkeydown: function(aEvent) { ... },
  onkeyup: function(aEvent) { ... },
  goAndGet: function(index) { ... }
```

```
  }

  Suggest.prototype.constructor = Suggest;
```

En ❶, nous supprimons les paramètres du constructeur, car ce type d'objet sert de type de base à d'autres, sans pouvoir être instancié. Nous déplaçons les initialisations qu'avait le constructeur ancien vers la méthode init, définie en ❷, à l'exception de celle concernant la fonction récupérant les suggestions, qui est déplacée dans le type descendant LocalSuggest.

De même, en ❸, la méthode check ne vérifie plus que la fonction récupérant les valeurs est bien une fonction. Enfin, en ❹, nous prenons la précaution de générer une erreur si nous ne redéfinissons pas setOptions. Les autres méthodes restent inchangées.

Le code de LocalSuggest est alors succinct. Le voici, épuré de ses commentaires jsdoc :

```
function LocalSuggest(idField, getValuesFunction, maxSuggestNumber) {
  this.getValues = getValuesFunction;
  Suggest.prototype.init.call(this, idField, maxSuggestNumber);←❶
}

LocalSuggest.prototype = new Suggest();←❷

LocalSuggest.prototype.setOptions = function() {
  var values = this.getValues(this.source.value,
    this.maxSuggestNumber);←❸
  this.popup.setOptions(values);
}

LocalSuggest.prototype.check = function(idField) {
  // Appeler check du parent
  Suggest.prototype.check.call(this, idField);←❹
  // Code propre a l'objet
  if (typeof(this.getValues) != "function") {
    Log.error("Suggestion function for '" +
      idField + "' not found");
  }
}

LocalSuggest.prototype.constructor = LocalSuggest;←❹
```

Le constructeur mémorise la fonction récupérant les suggestions et appelle, en ❶, la méthode init du type parent Suggest. L'héritage de Suggest est spécifié en ligne ❷. En ❸, nous implémentons setOptions en reprenant simplement le code initial, avant le découpage en deux composants. La méthode check fait appel, en ❹, à celle du type parent et ajoute sa propre vérification.

Rien de nouveau jusque-là, puisque nous avons simplement réorganisé notre code.

Suggestion de saisie en Ajax

Venons-en au composant en Ajax. Voici son constructeur :

```
function HttpSuggest(idField, getValuesUrl, maxSuggestNumber) {
  /** L'url récuperant les valeurs @type String*/
  this.url = getValuesUrl;
  // Preparer l'url pour recevoir les parametres
  if (this.url.indexOf("?") == -1) {←❶
    this.url += "?";
  }
  else {
    this.url += "&";
  }
  /** Requete HTTP @type XMLHttpRequest */
  this.request = new XMLHttpRequest();
  Suggest.prototype.init.call(this, idField, maxSuggestNumber);
}
HttpSuggest.prototype = new Suggest();←❷
```

Comme indiqué précédemment, il est hautement préférable de n'avoir à tout moment qu'une requête de suggestion en cours. Nous la mémorisons ici dans l'attribut request, ajoutons l'URL de l'appel Ajax et appelons l'initialisation du type parent. Enfin, nous faisons, en ❷, du type HttpSuggest un héritier du type Suggest.

Nous transformons légèrement l'URL pour tenir compte des différentes formes qu'elle peut avoir : si elle n'a pas de paramètre, nous ajoutons le point d'interrogation qui en marque le début ; si elle en a, nous ajoutons l'esperluette (&) qui les continue. Nous pourrons de la sorte ajouter les paramètres liés à la saisie de la même façon.

C'est précisément la première tâche de la méthode setOptions, qui représente le seul changement dans HttpSuggest, hormis le constructeur :

```
HttpSuggest.prototype.setOptions = function() {
  try {
    // Annuler la requete precedente qui ne sert plus a rien
    this.request.abort();
  }
  catch (exc) {}
  try {
    var url = this.url + "search="
      + encodeURIComponent(this.source.value)
      + "&size=" + this.maxSuggestNumber;←❶
    // Creer une nouvelle requete car la reutiliser provoque
    // un bug dans Mozilla
    this.request = new XMLHttpRequest();
    this.request.open("GET", url , true);←❷
    // Garder l'objet courant pour le onreadystatechange
    var suggest = this;
    this.request.onreadystatechange = function() {
      try {
        if (suggest.request.readyState == 4
```

```
            && suggest.request.status == 200) {
          var values = suggest.request.responseText.split("\n");←❸
          suggest.popup.setOptions(values);←❹
        }
      }
      catch (exc) {
        Log.debug("exception onreadystatechange");←❺
      }
    }
    this.request.send(null);
  }
  catch (exc) {
    Log.debug(exc);
  }
}
```

Nous commençons par annuler la requête précédente, en mettant le code dans un
try…catch, pour éviter l'exception intempestive dans Mozilla. Puis, en ❶, nous compo-
sons l'URL en encodant la valeur du champ de saisie, qui sera ainsi récupéré en UTF-8
côté serveur. En ❷, nous initialisons l'appel Ajax. La réponse doit être une simple chaîne
de caractères, les valeurs étant séparées par une fin de ligne.

En ❸, nous éclatons cette chaîne, qui nous donne un tableau de valeurs, que nous
n'avons plus qu'à transmettre à la liste popup (ligne ❹). Notons au passage l'appel, en ❺,
à Log.debug, qui produit un message durant la phase de mise au point et qui ne fait plus
rien ensuite.

La figure 4.21 illustre la documentation de HttpSuggest produite par jsdoc.

Exemple de suggestion

Nous allons maintenant prendre l'exemple de la saisie du nom d'une ville française. La
liste des communes de France est disponible sur Internet et peut être placée dans une base
de données.

Nous sommes obligés d'utiliser Ajax, car il n'est pas envisageable de récupérer sur le
poste client les plus de 36 000 communes de France.

Nous pouvons employer une suggestion de saisie dans de nombreux autres cas : nom du
client dans la plupart des applications (certains fichiers client ont jusqu'à plusieurs
millions d'entrées), nom du produit en commerce électronique, expression dans un
moteur de recherche ou un dictionnaire en ligne (par exemple *www.answers.com*).

Voici le code de la page de suggestion :

```
<html>
  <head>
    <meta http-equiv="Content-Type"
      content="text/html; charsert=iso-8859-1"/>
    <title>Suggestion de saisie Ajax</title>
    <script src="util.js"></script>←❶
```

Figure 4.21

*Documentation
de la suggestion
de saisie en Ajax.*

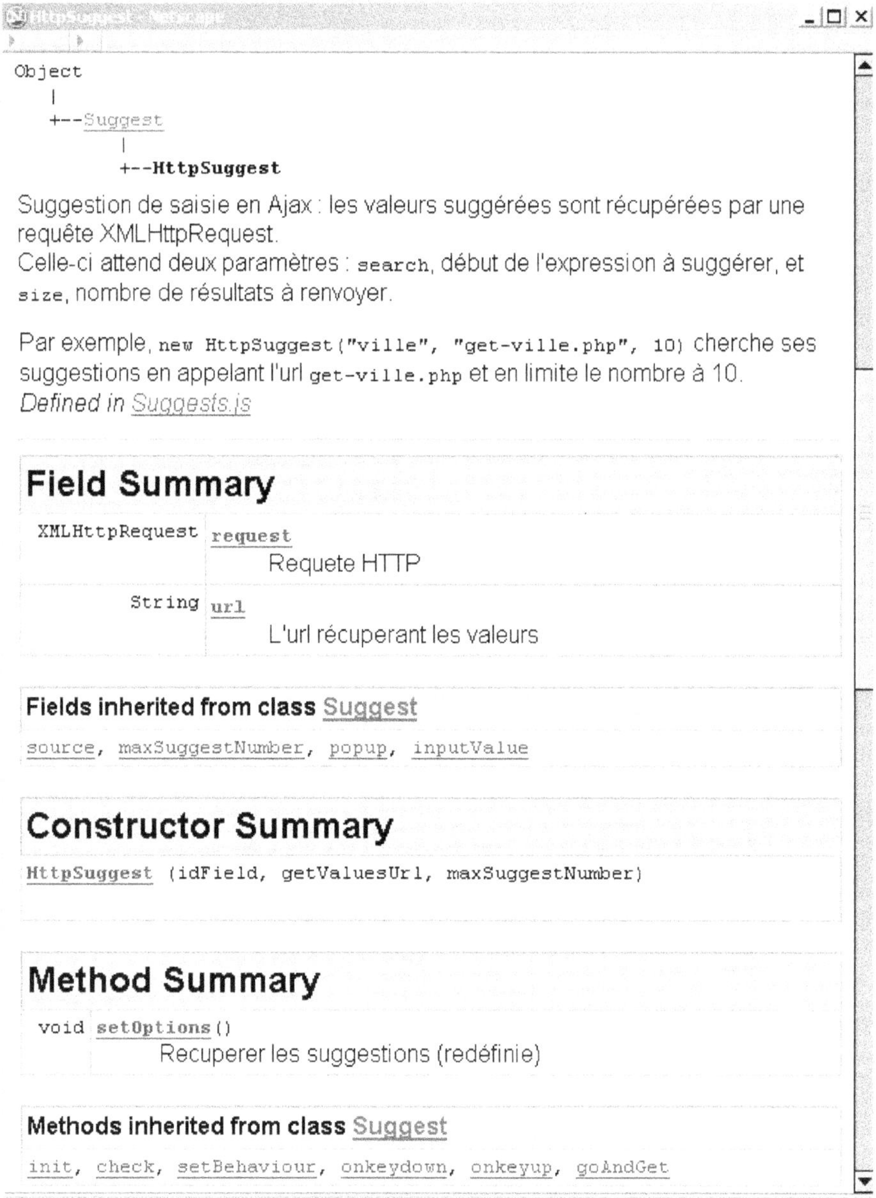

```
Object
  |
  +--Suggest
        |
        +--HttpSuggest
```

Suggestion de saisie en Ajax : les valeurs suggérées sont récupérées par une
requête XMLHttpRequest.
Celle-ci attend deux paramètres : `search`, début de l'expression à suggérer, et
`size`, nombre de résultats à renvoyer.

Par exemple, `new HttpSuggest("ville", "get-ville.php", 10)` cherche ses
suggestions en appelant l'url `get-ville.php` et en limite le nombre à 10.
Defined in Suggests.js

Field Summary

XMLHttpRequest	request Requete HTTP
String	url L'url récuperant les valeurs

Fields inherited from class Suggest

source, maxSuggestNumber, popup, inputValue

Constructor Summary

HttpSuggest (idField, getValuesUrl, maxSuggestNumber)

Method Summary

void	setOptions() Recuperer les suggestions (redéfinie)

Methods inherited from class Suggest

init, check, setBehaviour, onkeydown, onkeyup, goAndGet

```
    <script src="PopupList.js"></script>
    <script src="Suggests.js"></script>
    <script>
function onBodyLoad() {
  communeSuggest = new HttpSuggest("commune",
    "serveur/get-villes-par-nom.php"); ←❷
```

```
        document.getElementById("commune").focus();
}
    </script>
  </head>
  <body onload="onBodyLoad()">
    <h1>Suggestion de saisie Ajax</h1>

    <form action="javascript:">
      Ville en France :
      <input type="text" name="commune" id="commune" size="30"/>←❸
    </form>
  <!-- ici du texte explicatif -->
    <div id="message"></div>
  </body>
</html>
```

En ❶, nous incluons les différents scripts dont nous avons besoin : `utils.js`, **Suggests.js**, qui contient le code de `Suggest` et `HttpSuggest`, et `PopupList`, que `Suggest` utilise. En ❷, nous créons la suggestion de saisie pour le champ d'id `commune`, situé ligne ❸ et appelant `get-villes-par-nom.php`.

La figure 4.22 illustre le fonctionnement de cette suggestion de saisie en Ajax.

Figure 4.22

Suggestion de saisie en Ajax

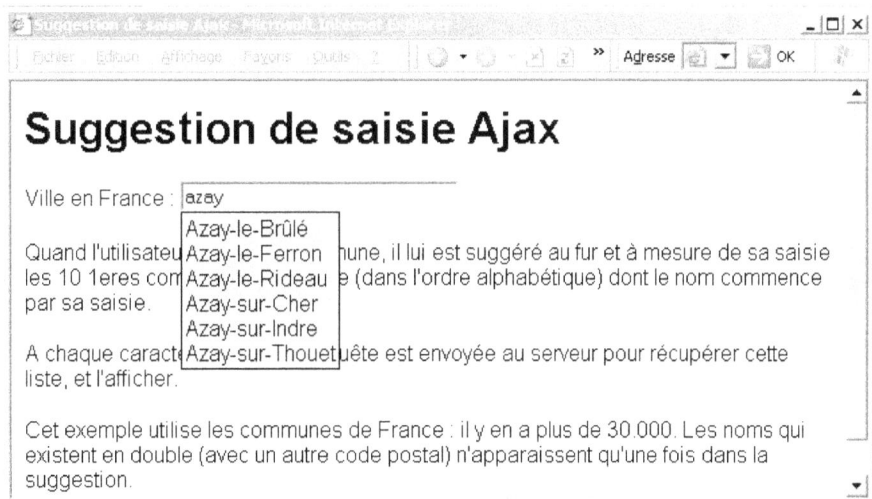

L'action côté serveur

La page `get-villes-par-nom.php` renvoie une liste de communes dont le nom commence par la valeur du paramètre `search`, cette liste étant triée par ordre alphabétique (le nombre de résultats est limité par le paramètre `"size"` (10 par défaut) :

```
<?php
sleep(1);
```

```
if (count($_REQUEST) == 0 || !array_key_exists("search", $_REQUEST)) { ←❶
  print "Usage : $_SERVER[PHP_SELF]?search=un-nom";
}
else {
  if (array_key_exists("size", $_REQUEST)
      && is_numeric($_REQUEST["size"])) {
    $size = intval($_REQUEST["size"]); ←❷
  }
  else {
    $size = 10;
  }
  $nom = mb_convert_encoding($_REQUEST["search"],
    "CP1252", "UTF-8"); ←❸
  $communes = get_communes($nom, $size);
  header("Cache-Control: max-age=2"); ←❹
  header("Content-type: text/plain; charset=UTF-8"); ←❺
  $result = implode("\n", $communes);
  print mb_convert_encoding($result, "UTF-8", "CP1252"); ←❻
}
```

Comme dans tous nos exemples, nous attendons une seconde avant d'effectuer le traitement, afin de simuler la lenteur éventuelle du réseau. En production, bien sûr, nous enlevons cette temporisation.

En ❶, nous vérifions que la page est appelée avec le paramètre obligatoire search. Si le paramètre size n'est pas précisé ou n'est pas numérique (ligne ❷), nous lui donnons la valeur 10.

Nous avons plusieurs manipulations d'encodage. Les paramètres arrivent en UTF-8, mais la base de données est en windows-1252 (cp1252), l'encodage par défaut pour MySQL. Il nous faut donc convertir l'encodage pour interroger la base. C'est ce que nous faisons en ligne ❸. Puis, lorsque nous avons notre résultat, nous le transformons à nouveau en UTF-8 (ligne ❻), par sécurité (tous les navigateurs sur tous les systèmes le prennent en charge), en ayant pris soin au préalable d'indiquer dans les en-têtes que le jeu de caractères est précisément UTF-8 (ligne ❺).

Notons une mise en cache de la réponse (ligne ❹), les noms de communes ne variant guère dans le temps.

La récupération des noms de communes est confiée à la fonction get_communes, qui renvoie un tableau de chaînes, que nous transformons en une chaîne de caractères en séparant les éléments par une fin de ligne.

Voici le code de cette fonction :

```
function get_communes($debutNom, $size) {
  // Enlever les eventuels l' le la les, qui dans la BD sont apres le nom
  $debutNom = preg_replace("/L('|e |a |es )/i", "", $debutNom);
  // Transformer les blancs en - car c'est ainsi dans la BD
  $debutNom = str_replace(" ", "-", $debutNom);
  // Construire la requete
```

```
$sql = "
  SELECT DISTINCT nom_commune
  FROM commune
  WHERE LOWER(nom_commune) LIKE '$debutNom%'
  ORDER BY nom_commune ASC
  LIMIT 0, $size
  ";
// Se connecter a la base
include_once("database.php"); ←❶
$connect = get_db_connection();
// Recuperer les enregistrements
$lignes = mysql_query($sql)
  or die("Requete \"$query\" invalide\n".mysql_error());
// Construire le resultat
$result = array();
while($row = mysql_fetch_array($lignes)){
  $result[] = $row["nom_commune"];
}
mysql_close();
return $result;
}
```

La table `commune` a, dans son champ `nom_commune`, le nom de la commune en minuscules, avec les caractères accentués. Quelques particularités nous obligent à transformer un peu l'expression recherchée. Ainsi, les espaces dans le nom figurent comme des tirets dans la base.

Après ces ajustements, nous écrivons la requête SQL en prenant garde d'éviter les doublons (certaines villes ont le même nom). Nous nous connectons ensuite à la base, en faisant appel à une fonction récupérée dans l'include `database.php` (ligne ❶). Il ne reste plus qu'à placer les résultats dans un tableau.

En résumé

La suggestion de saisie est une fonctionnalité emblématique d'Ajax, qui procure confort et réactivité à l'utilisateur. Nous pourrions peut-être l'implémenter avec des `iframe`, mais c'est beaucoup plus simple avec Ajax.

Il nous a certes fallu beaucoup de code pour réaliser cet exemple, mais, si nous y regardons de près, le plus gros travail concerne le HTML dynamique, à preuve le peu de code que nous avons écrit dans `HttpSuggest`.

Avec les composants `Suggest`, il est rapide et facile d'ajouter à nos pages une suggestion de saisie. Il suffit de créer la fonction locale ou la page appelée par Ajax et d'ajouter une ligne de JavaScript (avec les inclusions de fichiers **.js** *ad hoc*).

Nous disposons de deux versions de ce composant `Suggest` :

- L'une, travaillant en local, sans appel au serveur durant la saisie de l'utilisateur, est bien adaptée lorsque les options possibles demeurent stables dans le temps et occupent un volume relativement faible. Il est alors possible de les stocker au chargement de la page, ce qui garantit ensuite des suggestions instantanées.

• L'autre, faisant continuellement appel au serveur, est le meilleur choix (le seul, même) lorsque les options possibles sont volumineuses. Dans notre implémentation, nous faisons un appel à chaque caractère pressé. D'autres implémentations, apparues récemment, réduisent le nombre d'appels en ne les lançant qu'à une fréquence donnée ou tous les *n* caractères. L'intérêt est bien sûr de réduire la charge réseau.

Nous prenons en compte cet aspect d'une autre manière : tout d'abord, comme nous annulons la requête précédente à chaque nouvel appel, en cas de frappe rapide, seule la dernière requête est réellement soumise au serveur. Ensuite, nous prenons soin de mettre en cache les données, si bien que, pour les valeurs déjà demandées, il n'y a pas de nouvel appel au serveur, la réponse étant alors instantanée.

Il est vraisemblable que, dans de nombreux cas, l'ensemble des suggestions possibles n'a pas besoin d'être à jour en temps réel. Un rafraîchissement journalier, voire hebdomadaire pour un moteur de recherche, est souvent suffisant.

Cet exemple illustre enfin le travail par composants dans les applications Ajax, un aspect qui les différencie fortement du développement côté client en Web classique.

Mise à jour d'une partie de la page

La suggestion des noms de villes peut être pratique, mais pour enregistrer une personne (client, utilisateur), il faut généralement saisir un code postal. Il serait pratique qu'à la saisie de celui-ci, les communes ayant ce code postal apparaissent dans une liste déroulante, comme l'illustre la figure 4.23.

Figure 4.23

Mise à jour d'une liste déroulante par Ajax

Cette liste reçoit dynamiquement ses valeurs du serveur par des appels Ajax. C'est ce que nous allons réaliser.

Quand l'utilisateur saisit le code postal, la liste déroulante des communes se met à jour : les noms apparaissent, et les codes des communes sont indiqués dans les options de la liste (puisque les listes comportent un texte, pour l'utilisateur, et un code, qui peut en être différent, destiné au programme qui traitera le formulaire côté serveur).

L'appel Ajax se fait uniquement lorsque l'utilisateur a saisi les cinq caractères du code postal, de façon à limiter les allers-retours au strict nécessaire.

Suivant les recommandations en matière d'ergonomie mentionnées précédemment, nous montrons à l'utilisateur qu'un appel est fait, cette fois-ci par un simple texte, comme l'illustre la figure 4.24. Nous pourrions changer cela en l'affichage d'une icône animée.

Figure 4.24

L'appel Ajax indiqué à l'utilisateur

Toujours pour raison d'ergonomie, l'utilisateur peut à tout moment annuler sa requête en modifiant sa saisie : dès que le nombre de caractères diffère de 5, la requête courante est annulée (s'il y en a une), et la liste déroulante vidée de ses options.

Si aucune valeur n'est trouvée, un message d'erreur s'affiche, comme l'illustre la figure 4.25.

Figure 4.25

Appel Ajax n'ayant trouvé aucune valeur et l'indiquant à l'utilisateur

Le comportement du champ Code postal est assez spécifique, tandis que l'appel Ajax pour mettre à jour la liste est assez général : il faut pouvoir lancer l'appel, traiter la réponse, montrer qu'il est en cours, afficher un message et effacer les options ; par ailleurs, cet appel est associé à une liste déroulante, à l'URL à appeler et à la zone de message. Nous en ferons donc un composant.

Code de la page

Voici le code HTML de la page :

```html
<html>
  <head>
    <title>Mise à jour Ajax d'une liste déroulante</title>
    <style>
    label {←❶
      float: left;
      padding-right: 1ex;
      width: 13ex;
    }
    </style>
    <meta http-equiv="Content-type" content="iso-8859-1"/>
    <script src="util.js"></script>
    <script src="SelectUpdater.js"></script>
  </head>
  <body>
    <h1>Mise à jour Ajax d'une liste déroulante</h1>
    <!-- description -->
    <form>
      <label>Code postal : </label>
      <input name="cp" id="cp" type="text" size="5" maxlength="5"/>
      <span id="msg_cp"></span>←❷
      <br/>
      <label>Commune :</label>
      <select name="no_commune" id="commune">
      </select>
      <br/>
      <input type="submit" value="Enregistrer"/>
    </form>
    <script type="text/javascript">
    // code indiqué plus loin
```

Il s'agit d'un simple formulaire, avec, en ❷, un span pour recevoir les messages, dont l'id est celui du champ déclenchant les appels Ajax, préfixé de msg_. Le champ de saisie limite la saisie à cinq caractères, afin d'éviter d'éventuelles erreurs à l'utilisateur. Au passage, nous utilisons à nouveau les CSS (ligne ❶) pour aligner les champs du formulaire, ce qui, dans un cas simple comme celui-ci, allège le code HTML sans danger.

La partie intéressante est, bien sûr, dans le JavaScript, qui est assez court :

```javascript
window.onload = function() {
  communeUpdater = new SelectUpdater("commune",
    "serveur/get-villes-par-cp.php?cp=", "msg_cp");←❶
  ancienCp = "";
  document.getElementById("cp").onkeyup = function() {
    var cp = document.getElementById("cp").value;
    if (cp.length == 5) {←❷
      if (cp != ancienCp) {
        // Faire l'appel Ajax
```

```
            communeUpdater.run(cp);←❸
            ancienCp = cp;
        }
    }
    else {
        // Remettre la liste a vide et annuler l'appel eventuel
        communeUpdater.reset();←❹
        ancienCp = "";
    }
  }
}
```

En ❶, nous créons un objet de type SelectUpdater, le composant que nous allons créer. Le constructeur prend trois paramètres : l'id de la liste déroulante, l'URL de l'appel Ajax et l'id de la zone de message. La figure 4.26 illustre la documentation jsdoc de SelectUpdater.

Chaque fois que l'utilisateur saisit cinq caractères, nous lançons l'appel Ajax (ligne ❸), tandis que, si la saisie a moins de cinq caractères, nous effaçons la liste déroulante et annulons l'appel Ajax éventuel (ligne ❹). Pour éviter des appels lorsque l'utilisateur ne fait que presser des touches ne produisant pas de caractères (touches fléchées, Ctrl, Maj, etc.), nous testons si la valeur du champ a changé (ligne ❷).

Le composant *SelectUpdater*

Voici le constructeur de SelectUpdater, épuré de la documentation jsdoc :

```
function SelectUpdater(idSelect, getOptionsUrl, idMsg) {
  this.select = document.getElementById(idSelect);
  if (!this.select) {←❶
    Log.error("Erreur sur new SelectUpdater('" + idSelect
      + " ' ...) : " + idSelect + " introuvable");
  }
  this.url = getOptionsUrl;
  this.request = null;
  this.NOT_FOUND_MSG = "Valeur inconnue";
  this.msg = document.getElementById(idMsg);
  if (!this.msg) {←❷
    Log.error("Erreur sur new SelectUpdater(..., ..., '"
      + idMsg + "') : " + idMsg + " introuvable");
  }
}
```

Nous mémorisons la liste déroulante, la zone de message et l'URL à appeler, ainsi que la requête que nous utiliserons et un message indiquant que la recherche n'a donné aucun résultat.

Nous prenons simplement la précaution, en ❶ et ❷, de vérifier qu'il existe bien dans le document deux éléments correspondant aux id passés en paramètres : c'est autant de

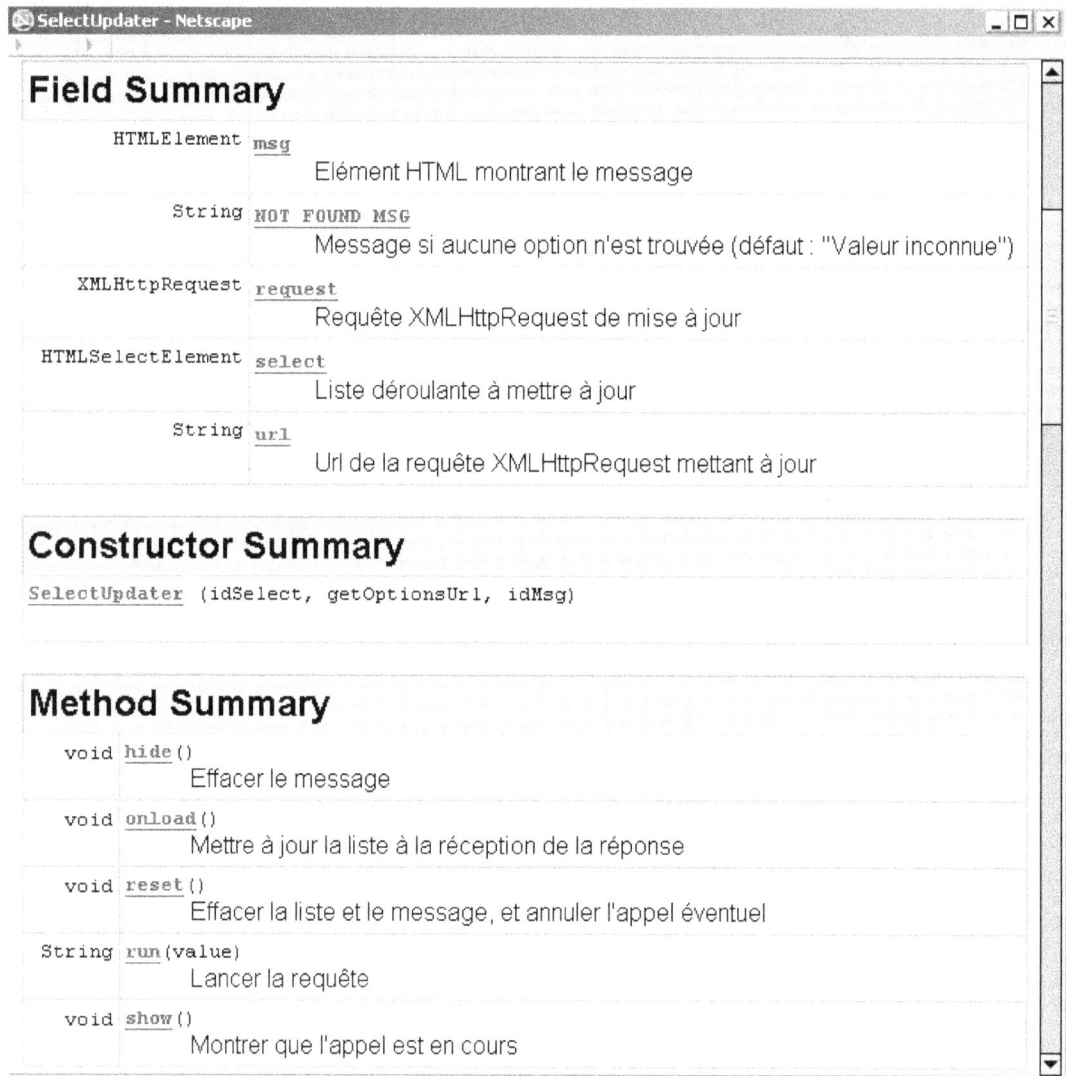

Figure 4.26

Documentation jsdoc du composant SelectUpdater

temps de gagné dans la mise au point lorsque nous utilisons ce composant. Le troisième paramètre, l'URL de l'action serveur, sera vérifié lors des appels Ajax.

Après le constructeur, nous définissons le prototype :

```
SelectUpdater.prototype = {
  run: function(value) {
    if (this.request) {
```

```
      try {
        this.request.abort();←❶
      }
      catch (exc) {}
    }
    try {
     this.request = new XMLHttpRequest();
      var url = this.url + encodeURIComponent(value);←❷
      this.request.open("GET", url, true);
      this.show();←❸
      var current = this;←❹
      this.request.onreadystatechange = function() {
        try {
          if (current.request.readyState == 4) {
            if (current.request.status == 200) {
              current.onload();←❺
            }
            else {
              current.msg.innerHTML = "Erreur HTTP "
                + current.request.status + " sur '"
                + current.url + "'";←❻
            }
          }
        }
        catch (exc) {}
      }
      this.request.send("");
    }
    catch (exc) {
      Log.debug(exc);
    }
  },
```

Nous annulons la requête si elle est en cours (ligne ❶). Comme Mozilla lève alors systé-matiquement une exception, nous veillons à ce que ce code soit dans le bloc try…catch. En ❷, nous prenons la précaution d'encoder la saisie de l'utilisateur, car tous les champs ne sont pas, comme le code postal, limités à des chiffres ni même à de l'ASCII.

En ❸, nous montrons que l'appel est en cours en exécutant la méthode show. Il est impor-tant de placer cette instruction avant l'envoi de la requête, car si l'utilisateur fait un appel mis en cache, la réponse, instantanée, risque de s'afficher avant que show soit exécutée. Le message affiché serait alors celui défini par show et non celui de la réponse, ce qui plonge-rait l'utilisateur dans la confusion.

En ❹, nous mémorisons en variable locale l'objet courant, pour l'utiliser dans la fonction interne grâce aux fermetures JavaScript. Nous sommes maintenant habitués à ce procédé. Lors de la réception de la réponse, si tout s'est bien passé (ligne ❺), nous appelons la méthode onload. Si, par contre, il y a une erreur, nous l'indiquons à l'utilisateur, comme le fait le navigateur en Web classique. Si dans la page HTML, nous avions appelé get-ville-par-cpe.php au lieu de get-ville-par-cp.php, par exemple, l'utilisateur en serait informé (ligne ❻), comme l'illustre la figure 4.27.

Figure 4.27

*Affichage
d'une erreur
de programmation
ou de configuration*

Voici maintenant le code de onload, appelé lorsque la réponse est arrivée et est correcte :

```
onload: function() {
  this.select.innerHTML = "";←❶
  this.hide();←❷
  if (this.request.responseText.length != 0) {
    // Le resultat n'est pas vide
    var options = this.request.responseText.split(";");←❸
    var item, option;
    for (var i=0 ; i<options.length ; i++) {
      item = options[i].split("="); // value = text
      option = document.createElement("option");
      option.setAttribute("value", item[0]);
      option.innerHTML = item[1];
      this.select.appendChild(option);
    }
  }
  else {
    this.msg.innerHTML = "<span style='color: red'>"
      + this.NOT_FOUND_MSG + "</span>";←❹
  }
},
```

Dans tous les cas, nous effaçons la liste (ligne ❶) et le message montrant que l'appel est en cours (ligne ❷). Si aucun résultat n'est trouvé, le serveur renvoie une chaîne vide. Dans ce cas, nous faisons afficher, en rouge, le message NOT_FOUND_MSG dans la zone de message (ligne ❹). Si, au contraire, la réponse contient des valeurs, nous supposons qu'elle a la forme "code1=valeur1;code2=valeur2;…codeN=valeurN".

Nous éclatons cette chaîne, grâce à la fonction split (ligne ❸), puis parcourons les éléments obtenus, en créant pour chacun d'eux une option HTML, que nous rattachons à la liste déroulante.

Voici, pour en terminer avec ce composant, ses méthodes hide, show et reset :

```
show: function() {
  this.msg.innerHTML = "<em>En chargement ...</em>";
```

```
  },

  hide: function() {
    this.msg.innerHTML = "";
  },

  reset: function() {
    this.select.innerHTML = "";
    this.msg.innerHTML = "";
    try {
      if (this.request) {
        this.request.abort();
      }
    }
    catch (exc) {
      Log.debug(exc);
    }
  }
}
```

Si nous voulions afficher une image animée plutôt qu'un simple texte, il suffirait de changer le contenu de this.msg. Toutefois, il faudrait créer l'élément img et récupérer le fichier GIF lors de l'instanciation du composant, afin d'être certain que l'image serait bien présente quand la méthode show lui demanderait de s'afficher.

Code côté serveur

La base de données contient une table commune, de champs nom_commune, no_commune, etc. Elle contient aussi une table cp, qui fait la jointure entre les codes postaux et les communes, la cardinalité de l'association étant n-n : une commune peut avoir plusieurs codes postaux (comme Paris), et un code postal peut être associé à plusieurs communes (06850 a trois communes associées sur la figure 4.23). La table cp se retrouve ainsi dotée d'une clé à deux champs : no_commune et cp.

En fait, quand nous récupérons la table des communes, les codes postaux d'une ville sont tous rassemblés dans un de ses champs, les valeurs étant séparées par une virgule. Bien entendu, cela viole la première forme normale.

Notre base est stockée avec l'encodage appelé latin1 par MySQL et qui est en fait du windows-1252 (CP1252).

Voici le code de **get-villes-par-cp.php** :

```
sleep(1);
if (array_key_exists("cp", $_REQUEST)) {
  $tomorrow = 60*60*24; // en nb de secondes
  header("Cache-Control: max-age=$tomorrow"); ←❶
  print_plain();
}
else {
  print "Usage : $_SERVER[PHP_SELF]?cp=un-nom";
}
```

```
function print_plain() {
  header("Content-type: text/html; charset=windows-1252");←❷
  $communes = get_communes($_REQUEST["cp"]);
  $result = array();
  foreach ($communes as $row) {
    $result[] = "$row[no_commune]=$row[nom_commune]";←❸
  }
  print implode(";", $result);←❹
}
```

Comme les communes ne sont pas susceptibles d'évoluer fréquemment, nous mettons, en ❶, les réponses en cache durant une journée, qui est un délai raisonnable (une journée de travail). La fonction get_communes renvoie un tableau des communes correspondant à la requête. Nous le parcourons, créant pour chaque élément une chaîne de la forme no=nom (ligne ❸), puis une chaîne concaténant tous ces éléments en les séparant par un point-virgule (ligne ❹).

MySQL renvoyant les données en les encodant en CP1252, nous indiquons dans les en-têtes de la réponse que le contenu est en windows-1252 (ligne ❷). Ce jeu d'encodage est en effet disponible, pour les documents HTML, sur les navigateurs Mozilla, IE, Safari et Opera.

Examinons maintenant le code de get_communes :

```
function get_communes($cp) {
  // On se connecte a la base
  include_once("database.php");
  $connect = get_db_connection();←❶
  // On recupere les enregistreents
  $sql = "
    SELECT commune.no_commune AS no_commune, nom_commune
    FROM commune INNER JOIN cp
    ON commune.no_commune = cp.no_commune
    WHERE cp.cp = '$cp'
    ORDER BY nom_commune ASC
  ";
  $lignes = mysql_query($sql)
    or die("Requete \"$query\" invalide\n".mysql_error());
  // On cree le resultat
  $result = array();
  while($row = mysql_fetch_array($lignes)) {
    $result[] = $row;←❷
  }
  mysql_close();
  return $result;←❸
}
```

Nous incluons le fichier **database.php** et récupérons une connexion (ligne ❶). Puis nous construisons simplement une requête SQL *ad hoc* et l'exécutons. Nous parcourons ensuite les lignes de résultat, mettant chaque élément dans un tableau, que nous renvoyons.

Conclusion

Les deux exemples que nous venons de construire (suggestion de saisie et mise à jour d'une liste déroulante) illustrent les différentes caractéristiques de l'objet `XMLHttpRequest` et montrent le réel intérêt d'Ajax pour l'utilisateur.

Ils mettent également en lumière plusieurs principes de conception concernant d'un côté l'utilisateur et de l'autre le développeur.

L'apport principal d'Ajax est la réactivité, que nos applications se doivent de maximiser. Pour cela, il est important de réduire tout trafic réseau inutile, en ne produisant que des appels Ajax utiles et en annulant systématiquement ceux dont le résultat n'est plus utile.

Par exemple, dans la mise à jour de la liste, nous n'émettons un appel que lorsque la saisie de l'utilisateur a atteint cinq caractères. L'impact de cette mesure semble faible à l'échelle d'un utilisateur, mais c'est en fait au niveau de l'ensemble des utilisateurs qu'il faut raisonner. En somme, en Ajax, comme d'ailleurs dans les applications Web en général, il est conseillé de se préoccuper d'écologie, particulièrement en intranet, où le Web devrait se montrer au moins aussi rapide que les applications client-serveur traditionnelles.

Un moyen important de réduire le trafic réseau consiste à utiliser à bon escient la mise en cache. En Web classique, nous ne nous préoccupons généralement que d'empêcher la mise en cache, en particulier quand nous lisons des données mises à jour en temps réel (réservations, stocks de produits, comptes et mouvements bancaires, vente en ligne). Bien entendu, en Ajax, cette préoccupation demeure. Il s'y adjoint simplement une préoccupation inverse : mettre en cache les données plus constantes. Pour cela, nous pouvons utiliser plusieurs en-têtes décrits précédemment.

Un deuxième principe consiste à donner du « feedback » à l'utilisateur. Dans le Web classique, une bonne part de ce feedback est pris en charge par le navigateur, qui anime une icône lors de l'appel d'une page, change le curseur de la souris quand elle passe sur un lien, etc. Avec Ajax, nous devons prendre en charge une partie de ce travail, en montrant qu'un appel est en cours, lorsque c'est pertinent. Dans le cas de la mise à jour d'une liste, c'est important, et nous l'avons fait d'une façon un peu rustique avec un simple message. En revanche, dans le cas d'une suggestion de saisie, c'est inutile, et nous l'avons évité.

Un troisième principe consiste à laisser l'utilisateur contrôler l'application. C'est là une règle classique d'ergonomie, comme le feedback. En Ajax, cela veut dire, d'abord, permettre à l'utilisateur d'annuler une requête, comme nous l'avons fait dans la mise à jour de la liste et, en partie, dans le suivi d'un flux en temps réel. Cela veut dire aussi, et plus encore, limiter les temps de réponse. Il ne s'agit pas seulement de la récupération des données, mais aussi des traitements déclenchés à l'arrivée. Les exemples de sites se figeant dans certains cas devraient nous inciter à la plus grande prudence quand nous bâtissons des applications complexes et riches, qui sont précisément mises en avant dans la littérature Ajax.

Nous nous sommes aussi préoccupés d'accessibilité, en veillant aux problèmes d'encodage, qui apparaissent si fréquemment en français. Nous avons la plupart du temps renvoyé les réponses en UTF-8, en veillant à spécifier cet encodage dans les en-têtes. La nouveauté avec Ajax est qu'il nous faut encoder les paramètres avant leur transmission.

Les applications Ajax sont plus complexes que les applications Web traditionnelles. Certains zélotes vont même jusqu'à rêver de les substituer à Windows. Sans aller jusque-là, la complexité d'une application bureautique Ajax est sans commune mesure, côté client, avec celle d'une application de gestion Web classique.

En même temps, de nombreux composants graphiques (widgets) et schémas de comportement (patterns) se retrouvent d'une page à l'autre. C'est pourquoi il est fondamental d'isoler ces composants, afin, d'une part, de les rendre robustes et, d'autre part, de les réutiliser plus facilement.

Actuellement, les bibliothèques comportent surtout des composants graphiques. Nous avons dans ce chapitre conçu des composants de comportement. Les composants en question sont des composants JavaScript. Nous continuons ainsi le travail commencé au chapitre précédent, confirmant, s'il en était besoin, que le développement Ajax incite et tend à faire du développement objet.

Le développement JavaScript étant fragile (pas de compilateur, tout est dynamique), nous avons testé autant que possible dans les constructeurs de nos composants que leurs paramètres étaient valides. Ces tests sont très importants, car ils offrent des gains de temps précieux lors du débogage. Sans rêver de faire de la conception par contrat en JavaScript, nous visons à créer des composants robustes.

Quand la complexité croît, nous avons besoin de documentation. C'est pourquoi nous avons systématiquement utilisé les possibilités de jsdoc, qui permet d'autodocumenter le code. C'est là un troisième principe de développement. Comme nous l'avons indiqué au chapitre précédent, des outils de compression permettent de supprimer tout le surpoids occasionné, dont nous n'avons dès lors plus à nous soucier.

Pour toutes ces raisons, le développement Ajax donne au développement Web côté client un nouveau visage, similaire à celui du développement côté serveur.

5

Échange de données
en XML ou JSON

Les deux chapitres précédents, consacrés à JavaScript et à la communication asynchrone avec le serveur grâce à l'objet `XMLHttpRequest`, ont traité ce que recouvrent les trois premières lettres de l'acronyme AJAX (Asynchronous JavaScript and XML). Ce chapitre est consacré à ce que recouvre la derniére, à savoir XML.

XML (eXtensible Markup Language), ou langage de balisage extensible, a été conçu en 1998 afin de permettre d'échanger des *informations structurées portables* sur Internet. C'est une forme simplifiée du SGML (Standard Generalized Markup Language), ou langage normalisé de balisage généralisé.

Les concepteurs de XML avaient deux objectifs en vue :

- Les applications documentaires, en particulier ce qu'on appelle aujourd'hui le « Web sémantique ». XML permet de définir la structure des documents, en contraste avec le HTML, qui en définit surtout l'apparence. Les flux RSS, devenus le standard de fait pour la diffusion d'actualités sur Internet, en sont le résultat le plus probant. Les fichiers XML sont vus dans ce cas comme des *documents*.

- L'EDI (échange de données informatisées) et les services Web, c'est-à-dire la commu- nication entre applications distantes, *via* HTTP. Le résultat le plus connu est sans doute le protocole SOAP (Simple Object Access Protocol), qui définit la structure des données XML échangées par les services Web. Les fichiers XML sont vus dans ce cas comme des *données*.

En fait, XML est avant tout devenu omniprésent dans un troisième domaine : les fichiers de configuration. C'est aussi un format de stockage de plus en plus utilisé par les applications. À titre d'exemple, les playlists de Windows Media Player sont stockées sous forme de fichiers XML. Par contre, XML s'est diffusé plus lentement dans les applications documentaires ou l'EDI, pour lesquels il a pourtant été conçu.

Ajax et le Web 2.0 sont en train de changer cette situation. Du côté des applications centrées sur les documents, des sites entiers sont bâtis autour de RSS et d'Ajax (par exemple, *www.netvibes.com*). Pour les applications centrées sur les données, l'échange de données entre le serveur et le client par `XMLHttpRequest` révèle au grand jour le potentiel de XML et des technologies liées, notamment XSLT et XPath, ces dernières étant disponibles dans IE et Mozilla, mais pas encore dans Opera ou Safari.

Nous étudions dans ce chapitre l'ensemble de ces possibilités. Après un point succinct sur la syntaxe XML et les différences entre le DOM XML et le DOM HTML, nous examinons les possibilités de XSLT et comparerons les divers formats d'échange entre le client et le serveur : texte simple, HTML, XML, mais aussi JSON, qui se présente comme une solution concurrente de XML.

Au chapitre précédent, nos appels Ajax renvoyaient du texte simple. Ici, ils renverront du XML.

Nous illustrons ce chapitre par deux exemples :

- la mise à jour d'une liste déroulante, portée en XML (application centrée sur les données) ;
- un composant affichant un flux RSS, si important dans le Web 2.0 (application centrée sur les documents).

Nous réalisons en outre quelques manipulations de fichiers de paramètres, puisque XML trouve dans ce domaine son terrain de prédilection.

XML (eXtensible Markup Language)

Ce que nous avons dit au chapitre 2 sur le xHTML s'applique aussi à XML : un document XML peut être vu comme une imbrication de balises sur le disque ou sur le réseau, un arbre DOM en mémoire ou des boîtes imbriquées à l'écran. Il est possible d'appliquer des CSS aux documents XML, mais cela n'est pas dans notre propos.

Nous nous penchons dans cette section sur la syntaxe XML et sur son DOM, qui est un peu différent de celui du HTML.

Documents bien formés

Nous avons rappelé au chapitre 2 les conditions pour qu'un document XML soit *bien formé*. La figure 5.1 les rappelle de façon synthétique.

Il existe deux notions distinctes en XML :

- Les documents *bien formés,* qui suivent les règles de syntaxe de XML. Un document bien formé peut être analysé avec succès et produire un arbre DOM en mémoire.

- Les documents *valides,* qui sont non seulement bien formés mais aussi conformes à une DTD (Document Type Definition) ou à un schéma XML, qui en spécifient la structure.

Les types de documents sont fondamentaux en EDI. Les différents acteurs qui échangent leurs données sous forme de documents XML doivent impérativement s'accorder au préalable sur la structure de ces documents.

Parfois, plusieurs types de documents coexistent pour un même domaine. C'est notamment le cas des RSS, dont plusieurs versions se sont succédé et continuent de coexister, ce qui alourdit la tâche des logiciels lecteurs de RSS.

Pour faire de l'Ajax, nous n'avons pas à écrire des DTD ou des schémas XML. Il peut être utile de savoir les lire, mais nous n'en avons pas besoin dans le contexte de cet ouvrage. Nous renvoyons le lecteur intéressé aux ouvrages de référence sur le sujet.

Figure 5.1

Synthèse de la syntaxe XML

Les noms de balises et d'attributs doivent respecter les conventions suivantes :

- commencer par une lettre ou un souligné (caractère « _ ») ;

- continuer par des caractéres valides : lettre, chiffre, deux-points (« : »), point (« . »), moins (« - ») ou souligné (« _ ») ;

- ne pas commencer par « xml », « XML » ou toute variante de ces trois lettres (utilisées dans des mots réservés).

Le caractère « : » est réservé. C'est un délimiteur pour les espaces de noms, que nous traiterons lors de la présentation de XSLT.

Il est possible d'utiliser des caractéres non ASCII, comme les caractéres accentués. Il est toutefois fortement recommandé de se limiter à l'ASCII, disponible sur les claviers du monde entier, qui évite tous les problèmes d'encodage.

Détaillons les points illustrés à la figure 5.1 :

- Le fichier commence obligatoirement par une ligne de déclaration, encadrée par `<?xml` et `?>`. Il est impératif que le fichier commence par la chaîne `<?xml`. S'il y a une espace ou une ligne vide avant ces caractéres ou entre eux, l'analyseur génère une erreur.

  Parmi les attributs de la déclaration, citons notamment les suivants :

  – La version, qui est obligatoire et vaut jusqu'à présent toujours 1.0.

  – Le jeu de caractéres du document, qui est optionnel et doit figurer après la version. En son absence, le document est considéré comme encodé en UTF-8 ou UTF-16 (l'analyseur XML sait deviner).

- Après la déclaration, peuvent venir les éléments suivants :

  – Instructions de traitements, qui sont aussi entre `<?` et `?>`. Seules les instructions de type feuille de style sont implémentées actuellement.

  – Déclaration de type de document, ou DTD (Document Type Definition). Parmi les types bien connus, citons xHTML, RSS, XSLT, XML Schema, MathML et SVG. Les types de documents spécifient la structure des instances de documents. Ils sont l'équivalent des classes dans le monde des documents.

- Le fichier doit contenir ensuite un élément, dit *élément racine*, unique. Cet élément est obligatoire.

Tous les éléments suivent les régles suivantes :

- Tout élément peut être vide ou avoir du contenu ou des éléments enfants. S'il est vide, il est réduit à une balise ouvrante terminée par `/>` au lieu de `>`.

- Il peut avoir un nombre quelconque d'attributs, dont l'ordre n'est pas significatif. Tous les attributs doivent avoir une valeur, entre doubles ou simples cotes.

- Les noms de balises et d'attributs sont sensibles à la casse.

- Il doit y avoir une espace au moins (blanc, tabulation, fin de ligne ou retour chariot) entre le nom de la balise et le nom du premier attribut et entre la valeur d'un attribut et le nom du suivant.

Comme nous l'avons signalé au chapitre 2, il convient de bien distinguer *élément racine* et *racine du document,* cette dernière comportant le prologue et l'élément racine.

Les caractéres >, <, et & sont interdits dans le contenu d'un élément ou la valeur d'un attribut. Il faut les y remplacer par les entités suivantes :

- `&lt;` pour < (abréviation de *less than,* ou plus petit que) ;
- `&gt;` pour > (abréviation de *greater than,* ou plus grand que) ;
- `&amp;` pour & (abréviation d'*ampersand,* ou esperluette).

Au besoin, nous pouvons utiliser `&apos;` (apostrophe) pour le caractère simple cote ('), et `&quot;` (abréviation de *quotation,* ou guillemets) pour les doubles cotes (") dans le contenu des éléments ou la valeur des attributs.

Les commentaires sont délimités par <!-- et -->. Ils ne doivent pas contenir -- et sont interdits à l'intérieur d'une balise.

Les lignes suivantes sont rejetées par les analyseurs XML :

```
<!-- ceci est un commentaire -- incorrect -->
<item <!-- commentaire interdit ici --> >
```

Scripts et sections CDATA

Si nous produisons par XSLT un document xHTML, nous pouvons être amenés à y inclure du code JavaScript. Or celui-ci comporte fréquemment les caractéres <, > et surtout &, interdits dans le contenu des éléments.

Au lieu d'écrire :

```
if (uneCondition && uneAutreCondition)
```

qui est incorrect à cause des deux esperluettes, nous devrions écrire :

```
if (uneCondition &amp;&amp; uneAutreCondition)
```

ce qui serait illisible.

Pour éviter ce problème, XML définit les sections CDATA (Character DATA), qui sont des éléments que l'analyseur doit passer en mémoire sans les analyser.

Nous pouvons ainsi écrire :

```
<script>
//<![CDTATA[
if (uneCondition && uneAutreCondition) {←❶
  // code javascript
}
//]]></script>
```

Bien que portant un caractère non autorisé (le signe &), la ligne ❶ ne pose pas de problème à l'analyseur, car elle se trouve dans une section CDATA. Remarquons que, par sécurité, nous mettons en commentaire les `<![CDTATA[` et `]]` afin d'éviter une erreur JavaScript..

Il est interdit d'inclure la chaîne `]]>` dans une section CDATA, car cette séquence signale la fin de la section. Autrement dit, une section CDATA ne peut en contenir une autre.

Choix de la structure des données

Nous pouvons structurer de diverses manières les flux XML que nous transmettons du serveur au client. Les flux représentant des données sont généralement traités différemment de ceux représentant des documents.

Choix entre attributs et éléments

Les flux représentant des documents suivent une règle simple : les informations destinées à l'utilisateur doivent être placées dans le contenu des éléments, tandis que celles destinées à l'application doivent être placées dans les attributs.

Si nous supprimons toutes les balises, l'utilisateur ne perd aucune information. C'est le cas en xHTML : les attributs servent à la mise en forme (attributs `style`, `class`, `cellpadding`, etc.) ou au travail du navigateur (par exemple, les attributs `href` des liens ou `action` des formulaires lui indiquent l'URL des cibles). Si nous supprimons les balises, nous obtenons un document sans mise en forme, sans images et sans réaction aux liens ou formulaires, mais dont tout le contenu textuel est présent. Les flux RSS étant des documents, ils suivent eux aussi cette régle.

En revanche, la règle ne s'applique pas aux flux de données, pour lesquels elle n'a aucun sens : une suite de données n'est pas un texte et ne peut être comprise sans indications sur la nature de ces données. Une seule règle, de bon sens, s'applique alors : les données composées doivent être des éléments et ne peuvent être des attributs de l'élément auquel elles se rattachent.

Par exemple, considérons la liste des communes d'un code postal donné. L'élément racine, qui pourrait s'appeler `liste`, ne peut avoir les communes trouvées pour attributs, puisque celles-ci sont déjà composées d'un numéro de commune et d'un nom. Elles sont ainsi forcément des éléments, enfants de l'élément `liste`.

La question qui se pose est dés lors de choisir comment représenter les composantes simples d'un élément, c'est-à-dire celles qui n'ont pas de composantes, comme la commune dans notre exemple. Dans le cas où une composante *pourrait* devenir composée ultérieurement, il est envisageable d'en faire un élément. Dans les autres cas, il est généralement préférable d'en faire un attribut, et ce pour deux raisons : ils sont plus faciles à manipuler en DOM (l'accès est direct à travers `getAttribute` et `setAttribute`), et ils réduisent le volume des transferts.

Écrire :

```
<uneBalise uneInfo="blablabla"/>
```

est en effet plus bref qu'écrire :

```
<uneBalise><uneInfo>blablabla</uneInfo></uneBalise>
```

Lorsqu'un flux contient un grand nombre d'éléments, la différence est notable et se traduit dans les temps de réponse de l'ensemble du réseau.

Choix des identifiants

L'un des atouts de XML étant d'être lisible par des êtres humains, il est préférable de privilégier des noms de balises et d'attributs explicites. Le résultat transmis est en quelque sorte autodocumenté, ce qui peut être utile aux développeurs souhaitant l'intégrer dans leurs applications.

Inversement, si les données sont volumineuses, le surpoids causé par les noms de balises et d'attributs doit être pris en compte et réduit autant que faire se peut. Le HTML peut nous servir ici d'exemple : les paragraphes sont indiqués par une seule lettre (p), de même que les liens (a), car, à l'origine, ces éléments étaient les plus fréquents dans les pages.

Nous devons ainsi trouver chaque fois un compromis entre lisibilité et concision. Si nous reprenons l'exemple de la mise à jour d'une liste déroulante du chapitre 4, où nous cherchions les villes de code postal 06850, nous pouvons produire le résultat suivant :

```
<?xml version="1.0" encoding="UTF-8"?>←❶
<communes cp="06850">
  <commune numero="06024" nom="Briançonnet"/>
  <commune numero="06063" nom="Gars"/>
  <commune numero="06116" nom="Saint-Auban"/>
</communes>
```

En ❶, nous précisons l'encodage, même si l'analyseur XML peut le deviner, car cette information est utile aux lecteurs humains. Nous indiquons dans la racine du document qu'il s'agit des communes de code postal 06850. Quant aux éléments commune, le nom de leurs attributs se passe de commentaires.

D'un autre côté, nous utilisons ce résultat d'abord pour fabriquer des listes déroulantes. Aussi avons-nous tout intérêt à lui donner une structure standard, quelles que soient les données qu'il représente, afin que notre composant SelectUpdater puisse l'interpréter de façon générique.

Ce résultat est en réalité simplement une liste d'éléments comprenant une valeur pour le navigateur et un texte pour l'utilisateur. Le nom de la liste importe peu, de même que les éventuels attributs qu'il pourrait avoir.

Nous choisissons donc plutôt de produire le résultat suivant :

```
<?xml version="1.0" encoding="UTF-8"?>
<communes cp="06850">
```

```
  <item value="06024" text="Briançonnet"/>
  <item value="06063" text="Gars"/>
  <item value="06116" text="Saint-Auban"/>
</communes>
```

Nous conservons l'élément racine, avec son attribut `cp`. Le contenu est ainsi explicite. Chaque élément de la liste porte le nom générique de `item` et a deux attributs : `value` et `text`, qui parlent d'eux-mêmes.

Modifions maintenant le fichier `get-villes-par-cp.php`, afin de produire ce résultat. Nous ajoutons un paramètre `output` à l'appel, de façon à pouvoir produire soit du texte simple, comme au chapitre précédent, soit du XML, soit enfin du JSON (que nous verrons ultérieurement).

Voici le code principal (le *main*, pourrait-on dire) :

```
sleep(1);
if (array_key_exists("cp", $_REQUEST)) {
  $tomorrow = 60*60*24; // en nb de secondes
  header("Cache-Control: max-age=$tomorrow");
  if (array_key_exists("output", $_REQUEST)) {
    if ($_REQUEST["output"] == "json") {
      print_json();
    }
    else if ($_REQUEST["output"] == "text") {
      print_plain();
    }
    else {
      print_usage();
    }
  }
  else {
    print_xml();
  }
}
else {
  print_usage();
}
```

Nous avons simplement ajouté un branchement, selon que le paramètre `output` est présent ou non. S'il l'est, nous appelons `print_json` ou `print_text`, suivant la valeur de `output`. Sinon, nous appelons `print_xml`. XML est ainsi considéré comme la sortie par défaut.

Si `output` est incorrect ou si `cp` est absent, nous appelons la fonction `print_usage`, qui indique comment appeler la page :

```
function print_usage() {
  print "Usage : <ul>
    <li>$_SERVER[PHP_SELF]?cp=unCp (sortie XML)</li>
    <li>$_SERVER[PHP_SELF]?cp=unCp&output=text (sortie texte)</li>
    <li>$_SERVER[PHP_SELF]?cp=unCp&output=json (sortie JSON)</li>
  </ul>";
}
```

Le résultat est illustré à la figure 5.2.

Figure 5.2

Message lorsque la page est appelée sans les bons paramètres

Usage :

- /ajax/05-xml/serveur/get-villes-par-cp.php?cp=unCp (sortie XML)
- /ajax/05-xml/serveur/get-villes-par-cp.php?cp=unCp&output=text (sortie texte)
- /ajax/05-xml/serveur/get-villes-par-cp.php?cp=unCp&output=json (sortie JSON)

La fonction `print_plain` demeure inchangée.

Voici la fonction `print_xml` :

```
function print_xml() {
  header("Content-Type: text/xml; charset=UTF-8");
  print "<?xml version='1.0' encoding='UTF-8'?>";←❶
  print "<communes cp='$_REQUEST[cp]'>";
  $communes = get_communes($_REQUEST["cp"]);
  foreach ($communes as $commune) {
    $text = mb_convert_encoding($commune["text"], "UTF-8", "CP1252");←❷
    print "<item value='$commune[value]' text=\"$text\"/>";←❸
  }
  print "</communes>";
}
```

Les analyseurs XML sont plus stricts que les analyseurs HTML et ne comprennent pas l'encodage windows-1252. Aussi sommes-nous obligés d'utiliser UTF-8, d'où l'en-tête en ligne ❶, et le réencodage en ligne ❷. En ❸, nous mettons le texte entre doubles cotes et non entre apostrophes, car certains noms peuvent contenir une apostrophe. Le reste du code n'appelle pas de commentaire particulier.

Le résultat obtenu pour le code postal 06850 de notre exemple est illustré à la figure 5.3, où l'appel a été fait sans le paramètre output, comme l'indique la barre de titre de la fenêtre.

Figure 5.3

Résultat XML de la recherche de ville par code postal

Le DOM XML

En Ajax, lorsqu'une réponse HTTP est au format XML, l'arbre DOM résultant est disponible dans la propriété `responseXML` de l'objet `XMLHttpRequest`. Nous pouvons alors utiliser le DOM pour le manipuler.

La plus grande partie du DOM XML est identique au DOM HTML. Il y manque toutefois l'attribut si pratique `innerHTML`, qui n'a pas d'équivalent en XML, si bien que cette API est très lourde.

Les mécanismes permettant de passer de l'arbre à la représentation textuelle du document XML (sérialisation) et de la représentation à l'arbre (analyse) n'ont été normalisés qu'en avril 2004 et ne sont pas un modèle de simplicité. Ils ne sont pas non plus implémentés de façon portable. En Ajax, ce n'est heureusement pas gênant pour communiquer avec le serveur, car l'analyse est faite de façon transparente à travers l'attribut `responseXML` de `XMLHttpRequest`, et la sérialisation à travers sa méthode `send`, qui peut prendre en paramètre un arbre DOM.

Les principales classes du DOM XML sont illustrées à la figure 5.4.

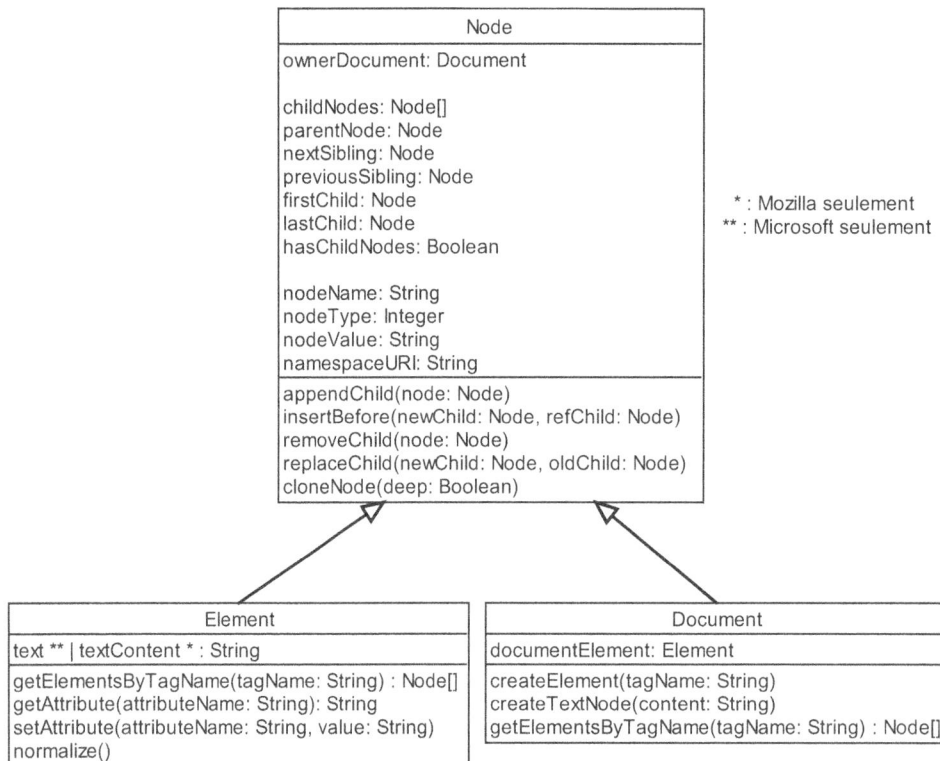

Figure 5.4

Principales classes du DOM XML

En comparaison du HTML, nous constatons que les attributs d'affichage (`offsetLeft`, etc.) ont disparu, ce qui est normal, puisque XML se cantonne à la structure.

`Node` possède deux attributs supplémentaires : `namespaceURI`, en liaison avec les espaces de noms, que nous aborderons avec XSLT, et `ownerDocument`. Dans une page HTML ou une application en général, il peut y avoir à un moment donné plusieurs documents XML en mémoire. Cet attribut permet de savoir à quel document un nœud est rattaché. Les autres attributs et méthodes de `Node` mentionnés sur le schéma sont identiques à leur contrepartie DOM HTML.

`Element` dispose d'un attribut `text` (dans IE) ou `textContent` (dans Mozilla), ce qui montre qu'il n'est guère portable. La bibliothèque JavaScript dojo en fournit toutefois une version portable sur tous les navigateurs, à travers sa fonction `dojo.dom.textContent`, qui calcule cet attribut et permet de le mettre à jour.

`Element` dispose en outre de la méthode `normalize`, qui devrait être très pratique, puisqu'elle est censée éliminer tous les nœuds texte vides et fusionner tous les nœuds texte adjacents descendant de l'élément courant. Cela permettrait de ne pas se soucier des nœuds texte vides, qui peuvent si facilement invalider les traitements qui s'appuient sur la structure du document. Ainsi, si nous reprenons l'exemple des communes précédent, nous ne pouvons supposer que `communes` a pour seuls enfants des éléments `commune` (il peut y avoir des enfants nœuds texte vide). Malheureusement, dans Mozilla et Opera, `normalize` n'élimine pas les nœuds vides, alors même que c'est son principal intérêt, L'impossibilité de l'utiliser occasionne beaucoup de lourdeur.

Par exemple, pour changer le contenu d'un élément, il faut supprimer tous ses enfants et écrire ensuite :

```
node = request.responseXML.createTextNode("blablabla");
element.appendChild(node);
```

La situation est en réalité beaucoup plus ennuyeuse encore, car si IE élimine par défaut les nœuds texte vides, dès la construction de `responseXML`, les autres navigateurs les conservent. Il est donc dangereux et non portable de se fonder sur l'ordre des enfants ou sur la valeur du contenu. C'est pourquoi nous recommandons d'utiliser des attributs plutôt que des éléments, l'accès aux attributs étant plus direct et se révélant plus sûr.

La mise à jour partielle avec XML

Nous allons transformer notre composant JavaScript `SelectUpdater` *(voir le chapitre 4)* pour lui faire prendre en compte les réponses XML ou JSON.

Commençons par modifier la méthode `onload`, en la rendant générique, et par créer trois méthodes : `loadText`, `loadXML` et `loadJSON`, qui en fournissent l'implémentation selon que la réponse est de type textuel, XML ou JSON.

Voici le code modifié de `onload` :

```
onload: function() {
  var hasContent, loadContent;←❶
```

```
    var type = ←❷
      this.request.getResponseHeader("Content-Type").split(";")[0];
    switch (type) {
      case "text/plain":case "text/html":←❸
        hasContent = (this.request.responseText != "");
        loadContent = this.loadText;
        break;
      case "text/javascript":case "application/json":←❹
        var items = this.request.responseText.parseJSON();
        hasContent = (items && items.length != 0);
        loadContent = this.loadJSON;
        break;
      case "text/xml":case "application/xml":←❺
        var root = this.request.responseXML.documentElement;
        hasContent = (root.childNodes.length > 0);
        loadContent = this.loadXML;
        break;
      defaut:←❻
        Log.error(this.url + " has an invalid Content-Type." +
          "Found '" + type + "' (must be plain text, JSON or XML)");
    }
    // Traitement commun
    this.select.innerHTML = "";←❼
    this.hide();
    if (hasContent) {
      loadContent.apply(this);←❽
      this.select.disabled = false;
    }
    else {
      this.msg.innerHTML = "<span style='color: red'>"
        + this.NOT_FOUND_MSG + "</span>";
      this.select.disabled = true;
    }
  },
```

Cette méthode commence par positionner deux variables : un booléen (hasContent) et une fonction (loadContent), qui sont déclarés ligne ❶. Elle les utilise ensuite pour exécuter le même traitement, quel que soit le format de la réponse HTTP.

En ❷, elle récupère le type MIME de la réponse. Il est fondamental que le traitement serveur positionne celui-ci ; c'est pourquoi nous produisons en ❻ un message d'erreur si ce n'est pas le cas.

En ❸, nous retrouvons le cas traité auparavant, lorsque le type MIME indique du texte simple ou du HTML. Le booléen est très simple à déterminer : il y a du contenu quand la réponse textuelle responseText n'est pas vide.

Nous examinerons le cas JSON (débutant en ligne ❹) ultérieurement.

Nous détectons que la réponse est de type XML par les types MIME text/xml et application/xml (ligne ❻), et nous récupérons l'élément racine de la réponse dans la variable root.

Les booléens et la fonction de traitement étant positionnés, nous commençons en ❼ le traitement commun à tous les formats, lequel reprend celui effectué dans la première version de SelectUpdater. Notons simplement en ❽ l'appel à la méthode apply des fonctions, appel nécessaire pour que this soit positionné à l'objet courant dans l'appel loadContent.

La méthode loadText est maintenant réduite à :

```
loadText: function() {
  var options = this.request.responseText.split(";");
  var item, option;
  for (var i=0 ; i<options.length ; i++) {
    item = options[i].split("="); // value = text
    option = document.createElement("option");
    option.setAttribute("value", item[0]);
    option.innerHTML = item[1];
    this.select.appendChild(option);
  }
},
```

Terminons avec la méthode loadXML :

```
loadXML: function() {
  var root = this.request.responseXML.documentElement;
  var items = root.childNodes;
  var option;
  for (var i=0 ; i < items.length ; i++) {
    if (items[i].nodeName == "item") {←❶
      option = document.createElement("option");
      option.setAttribute("value", items[i].getAttribute("value"));
      option.innerHTML = items[i].getAttribute("text");
      this.select.appendChild(option);
    }
  }
},
```

Nous récupérons l'élément racine de la réponse, puis nous parcourons ses enfants. Chaque fois que l'un d'eux est de type item (ligne ❶), nous produisons un élément option afin d'éliminer les nœuds texte vides éventuels.

JSON (JavaScript Object Notation)

Comme expliqué au chapitre 3, JSON est la notation objet de JavaScript, qui permet de représenter sous forme textuelle toute variable JavaScript.

Cette forme s'appuie sur les deux structures suivantes :

- une collection de couples nom/valeur, représentant un objet JavaScript ou, dans d'autres langages, un enregistrement, une structure, un dictionnaire, une table de hachage ou un tableau associatif ;

- une liste de valeurs ordonnées, représentant un tableau JavaScript ou, dans d'autres langages, un vecteur ou une liste.

Ces structures de données sont universelles. Elles se rencontrent, sous une forme ou une autre, dans tous les langages de programmation modernes (Java, Eiffel, C++, PHP, Delphi, Ruby, Perl, Python, etc.). JSON constitue ainsi un format léger d'échange de données entre applications, qui se révèle dans ce domaine un concurrent de XML, et ce, quel que soit le langage de programmation dans lequel ces applications sont écrites.

Il suffit de disposer dans chaque langage d'une API pour encoder et décoder du JSON. Le site *www.json.org* présente en détail cette notation et recense les API disponibles dans les différents langages.

Dans le cas de langages à base de classes, notons que s'il est tout aussi facile et direct de transformer des objets en notation JSON, il faut plus de travail pour convertir une chaîne JSON en un objet d'un type classe. La chaîne JSON ne transporte en effet aucune information sur le typage de son contenu : les objets ne se réduisent pas à leurs données (à leurs champs), et ils ont aussi un type, avec tout ce que cela induit en méthodes, visibilité (private/public) ou encore héritage. En résumé, JSON transporte des données, et non des objets.

Le langage se résume aux formes suivantes :

- Un objet : ensemble de couples nom/valeur non ordonnés. Un objet commence par { (accolade gauche) et se termine par } (accolade droite). Chaque nom est suivi de : (deux-points) et les couples nom/valeur sont séparés par , (virgule).

- Un tableau : collection de valeurs ordonnées. Un tableau commence par [(crochet gauche) et se termine par] (crochet droit). Les valeurs sont séparées par , (virgule).

- Une valeur : soit une chaîne de caractères entre guillemets, soit un nombre, soit `true`, `false` ou `null`, soit un objet, soit un tableau. Ces structures peuvent être imbriquées.

- Une chaîne de caractères : suite de zéro ou *n* caractères Unicode, entre guillemets, et utilisant les échappements avec antislash. Un caractère est représenté par une chaîne d'un seul caractère.

Il est possible d'inclure des espaces entre les éléments pour clarifier la structure.

L'exemple des communes, dont la forme XML est la suivante :

```
<communes cp='06850'>
  <item value='06024' text='Briançonnet'/>
  <item value='06063' text='Gars'/>
  <item value='06116' text='Saint-Auban'/>
</communes>
```

pourrait prendre en JSON la forme suivante :

```
{"communes": {
  "cp": "06850",
  "items": [←❶
    { "value":"06024", "text":"Brian\u00e7onnet" },←❷
    { "value":"06063", "text":"Gars" },
    { "value":"06116", "text":"Saint-Auban" }
  ]
}
```

Nous constatons combien les deux formes sont proches. La forme JSON, semblable à celle des programmes dans les langages dérivés du C, semble familière aux développeurs et est donc facilement lisible par eux. Certains la trouvent plus explicite que la forme XML, tandis que, pour d'autres, c'est le contraire. Certains prétendent que XML est plus verbeux que JSON. Lorsque tout est mis en éléments, c'est vrai. Mais lorsque les attributs sont privilégiés, comme ici, XML semble tout aussi concis.

Notons cependant quelques différences : les éléments `item` du code XML ont pour contrepartie JSON un champ `items` unique, dont la valeur est un tableau d'objets (ligne ❶). C'est obligatoire, car il est impossible de donner le même nom d'attribut à deux champs d'un objet.

Par ailleurs, le caractère « ç » de Briançonnet a été remplacé en JSON par sa représentation Unicode `\u00e7` (ligne ❷), qui garantit sa portabilité.

Communication JSON entre JavaScript et PHP

En PHP, il est très facile d'encoder/décoder en JSON des tableaux et tableaux associatifs grâce à la classe `Services_JSON` définie dans le fichier **JSON.php,** disponible à l'adresse *http://pear.php.net/pepr/pepr-proposal-show.php?id=198.*

Voici comment utiliser cette classe pour encoder en JSON :

```php
// Une variable PHP complexe
$bach = array(
  "prenom" => "Johann Sebastian",
  "nom" => "Bach",
  "enfants" => array(
    "Carl Philipp Emanuel",
    "Johan Christian")
);
// Instancier la classe Services_JSON
$json = new Services_JSON();
// Convertir la variable complexe
print $json->encode($bach);
```

Ce qui produit :

```
{"prenom":"Johann Sebastian","nom":"Bach","enfants":["Carl Philipp Emanuel","Johan
Christian"]}
```

Il suffit d'une ligne pour instancier le service d'encodage et d'une autre pour encoder une variable. Dans l'autre sens, c'est tout aussi facile.

Prenons la valeur obtenue par l'encodage, et décodons-la :

```
$bach='{"prenom":"Johann Sebastian","nom":"Bach","enfants":["Carl Philipp Emanuel","Johan
Christian"]}';
print_r($json->decode($bach));
```

Cela produit :

```
(
    [prenom] => Johann Sebastian
    [nom] => Bach
    [enfants] => Array
      (
        [0] => Carl Philipp Emanuel
        [1] => Johan Christian
      )
)
```

Là encore, une instruction suffit à décoder. En PHP, c'est donc un jeu d'enfant que de transformer des objets et tableaux en JSON, et réciproquement.

En JavaScript, ces transformations sont encore plus simples, grâce au fichier **json.js,** disponible à l'adresse *http://www.json.org/json.js,* qui les ajoute au langage :

- Il ajoute au prototype de `Array` et de `Object` la méthode `toJSONString`, qui produit une représentation JSON du tableau courant ou de l'objet courant.

- Il ajoute au prototype de String la méthode `parseJSON`, qui analyse une chaîne JSON et renvoie l'objet JavaScript correspondant ou `false` si la chaîne est incorrecte.

Ainsi, si nous écrivons :

```
bach = {
  "prenom": "Johann Sebastian",
  "nom": "Bach",
  "enfants": [
    "Carl Philip Emmanuel",
    "Wilhelm Gottfried"]
}
log(bach.toJSONString());
```

nous obtenons :

```
{"prenom":"Johann Sebastian","nom":"Bach","enfants":["Carl Philip Emmanuel","Wilhelm
Gottfried"]}
```

Inversement, pour récupérer en JavaScript une réponse JSON, nous écrivons :

```
var unObjet = request.responseText.parseJSON();
```

Nous pourrions penser que cette méthode `parseJSON` est inutile, puisque l'instruction :

```
var unObjet = eval(request.responseText);
```

semble avoir le même effet.

C'est certes le cas quand la réponse est du JSON correct, mais elle pourrait être incorrecte, auquel cas une exception serait levée, ou, pire encore, elle pourrait contenir du code exécutable, qui serait alors exécuté. Cela pourrait être dangereux.

Au contraire, la méthode `parseJSON` évalue l'expression seulement si c'est une chaîne JSON, renvoyant `false` dans le cas contraire, ou si elle est mal formée. C'est ainsi une précaution importante pour la sécurité de nos applications.

Nous pouvons maintenant aller plus loin encore dans l'intégration JavaScript/PHP en transmettant au serveur des objets JavaScript dans le corps des requêtes `XMLHttpRequest`.

Nous écrivons côté client :

```
// Un objet JavaScript
bach = {
  "prenom": "Johann Sebastian",
  "nom": "Bach",
  "enfants": [
    "Carl Philipp Emanuel",
    "Johann Christian"]
}
request = new XMLHttpRequest();
request.open("POST", "serveur/lire-json.php", false);
request.setRequestHeader("Content-type",
  "application/x-www-form-urlencoded");
// Envoyer l'objet en JSON
request.send(bach.toJSONString());←❶
log(request.responseText);
```

Nous créons un objet JavaScript et envoyons sa représentation JSON en tant que corps de la requête. L'action côté serveur (`lire-json.php`) se contente de décoder le corps et l'affiche sous forme détaillée.

Voici son code :

```
// Recuperer les donnees POST, censees etre en JSON
$input = file_get_contents('php://input');←❷
$value = $json->decode($input);
print_r($value);
```

La chaîne `php://input` désigne le corps de la requête HTTP. La ligne ❷ place ainsi dans `$input` la chaîne JSON transmise en ❶, et il suffit dès lors de la décoder.

L'encodage/décodage JSON est rapide, notamment côté client, et donne accès directement aux variables. La communication en JSON peut être ainsi une solution avantageuse, ce qui explique qu'elle gagne de plus en plus de faveur.

La mise à jour partielle avec JSON

Nous allons porter notre mise à jour en JSON. Le traitement principal appelle la fonction `print_json` lorsque le paramètre `output` vaut `json`.

Voici le code de cette fonction :

```
function print_json() {
  include_once("JSON.php");
  $json = new Services_JSON();←❶
  $communes = get_communes($_REQUEST["cp"]);←❷
  // On ne peut pas utiliser foreach qui travaille par copie
  // et non par reference
  for($i=0 ; $i<count($communes) ; $i++) {
    $communes[$i]["text"] =←❸
      mb_convert_encoding($communes[$i]["text"],"UTF-8", "CP1252");
  }←❹
  $result = array("cp" => $_REQUEST["cp"], "items" => $communes);
  header("Content-type: text/javascript");
  print $json->encode($result);←❺
}
```

Nous commençons par instancier en ❶ le service d'encodage, après avoir inclus le fichier qui le contient. Nous récupérons en ❷ le résultat, qui est un tableau de paires value/text.

Si nous n'avions pas de problème de jeux de caractères, nous irions directement en ❹, et le code serait vraiment très simple. Malheureusement, nous devons nous en préoccuper, ce que nous faisons en ❸. Nous produisons un tableau associatif comportant deux clés : cp et items. Il ne reste plus qu'à l'encoder en JSON (ligne ❺), après avoir indiqué l'en-tête de type MIME adéquat.

Voici le résultat produit :

```
{"cp":"06850","items":[{"value":"06024","text":"Brian\u00e7onnet"},{"value":"06063","text":
"Gars"},{"value":"06116","text":"Saint-Auban"}]}
```

ce qui, mis en forme, donne :

```
{
  "cp":"06850",
  "items":[
    {"value":"06024", "text":"Brian\u00e7onnet"},
    {"value":"06063","text":"Gars"},
    {"value":"06116","text":"Saint-Auban"}
  ]
}
```

Le résultat est un peu moins explicite qu'avec XML, la balise <communes cp="06850"> n'ayant ici que l'attribut cp pour contrepartie. Ce n'est pas inhérent à JSON, et nous aurions pu ajouter un attribut data valant communes. Comme en XML, ces attributs sont libres, le seul qui est imposé par notre composant SelectUpdater étant l'attribut items.

Dans le composant SelectUpdater, revenons sur la méthode onload :

```
onload: function() {
  var hasContent, loadContent;
  var type =
```

```
        this.request.getResponseHeader("Content-Type").split(";")[0];
    switch (type) {
      case "text/plain":case "text/html":
      // (code sans interet ici)
      case "text/javascript":case "application/json":
        var result = this.request.responseText.parseJSON();←❶
        try {
          hasContent = (result.items.length != 0);←❷
        }
        catch (exc) {
          hasContent = false;
          Log.error(this.url + " ne renvoie pas un tableau JSON");←❸
        }
        loadContent = this.loadJSON;
        break;
      //etc.
```

Nous récupérons en ❶ l'objet correspondant à la réponse JSON. Lorsque la réponse est du JSON correct, l'attribut items de la variable result vaut un tableau. Il suffit de regarder sa taille pour savoir si la requête donne un vrai résultat (ligne ❷). Dans le cas où la réponse n'est pas du JSON correct, une exception est levée, et nous produisons un message d'erreur (ligne ❸).

Il ne reste plus qu'à examiner loadJSON :

```
loadJSON: function() {
  var items = this.request.responseText.parseJSON().items;←❶
  var item, option;
  for (var i=0 ; i<items.length ; i++) {
    option = document.createElement("option");
    option.setAttribute("value", items[i].value);
    option.innerHTML = items[i].text;
    this.select.appendChild(option);
  }
},
```

Nous récupérons les items en ❶, puis nous créons un élément option pour chacun d'eux, comme nous l'avons fait pour les méthodes loadXML et loadText.

Comparaison des formats d'échange

Avec la mise à jour de la liste déroulante, nous avons utilisé successivement trois types de résultats : textuel, XML et JSON. La question du meilleur choix se pose donc tout naturellement.

Dans deux cas de figure, la réponse est simple :

• Lorsque les données consistent uniquement en une liste de valeurs, il est inutile de les structurer, et le plus simple est sans doute de les envoyer comme une simple chaîne de caractères, chaque valeur étant séparée des suivantes par un caractère spécial, la fin de ligne de préférence, car c'est le terminateur naturel. Nous pourrions certes les produire en XML ou en JSON, mais cela demanderait un travail de mise en forme côté serveur et d'analyse côté client. Il semble donc judicieux de s'en dispenser et de privilégier la sortie textuelle. C'est précisément ce que nous avons fait dans notre suggestion de saisie.

• Lorsque les données consistent en un document, comme un flux RSS, là encore la réponse est simple : XML s'impose. Il est conçu pour cela et y est donc bien adapté. Au contraire, une sortie textuelle perdrait toute la structure. Quant à JSON, il ne conserverait pas la distinction attribut/élément qui a une signification précise en XML, si bien que nous perdrions une partie de l'information.

Un troisième cas de figure concerne les données structurées. Dans ce cas, la sortie textuelle est sans intérêt, puisqu'elle élimine la structure. Par contre, tant JSON que XML peuvent convenir et sont donc concurrents. C'est normal : JSON est conçu pour cela, et XML en partie aussi (en partie, car il a été conçu aussi pour le domaine des documents).

Notre choix tient en ce cas à plusieurs facteurs : la simplicité du code induit, son efficacité côté client comme côté serveur, la portabilité, dans le cas où nous voudrions faire de notre action côté serveur un service Web, et la facilité d'exploitation des données.

Du point de vue de la simplicité du code, JSON semble avoir l'avantage côté serveur, si les données dont nous partons ont la forme que nous voulons transmettre. C'était le cas avec la liste des communes. Côté client, JSON et XML sont équivalents, à condition que le résultat XML place les données dans des attributs plutôt que dans le contenu. Nous le constatons avec l'exemple des communes.

Du point de vue de l'efficacité, on considère que JavaScript analyse beaucoup plus vite du JSON que du XML, certains avançant un facteur de 10. Toutefois, il n'est pas évident que cela fasse une différence significative, car avec JSON comme avec XML, il faut de toute façon faire des manipulations DOM de l'arbre HTML, et c'est cela qui est le plus lent, puisque le navigateur doit non seulement mettre à jour l'arbre, mais en plus recalculer son affichage. En revanche, côté serveur, JSON peut être plus efficace, évitant d'y maintenir un arbre DOM.

Du point de vue de la portabilité, les deux formats sont techniquement utilisables avec la plupart des langages, et les résultats peuvent être édités dans la plupart des éditeurs de texte. C'est en fait surtout une question d'habitude. XML est actuellement beaucoup plus connu que JSON, et c'est le format standard sous-tendu par les services Web.

C'est l'exploitation des données qui différencie surtout les deux formats. Avec XML, il est possible de produire assez simplement une représentation HTML, voire PDF, des données, grâce à XSLT, tandis qu'avec JSON, on est obligé de faire du DOM, ce qui est très lourd. XML offre là un réel avantage. Reste à savoir dans quels cas nous avons besoin d'une telle représentation HTML.

Pour les données structurées, le choix entre JSON et XML est ainsi ouvert.

Il reste un dernier cas de figure : lorsque le serveur produit un fragment HTML, qui remplace purement et simplement le `innerHTML` d'un élément donné de la page. Nous avons utilisé cette technique au chapitre 1, lorsque le HTML retourné consistait en un message.

Ici, il ne s'agit ni de données, qui pourraient être utilisées dans un autre contexte, ni de documents autonomes, mais d'une partie de la page. L'intérêt est de produire un code JavaScript si simple et si parfaitement générique que nous puissions le remplacer par un appel à un composant JavaScript générique, que nous pourrions même étendre pour lui faire mettre à jour le fragment HTML à intervalles réguliers. La bibliothèque prototype propose précisément ces deux composants. C'est pratique et rapide à mettre en place.

En contrepartie, l'action côté serveur et la page sont fortement couplées. Il faut être vigilant sur ce couplage si nous voulons garantir un code simple et maintenable. Comme pour toute action côté serveur, il est préférable de séparer le traitement qui récupère, et met éventuellement à jour, les données (il s'agit de la partie modèle dans le MVC), de la partie qui met ce résultat en forme pour l'envoyer sur le client (partie vue du MVC). Si ce principe est respecté, nous restreignons le couplage de l'action avec la page à sa partie vue, ce qui est tout à fait acceptable.

Cette technique légère ne fonctionne cependant pas avec certains éléments HTML, `innerHTML` étant dans IE en lecture seule pour les éléments `html`, `select`, `table`, `thead`, `tbody`, `tfoot`, `tr` et `textarea`. C'est pourquoi nous ne l'avons pas utilisée pour la liste déroulante.

En conclusion, la réponse d'un appel `XMLHttpRequest` est loin d'être obligatoirement en XML, malgré son nom trompeur. En fait, selon le cas de figure, il peut être préférable de renvoyer du texte, un fragment HTML, un document XML ou du code JSON. Dans deux cas de figure, le choix est direct, tandis que, pour les autres, il faut regarder au cas par cas, en considérant les quelques critères bien définis que nous venons de détailler.

Exemple d'application avec les flux RSS

Après avoir étudié l'échange de données en XML et JSON, nous en venons à une application aussi emblématique du Web 2.0 que la suggestion de saisie : les flux RSS (RSS feed).

RSS, acronyme de Really Simple Syndication (syndication vraiment simple) ou de Rich Site Summary (sommaire d'un site enrichi), permet de diffuser des nouvelles sous une forme structurée, que l'on nomme flux RSS.

Des clients RSS, intégrés parfois dans le navigateur — c'est le cas d'Opera et de Firefox — permettent de les parcourir sous une forme conviviale. Le lecteur d'Opera, illustré à la figure 5.5, les présentent comme les fils de discussion des newsgroups, ce qui est pertinent, puisque les flux RSS comme les newsgroups diffusent des nouvelles par thème.

Un panneau affiche la liste des en-têtes, composés principalement de l'émetteur (dans l'exemple, le site *techno-sciences.net*), du sujet de la nouvelle et de sa date de publication. Un deuxième panneau affiche le résumé de l'article, ainsi qu'un lien vers l'article complet sur le site l'ayant émis.

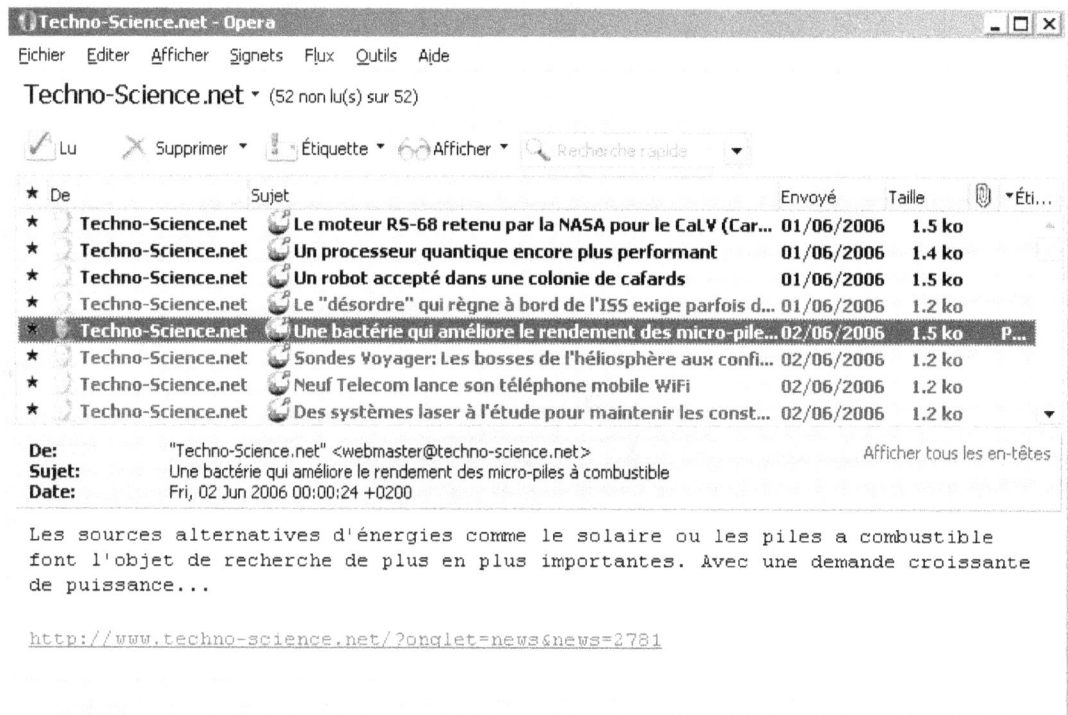

Figure 5.5 '

Le lecteur de RSS intégré dans Opera

Il devient fréquent dans le Web 2.0 d'inclure dans ses pages un ou plusieurs flux RSS. Par exemple, sur le site *netvibes.com,* l'utilisateur peut ajouter les flux qu'il désire en indiquant simplement leur URL. Chaque flux apparaît dans une boîte qu'il est possible de déplacer sur la page.

Nous allons réaliser un lecteur RSS simple, qui affichera dans un élément HTML un flux RSS. Nous pourrons placer celui-ci dans une boîte d'information, à la façon de *netvibes.com,* ou dans des onglets en utilisant les composants graphiques développés au chapitre 3.

Les formats RSS

Il existe sept formats différents de RSS, ceux-ci ayant évolué dans le temps, dont RSS 2.0 et Atom sont aujourd'hui les principaux.

Voici un exemple de flux RSS 2.0, provenant de *www.techno-sciences.net,* qui commence par l'en-tête :

```
<?xml version="1.0" encoding="iso-8859-1"?>
<rss version="2.0">
```

```
   <channel>
     <title>Techno-Science.net</title>
     <link>http://www.techno-science.net</link>
     <description>Actualité des sciences et des techniques</description>
     <language>fr</language>
     <managingEditor>webmaster@techno-science.net</managingEditor>
     <webMaster>webmaster@techno-science.net</webMaster>
     <pubDate>Thu, 08 Jun 2006 00:01:33 +0200</pubDate>
     <image>
        <url>http://www.techno-science.net/graphisme/Logo/Logo-TSnet-noir-150x62.gif</
url>
       <title>Techno-Science.net</title>
       <link>http://www.techno-science.net</link>
       <width>150</width>
       <height>62</height>
     </image>
```

L'élément racine `rss` possède un attribut `version` utile au lecteur de RSS. Son premier enfant, `channel`, a quelques enfants donnant des informations sur le flux : nom et URL du site émetteur, dates et informations éditoriales. Les éléments `title`, `link` et `description` sont obligatoires, les autres optionnels.

Suivent une série d'articles, de nom de balise `item` :

```
     <item>
        <title>Une bactérie qui améliore le rendement des micro-piles à combustible</
title>
       <link>http://www.techno-science.net/?onglet=news&amp;news=2781</link>
       <description>Les sources alternatives d'énergies comme le solaire ou les piles
a combustible font l'objet de recherche de plus en plus importantes. Avec une demande
croissante de puissance...</description>
       <category>Energie</category>
       <pubDate>Fri, 02 Jun 2006 00:00:24 +0200</pubDate>
     </item>

     <!-- ici d'autres elements item -->
   </channel>
</rss>
```

Chaque article peut posséder, entre autres, un titre, un lien où le consulter en intégralité, un résumé, ainsi qu'une date de parution. Tous ces éléments sont optionnels, à l'exception de `title` et `description`, dont l'un au moins doit être présent.

La description complète des formats RSS est disponible à l'adresse *www.rssboard.org*.

Comme indiqué précédemment, toute l'information destinée à l'utilisateur réside dans le contenu des éléments, et non dans leurs attributs. Le seul attribut de tout le fichier, l'attribut `version` de l'élément `rss`, est utile aux applications lisant les RSS, mais non à l'utilisateur.

Il est possible d'éditer des RSS de façon visuelle (sans avoir à écrire les balises), grâce à l'extension Firefox RSS Editor.

Le serveur comme mandataire HTTP

Pour afficher en Ajax un flux RSS de notre choix, nous devons d'emblée faire face à une difficulté : par sécurité, les appels XMLHttpRequest ne peuvent être émis que vers le serveur ayant envoyé la page courante, alors que nous voulons récupérer un flux venant le plus souvent d'un autre serveur.

La solution à ce problème consiste à demander à notre serveur Web de servir de mandataire : nous lui demandons une page mandataire, chargée de récupérer l'URL passée en paramètre, et de nous la retourner.

Pour réaliser cela en PHP, nous utilisons la bibliothèque CURL (Client URL).

Voici le code principal de la page mandataire **open-url.php :**

```
if (array_key_exists("url", $_REQUEST)) {
  afficher($_REQUEST["url"]);
}
else {
  demander();
}
```

Si la page reçoit un paramètre url, elle appelle la fonction afficher, qui récupère et renvoie la page située à cette URL. Sans paramètre, elle appelle la fonction demander, qui affiche un formulaire pour saisir cette URL.

Comme nous ne détaillerons pas la fonction demander, sans importance ici, passons directement à la fonction afficher, dont voici le code :

```
function afficher($url) {
  // Initialiser la recuperation
  $ch = curl_init($url);
  // Incorporer les en-tetes (et le statut)
  curl_setopt($ch, CURLOPT_HEADER, 1);
  // Renvoyer le resultat dans une chaine
  // et non sur la sortie standard
  curl_setopt($ch, CURLOPT_RETURNTRANSFER, 1);
  // Executer la requete
  $page = curl_exec($ch);           ←❶
  curl_close($ch);
  // Les en-tetes sont terminees par 2 CRLF
  $endHeader = strpos($page, "\r\n\r\n");
  // Recuperer en-tetes et corps de la reponse
  $headers = substr($page, 0, $endHeader);    ←❷
  $body = substr($page, $endHeader+4);
  // Chaque en-tete est terminee par CRLF
  $headers = explode("\r\n", $headers);       ←❸
  foreach ($headers as $line) {
    header("$line\n");              ←❹
  }
  // Produire le corps
  print $body;                     ←❺
}
```

En ❶, nous récupérons dans la variable `$page` la réponse complète, avec son corps et ses en-têtes, car nous voulons renvoyer exactement ce qu'aurait renvoyé au client un appel direct à l'URL demandée.

Il s'agit ensuite d'envoyer séparément les en-têtes et le corps. En effet, en PHP, les premières sont envoyées par la fonction `header`, tandis que le corps l'est par `print` (ou `echo`, qui est un synonyme). Chaque en-tête étant terminé par `CRLF` (retour chariot puis fin de ligne), et le dernier étant suivi d'une ligne vide, nous extrayons de `$page` les en-têtes `$headers` (ligne ❷) et le corps `$body` (ligne suivante). Puis, nous faisons un tableau des en-têtes et envoyons chacun au client (ligne ❹). Il ne reste plus qu'à envoyer le corps (ligne ❺).

Simple à utiliser, la bibliothèque CURL se révèle très pratique, non seulement pour notre besoin présent, mais aussi pour appeler des actions distantes et intégrer des données XML distribuées.

Le composant lecteur de RSS

Nous souhaitons faire afficher un flux RSS dans un élément HTML. Les deux paramètres importants sont cet élément (ou son id) et l'URL du flux RSS. Le reste étant parfaitement générique, nous allons créer un composant JavaScript, que nous nommerons `RSSBox`.

L'appel dans la page sera de la forme suivante :

```
uneBoiteRSS = new RSSBox(urlDuFlux, idElementHTML);
```

Voici le constructeur de `RSSBox` :

```javascript
function RSSBox(url, idElement, maxNumber, target) {
  if (!window.XMLHttpRequest) {  ←❶
    throw "Requiert XMLHttpRequest()";
  }
  /** URL du flux RSS */
  this.url = url;
  /** Elément affichant le résultat HTML */
  this.element = document.getElementById(idElement);
  /** Requête pour le flux RSS */
  this.request = null;
  /** Nombre maximal de nouvelles affichées (défaut 10)*/
  this.maxNumber = maxNumber || 10;
  /** Nom de la fenêtre où renvoyer les liens (défaut _self)*/
  this.target = target || "_self";
  this.load();  ←❷
}
```

Les commentaires indiquent la signification des différents attributs. En ❶, nous vérifions qu'Ajax est disponible, lançant une exception dans le cas contraire. Une fois l'initialisation terminée, nous lançons en ❷ la récupération du flux.

Celle-ci est définie dans le prototype, qui définit en outre un attribut `proxyUrl` et des méthodes `reload`, `display` et `_setTitle`, cette dernière étant privée, comme l'indique le souligné au début de son nom. L'attribut `proxyUrl` spécifie l'URL de la page sur le serveur récupérant les flux distants.

Voici le code du prototype, épuré des commentaires jsdoc :

```
RSSBox.prototype = {
  proxyUrl: "serveur/open-url.php?url=",
  load: function(time) { // voir ci-dessous },
  reload: function() { // voir ci-dessous },
  display: function() { // voir ci-dessous },
  _setTitle: function() { // voir ci-dessous }
}

RSSBox.prototype.constructor = RSSBox;
```

L'attribut `proxyUrl` vaut par défaut l'URL relative de la page que nous avons définie précédemment, avec le nom de son paramètre `url`. Cet attribut est défini dans le prototype et non dans les instances du constructeur, car toutes les instances doivent partager cette valeur, qui est constante pour une application.

La méthode `load`, chargée de lancer la requête, prend un paramètre optionnel `time`, dont nous comprendrons l'utilité en regardant la méthode `reload`.

Voici son code :

```
load: function(time) {
  // Annuler la requete si elle est en cours
  if (this.request) {
    try {
      this.request.abort();←❶
    }
    catch (exc) {}
  }
  this.request = new XMLHttpRequest();
  var rssUrl = this.proxyUrl + encodeURIComponent(this.url); ←❷
  if (time) {
    rssUrl += "&time="+now;←❸
  }
  this.request.open("GET", rssUrl, true);
  var current = this;
  this.request.onreadystatechange = function() {
    if (current.request.readyState == 4) {
      if (current.request.status == 200) {
        current.display();←❹
      }
      else {
        current.element.innerHTML =
          "Impossible de récupérer <a href='"
          + current.url + "'>ce flux RSS</a> (http status : "
          + current.request.status + ")";←❺
      }
    }
  }
```

```
      this.element.innerHTML = "En chargement ...";←❻
      this.request.send("");
   },
```

En ❶, nous annulons la requête en cours, s'il y en a une, comme nous l'avons fait jusqu'ici. Dans ce cas, nous aurions pu nous en dispenser sans grand mal, car le risque d'avoir deux requêtes parallèles pour le même objet RSSBox est faible.

En ❷, nous encodons l'URL du flux RSS à récupérer. C'est indispensable, car cette URL contient, en tant qu'URL, des caractères interdits dans les paramètres.

En ❸, si la méthode a été appelée avec un paramètre, nous utilisons le mécanisme décrit au chapitre précédent : nous ajoutons à l'URL demandée un paramètre dont la valeur vaut l'instant courant, de sorte que l'URL obtenue ne peut avoir déjà été demandée et par conséquent ne se trouve pas dans le cache. Nous récupérons ainsi la dernière version du flux, que celui-ci ait ou non été mis en cache précédemment.

À l'envoi de la requête, ou plutôt juste avant, nous informons l'utilisateur (ligne ❻). Lors de la réception de la réponse, nous affichons le résultat si tout s'est bien passé (ligne ❹) ou un message d'erreur indiquant la nature du problème s'il y en a eu un (ligne ❺).

Voici le code de la méthode reload :

```
reload: function() {
   var now = (new Date()).getTime();
   this.load(now);
},
```

Cette méthode recharge le flux, en outrepassant sa mise en cache éventuelle. Elle est utile dans IE et Opera, où elle fournit la fonctionnalité Recharger la page, classique en Web traditionnel, dont la contrepartie Ajax (Recharger le fragment de page) n'est pas fournie par le navigateur et doit être écrite par le développeur.

Voici la méthode display :

```
display: function() {
   this._setTitle();←❶
   this.element.innerHTML = "";←❷
   var ele = this.request.responseXML.documentElement;
   ele = Element.getChildElements(ele, "channel")[0];←❸
   var items = Element.getChildElements(ele, "item");
   var i, link, length;  var i, ele, link, length;
   length = Math.min(items.length, this.maxNumber);
   for (i=0 ; i < length ; i++) {
      // Creer un lien par item
      link = document.createElement("a");←❹
      // Avec l'url trouvee dans link
      ele = Element.getChildElements(items[i], "link")[0];←❺
      link.setAttribute("href", Element.textContent(ele));←❻
      link.setAttribute("target", this.target);
      // Le texte venant de title
      ele = Element.getChildElements(items[i], "title")[0];
```

```
        link.innerHTML = Element.textContent(ele);
        // Le lien en affichage block
        link.style.display = "block";
        this.element.appendChild(link);
    }
},
```

Cette méthode commence par récupérer le titre du flux (ligne ❶) et par effacer le contenu de l'élément affichant le flux (ligne ❷). Pour récupérer les articles, il faut partir de l'élément racine, descendre sur le premier élément `channel` (ligne ❸) et en prendre les enfants de type `item`.

Nous aurions pu écrire :

```
var items = this.request.responseXML.getElementsByTagName("item");
```

mais nous prenons toutes les précautions possibles, dans la mesure où certains flux ne sont pas complètement conformes au standard. Le flux de techno-science.net lui-même ne passe pas avec succès la validation en ligne proposée par le site *www.rssboard.org,* mentionné précédemment (il viole d'autres règles que celles concernant les items).

Nous utilisons en ❸ et en ❺ la méthode `getChildElements` définie dans notre fichier **util.js** déjà mentionné à maintes reprises. Nous créons un lien hypertexte par article (ligne ❹) puis utilisons en ❻ la méthode `textContent`, définie elle aussi dans **util.js** et qui provient de la bibliothèque dojo.

Il a longtemps été impossible de récupérer le contenu textuel d'un élément en DOM XML. C'est pourquoi Microsoft avait ajouté l'attribut `text`. Quand le W3C s'est enfin avisé qu'une telle propriété pouvait être utile, il l'a ajouté, mais avec un nom différent : `textContent`. Malheureusement, tous les navigateurs ne comprennent pas encore cette propriété, si bien que dojo l'a implémenté par une méthode qui construit le résultat en balayant les descendants de l'élément courant.

Les figure 5.6 et 5.7 illustrent la documentation jsdoc de `RSSBox`. Nous remarquons que l'outil rend dans le paragraphe Requires les dépendances indiquées dans les commentaires.

Affichage du flux

Il nous reste à utiliser ce composant dans une page. Nous allons placer le flux affiché dans une boîte d'information, telle que nous l'avons vue au chapitre 3.

Voici le code HTML de la page :

```
<html>
  <head>
    <link rel="stylesheet" type="text/css" href="RSSBox.css"/>
    <script type="text/javascript" src="util.js"></script>←❶
    <script type="text/javascript" src="RSSBox.js"></script>
    <script type="text/javascript" src="InfoBox.js"></script>
    <title>Lire des flux RSS</title>
```

Figure 5.6

Attributs du composant RSSBox

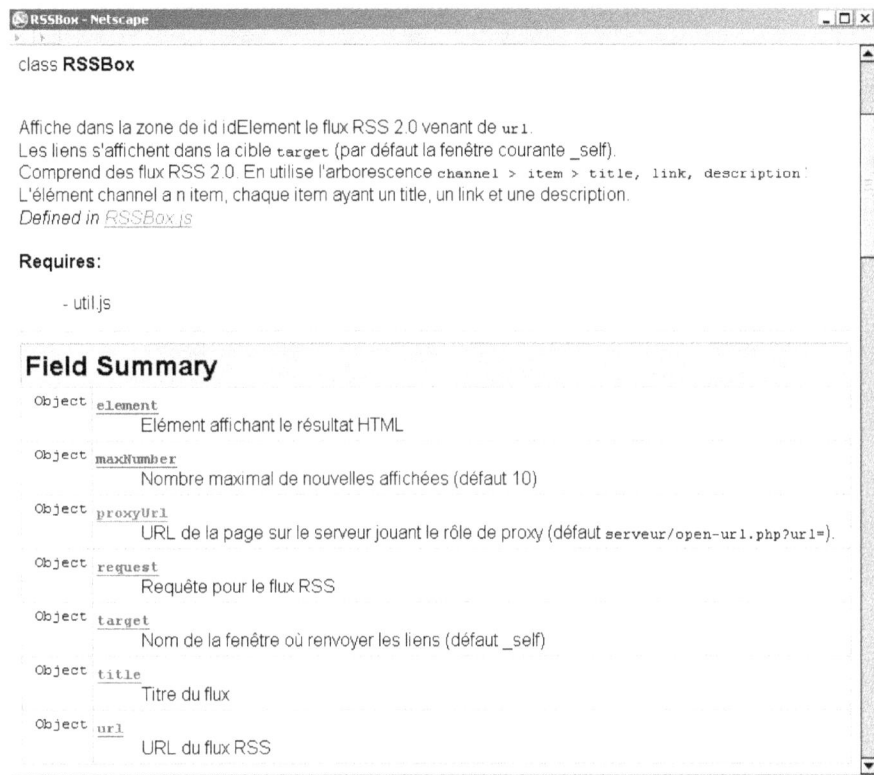

Figure 5.7

Méthodes de RSSBox

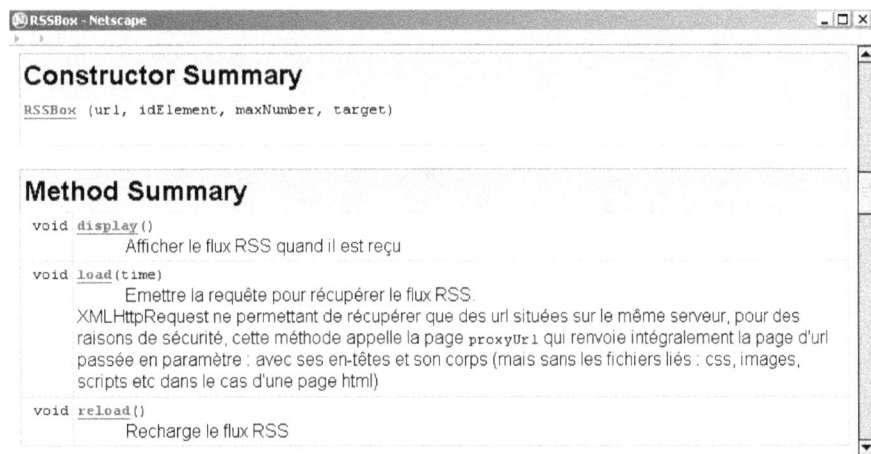

```
    </head>
<body>
  <h1>Lire des flux RSS</h1>
```

```
    <!-- Une boite d'information -->
    <div id="rss" class="rss">←❷
      <div>RSS de techno-science.net</div>
      <div id="technoScience"></div>←❸
    </div>
    <script>
// Url de flux RSS 2.0
var technoScienceUrl =
  "http://www.techno-science.net/include/news.xml";
try {
  var technoScienceRSS =
    new RSSBox(technoScienceUrl, "technoScience");←❹
}
catch (exc) {
  alert(exc);
}
infoBox = new InfoBox("rss");←❺
    </script>
  </body>
</html>
```

Nous incluons à partir de la ligne ❶ les trois fichiers JavaScript nécessaires : **RSSBox.js,
util.js,** dont il a besoin, et **InfoBox.js,** pour la boîte d'information. La boîte est définie
en ❷ par un div contenant un div d'en-tête, le second contenant le corps à afficher, qui
est, dans notre cas, le flux RSS (ligne ❸).

En JavaScript, nous créons les instances de RSSBox (ligne ❹) et d'InfoBox (ligne ❺)
adéquates. Nous plaçons la première dans un try…catch, afin de prévenir les rares cas où
le navigateur ne serait pas compatible Ajax, le constructeur de RSSBox levant alors une
exception.

Nous aurions pu aussi bien remplacer la levée de l'exception dans le constructeur par un
appel à Log.error, ce qui aurait évité de devoir écrire le try…catch et aurait réduit l'instanciation à une ligne.

La figure 5.8 illustre le résultat à l'écran.

Nous constatons combien l'inclusion de cette boîte d'information RSS s'écrit avec peu
de code HTML (quatre lignes) et JavaScript : une ligne pour créer le lecteur et une ligne
pour en faire une boîte d'information. C'est tout le mérite de notre travail par composants, que nous pouvons ensuite assembler en quelques instructions. Le travail est également bien réparti entre ce qui est du ressort du composant, identique dans toutes les utili-
sations, et ce qui est propre à la page.

Nous pouvons mesurer combien la maintenance des pages en est facilitée.

Figure 5.8

Un flux RSS affiché dans une boîte d'information

En résumé

Après avoir présenté une application fondée sur les données dans la première partie du chapitre, nous avons traité d'une application documentaire. Plusieurs enseignements sont à tirer de ces exemples.

Tout d'abord, nous pouvons mesurer le grand intérêt de RSS, dont la structure assez simple mérite bien son nom de Really Simple Syndication, qui se révèle très utile pour diffuser et intégrer des nouvelles. Concernant ce dernier point, il est aisé de récupérer des nouvelles provenant de plusieurs sources et de les agréger en un seul bloc, grâce à notre mandataire PHP. Nous pourrions ensuite trier, sur le poste client, ces articles par date de parution, source (l'URL du flux) ou catégorie, tous ces éléments figurant dans les flux. Nous pourrions aussi permettre à l'utilisateur de filtrer les résultats dynamiquement.

Nous pouvons ainsi bâtir des applications documentaires véritablement distribuées, du moins en consultation. RSS est à cet égard une réussite éclatante et constitue l'un des piliers de ce qu'on appelle le Web 2.0.

Ces exemples, et tout particulièrement le lecteur RSS, nous ont en outre montré la puissance de structuration qu'offre XML. Nous pouvons créer à partir d'un résultat XML une structure HTML élaborée, sans pour autant nous limiter à un seul rendu HTML, bien au contraire. C'est que XML, comme les bases de données, renferme le contenu et la structure, à l'exclusion de toute représentation. Il est ensuite possible d'en donner de multiples vues, tout comme en bases de données. Cette façon de faire a quelque parenté avec le MVC : le modèle est le flux XML, et la vue est incarnée, entre autres, par les différentes représentations HTML de ces données ou de ces flux.

Le dernier enseignement que nous pouvons tirer de ces exemples est d'ordre technique. Dans ces applications pourtant simples, nous avons pu constater toute la lourdeur de l'API DOM, à laquelle il manque quelques méthodes ou attributs pratiques, telles que lire ou modifier le contenu d'un élément ou récupérer les enfants d'un type donné. Nous avons été contraints pour cela de créer nous-mêmes ces fonctionnalités ou de les récupérer à partir de bibliothèques, en l'occurrence dojo. Il faut également beaucoup de code pour créer des éléments et leur associer des attributs et du contenu.

Par ailleurs, pour récupérer un élément, nous sommes obligés de naviguer dans l'arbre pas à pas, avec une instruction pour chaque pas. Tout cela est pénible, et c'est pourquoi d'autres techniques ont été mises au point.

E4X (ECMAScript for XML), la plus prometteuse d'entre elles, simplifie considérablement le code, en faisant de XML un type de base du langage JavaScript. Malheureusement, elle n'est supportée que par Firefox 1.5 et par ActionScript 3, le JavaScript de Flash, et son support dans IE-7 n'est pas prévu. Une description claire et concise de ce standard ECMA est disponible à l'adresse *http://developer.mozilla.org/presentations/xtech2005/e4x*.

Deux autres technologies, XPath et XSLT, apparues en 1999, sont beaucoup plus répandues. Elles sont disponibles en JavaScript dans IE-6 et plus et dans Mozilla (Firefox 1.0 et plus), qui représentent vraisemblablement 95 % du parc des navigateurs actuels. Elles sont donc à considérer avec sérieux.

XSLT (eXtensible Stylesheet Language Transformations)

XSLT (eXtended Stylesheet Language Transformations), ou transformations XSL, sert à transformer un document XML en un autre document XML, ou en un document texte, HTML ou encore PDF, sachant que, dans ce dernier cas, il faut utiliser en plus une autre norme, XSL-FO (Formating Output).

Comme RSS, XSLT définit un jeu de balises et d'attributs, avec leurs règles d'imbrication. Dans le cas de RSS, les balises servent à structurer un flux d'articles ; dans celui de XSLT, elles permettent de spécifier une transformation à opérer sur un document source.

Les transformations XSLT sont disponibles aujourd'hui dans tous les navigateurs récents (IE-6, Firefox 1.0 et plus, Netscape 7 et plus, Safari 2 et plus, Opera 8 et plus), quand elles sont associées au document dans le document XML lui-même, à travers une instruction de traitement. Par exemple, le flux RSS du site du journal *Libération,* consultable à l'adresse *http://www.liberation.fr/rss.php,* affiche le résultat HTML de la transformation, alors que le navigateur a reçu un fichier RSS.

Voici le début de ce fichier RSS :

```
<?xml version="1.0" encoding="iso-8859-1"?>
<?xml-stylesheet type="text/xsl" href="/rss/rss.xsl" media="screen"?>←❷
<rss version="2.0>
  <channel>
```

C'est en ligne ❷, juste après la déclaration XML, qu'est spécifiée la transformation à effectuer. Elle est déclarée comme une feuille de style, de type text/xsl et non text/css, si bien que le navigateur sait quel traitement effectuer.

XSLT est donc d'ores et déjà disponible. En Ajax, nous voulons cependant aller plus loin, pour appliquer des transformations XSLT à des flux XML récupérés dynamiquement. Pour cela, il nous faut piloter les transformations depuis JavaScript.

Dans cette section, nous examinons le format XSLT et montrons comment l'utiliser en JavaScript. Cela nous amènera à étudier les espaces de noms XML et à aborder succinctement XPath. Nous illustrerons XSLT sur des flux RSS et sur un exemple de fichier de paramètres, en réalisant des vues dynamiques : filtrage et tris côté client. Nous terminerons par un bilan sur XSLT.

XPath

XSLT utilise abondamment XPath, une syntaxe permettant de décrire de façon concise et expressive des chemins dans un arbre XML.

Nous allons décrire cette syntaxe, à travers l'exemple du flux RSS vu précédemment, dont nous rappelons ci-dessous la structure, en ne notant que les noms de balises, les enfants étant indentés par rapport à leur parent, et les attributs figurant à la suite du nom de la balise, préfixés d'un @ (pour attribut) :

```
rss @version←❶
  channel
    title←❷
    link
    description←❸
    language
    managingEditor
    webMaster
    pubDate
    image
      url
      title
      link
      width
      height
    item←❹
      title
      link
      description
      category
      pubDate
    item ...
```

XPath part du constat qu'un arbre XML est similaire à une arborescence de répertoires et de fichiers, les éléments et les nœuds texte étant l'équivalent des répertoires et les attributs l'équivalent des fichiers :

• Un répertoire peut ou non avoir des sous-répertoires, de même qu'un élément peut avoir ou non des enfants, les nœuds texte n'ayant jamais d'enfants.

- Un répertoire peut avoir des fichiers, de même qu'un élément peut avoir des attributs. Un fichier est un élément terminal du système de fichiers, de même qu'un attribut dans un arbre XML.

- Tout répertoire (sauf la racine) et tout fichier ont obligatoirement un répertoire parent, de même que tout élément et tout attribut ont un parent.

L'idée de base de XPath consiste à décrire les chemins pour accéder à un nœud depuis un autre nœud, comme les chemins pour accéder à un fichier ou un répertoire depuis un autre répertoire dans le système de fichiers.

La racine de l'arbre est représentée par un /, comme sous UNIX ou dans les URL.

Si nous voulons accéder depuis la racine à l'élément ❷, nous écrivons :

```
/rss/channel/title
```

Si maintenant nous nous plaçons en ❷ et voulons accéder à ❸, nous pouvons remonter au parent et redescendre, ce qui s'écrit :

```
../description
```

De même, le signe « . », qui désigne le répertoire courant dans les systèmes de fichiers, désigne le nœud courant en XPath.

Enfin, pour accéder à un attribut, nous procédons comme pour les fichiers, sauf que les attributs sont préfixés par @.

Ainsi, pour récupérer le nœud attribut version de l'élément rss, nous écrivons :

```
/rss/@version
```

Considérons maintenant l'élément ❹. Nous ne pouvons pas écrire simplement :

```
/rss/channel/item
```

puisqu'il peut y avoir plusieurs éléments item dans le fichier. En fait, cette expression est correcte et désigne non un nœud, mais un ensemble de nœuds : tous les item enfants de channel, lui-même enfant de rss.

Si nous voulons récupérer le premier item, nous écrivons :

```
/rss/channel/item[1]
```

Nous écrivons cela comme s'il s'agissait d'un tableau, avec la particularité que les indices commencent à 1 et non à 0, à la différence des langages issus du C, tels que JavaScript et PHP.

Les crochets entourent une condition booléenne, nommée *prédicat*, que doivent respecter les nœuds recherchés. Lorsque cette condition se réduit à un entier, elle est considérée comme signifiant « dont la position vaut cet entier ».

Parmi les conditions intéressantes, citons :

```
/rss/channel/item[@type]
```

qui désigne les item enfants de channel qui possèdent un attribut type.

Nous pourrions aussi écrire :

```
/rss/channel/item[@type='scoop']
```

qui désignerait les item enfants de channel qui possèdent un attribut type valant la chaîne scoop.

Dernière abréviation utile :

```
//item
```

qui désigne les descendants de type item. Ici, nous partons de la racine, car rien n'est précisé avant les deux slashs.

Par contre, l'expression :

```
/rss/channel//title
```

désigne les éléments de type title descendants des éléments channel enfants de rss.

Si nous écrivons :

```
//item/title
```

nous obtenons les titres de tous les item. L'expression est évaluée ainsi : tout d'abord, la première étape du chemin (//item) est évaluée. Elle renvoie un ensemble de nœuds. Pour chacun de ces nœuds, l'étape suivante est évaluée, renvoyant pour chacun un ou plusieurs nœuds. Tous ces résultats sont réunis et constituent le résultat à l'étape deux. S'il y a d'autres étapes, le même processus se reproduit : pour chaque élément du résultat à l'étape précédente, le résultat de l'étape est évalué, et tous ces résultats sont réunis.

Remarquons que //title désigne tous les titres, qu'il s'agisse des éléments title de channel ou de item. Si nous désirons obtenir le premier descendant de type title, nous écrivons (//title)[1]. Il est à noter que les parenthèses sont dans ce cas obligatoires : si nous ne les mettions pas, le sens de l'expression serait différent.

Sur ces exemples, nous constatons combien cette forme est concise et puissante. Elle l'est même encore plus, car nous n'avons exploré qu'une façon de parcourir l'arbre : de haut en bas ou de bas en haut. Il est possible de naviguer dans le sens des nœuds voisins, et un certain nombre de fonctions permettent de sophistiquer les prédicats. Tout cela dépasse cependant notre propos, et ce que nous avons vu ici est suffisant pour notre étude.

Fonctionnement de XSLT

Un fichier XSLT est tout simplement la description en XML des transformations à effectuer sur un autre document XML, appelé la *source* de la transformation. La transformation est opérée par un processeur XSLT, qui applique au document source les règles définies dans le fichier XSLT.

La figure 5.9 illustre ce fonctionnement.

Figure 5.9

Fonctionnement d'une transformation XSLT

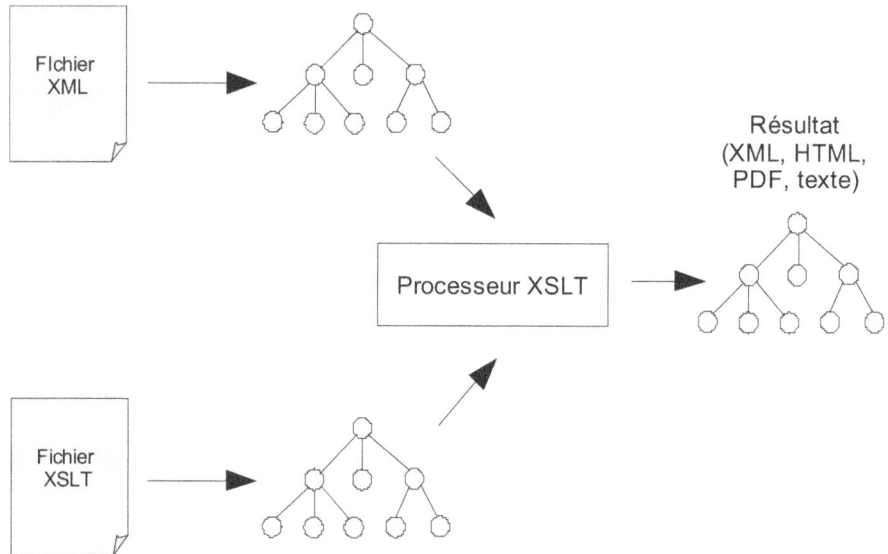

Le processeur travaille non à partir des fichiers, mais à partir des arbres DOM en mémoire. Il nous suffit de récupérer par `XMLHttpRequest` l'arbre XML de la source et celui de la transformation puis d'appeler le processeur.

Le code diffère quelque peu selon les navigateurs. Il est très simple dans IE et plus verbeux dans Mozilla, qui suit la recommandation W3C.

Par exemple, si le fichier XSL spécifie une transformation produisant un fragment HTML, que nous voulons faire afficher dans un élément HTML `result`, nous écrivons, dans le cas de IE :

```
// xmlDoc est l'arbre DOM de la source, et xslDoc du fichier XSL
result.innerHTML = xmlDoc.transformNode(xslDoc); ←❶
```

et, dans le cas de Mozilla :

```
var xsltProcessor = new XSLTProcessor();
xsltProcessor.importStylesheet(xslDoc); ←❷
var fragment = xsltProcessor.transformToFragment(xmlDoc, document);
result.innerHTML = "";
result.appendChild(fragment);
```

L'un des intérêts de ces transformations est d'isoler nettement les vues dans les fichiers XSL et de permettre de passer facilement d'une vue à l'autre, puisqu'il suffit de changer le paramètre de l'appel en ligne ❶ ou en ligne ❷.

La syntaxe XSLT

Les développeurs qui découvrent XSLT trouvent souvent son code hideux et sont un peu désorientés par la façon inhabituelle d'écrire les instructions. En fait, nous pouvons vite nous y retrouver si nous prenons un peu de recul et réfléchissons à la structure des instructions, au-delà de leur syntaxe.

Prenons l'exemple de l'instruction if. En JavaScript, nous écrivons :

```
if (uneCondition) {
  instructionSiOK();
}
else {
  instructionSiPasOK();
}
```

Cette syntaxe n'est toutefois pas la seule possible.

Par exemple, en Eiffel, nous écririons :

```
if uneCondition then
  instructionSiOk
else
  instructionSiPasOK
end
```

Si nous allons au-delà de la syntaxe, nous nous trouvons face à une structure dans laquelle le if possède trois composantes : la condition de test, l'instruction à effectuer si le test est vérifié et l'instruction à effectuer dans le cas contraire, cette dernière composante étant optionnelle.

C'est là une structure arborescente, que nous pourrions représenter ainsi :

```
if
  condition
  instructionSiConditionRealisee
  instructionSiConditionPasRealisee
```

C'est d'ailleurs ce que font les compilateurs et interprètes. Il ne reste plus qu'à la représenter en XML.

Cela pourrait donner (attention, ce n'est pas du XSLT) :

```
<if>
  <condition>uneCondition</condition>
  <ok>instructionSiOK</ok>
  <pasOk>instructionSiPasOK</pasOk>
</if>
```

Cette forme est particulièrement verbeuse. En fait, XSLT en a retenu une autre, plus concise, mais qui ne prend pas en compte la troisième composante (pasOk), jugée peu utile dans le contexte des transformations :

```
<if test="uneCondition">
  instructionSiOK
</if>
```

Vue ainsi, la syntaxe XSLT révèle sa logique, même si elle peut encore sembler lourde ou laide à certains.

Pour des transformations, les instructions principales consistent à produire une partie du résultat.

Ainsi, au lieu d'écrire :

```
produire(unResultat)
```

XSLT écrit simplement :

```
unResultat
```

Le if suivant, écrit ainsi en JavaScript :

```
if (uneCondition) {
   produire(resultatSiOK);
}
```

s'écrit en XSLT :

```
<if test="uneCondition">
   resultatSiOk
</if>
```

Dans le cas où le résultat dépend d'un nœud source, nous pouvons en récupérer la valeur par value-of.

Par exemple, si nous sommes sur un élément item d'un flux RSS, le fait d'écrire :

```
<value-of select="title"/>
```

produit le contenu de l'enfant title de notre item. La valeur de l'attribut select est une expression XPath indiquant le chemin du nœud dont nous voulons la valeur. La valeur a ici un sens différent, et beaucoup plus naturel, que dans DOM : pour les éléments, elle vaut leur contenu textuel, qui englobe le contenu textuel de tous leurs descendants, sans les balises.

En plus du if, nous disposons en XSLT des instructions classiques : boucle, switch, appel de fonction (que XSLT appelle un template).

Voici un exemple de boucle :

```
<for-each select="ExpressionXPathDonnantLesNoeuds">
   ce qui doit etre produit pour chaque noeud
</for-each>
```

L'expression XPath de l'attribut select récupère un ensemble de nœuds. Dans le cas (le plus fréquent) où ces nœuds sont des éléments, mettons de type unElement, nous pouvons les utiliser directement dans le contenu du for-each.

Par exemple, sur le flux RSS, si nous écrivons :

```
<for-each select="//item">
   <value-of select="title"/>← ❶
   <br/>← ❷
</for-each>
```

la ligne ❶ indique ce qu'il faut produire pour chaque item, en l'occurrence le contenu de son enfant `title`, suivi d'un saut de ligne (`br`).

Cet exemple soulève un problème, et en cela doit être corrigé : en ❷, nous utilisons un élément HTML, tandis que, dans les autres lignes, les éléments sont tous issu de XSLT. Si nous laissions les choses en l'état, le processeur XSLT pourrait être troublé, ne sachant pas si `<br/>` est un élément de la sortie, ou si c'est une instruction qu'il ne connaît pas, auquel cas il pourrait tout simplement l'ignorer, et donc ne rien produire la concernant.

Pour résoudre ce problème, XML propose un mécanisme pour distinguer les balises : les espaces de noms.

Les espaces de noms

Chaque langage, que ce soit le HTML, RSS ou XSLT, définit un ensemble de noms de balises et d'attributs, nommé espace de noms (namespace). Chaque espace de noms est identifié par un URI (Uniform Resource Identifier), ou identifiant uniforme de ressource, qui, dans le cas le plus fréquent, est simplement une URL.

Dans les documents, nous ajoutons à chaque balise un préfixe de notre choix, par exemple `xsl`, en indiquant au niveau de l'élément racine que ce préfixe est associé à tel espace de noms.

Par exemple :

```
<xsl:stylesheet version="1.0"←❶
    xmlns:xsl="http://www.w3.org/1999/XSL/Transform">←❷
  <!-- plus loin -->
  <xsl:for-each select="//item">←❸
  etc.
```

En ligne ❶, la racine `stylesheet` est ainsi préfixée de `xsl`. Elle comporte un attribut, réservé par XML, commençant par `xmlns:` (XML NameSpace), suivi du préfixe utilisé dans le document, à savoir `xsl` (ligne ❷). Cet attribut a pour valeur l'URI de l'espace de noms de XSLT. Ensuite, dans le document, les éléments XSLT sont tous préfixés de `xsl`, comme nous le constatons en ligne ❸.

Il est possible de définir un espace de noms par défaut, auquel cas tous les noms de balises et d'attributs sans préfixe sont considérés comme ayant cet espace de noms.

Par exemple :

```
<?xml version="1.0" encoding="iso-8859-1"?>
<xsl:stylesheet version="1.0"
    xmlns:xsl="http://www.w3.org/1999/XSL/Transform"
    xmlns="http://www.w3.org/xhtml1/strict">
```

spécifie que les noms de balises sans préfixe sont membres du standard xHTML.

Un espace de noms par défaut peut aussi être associé à un élément de la page, auquel cas il s'applique aux éléments descendants.

Par exemple :

```
<xsl:stylesheet version="1.0"
                xmlns:xsl="http://www.w3.org/1999/XSL/Transform">
<!-- d'autres elements -->
  <html xmlns="http://www.w3.org/xhtml1/strict">←❶
    <body>←❷
```

L'élément `body` (ligne ❷) est considéré comme ayant le même espace de noms que l'élément `html` (ligne ❶), à savoir là encore le xHTML 1.

Exemple de transformation XSLT

Nous avons maintenant tous les éléments en main pour aborder un exemple de transformation XSLT.

Comme indiqué au chapitre 3, les CSS donnent accès aux couleurs système à travers une liste de mots-clés. Nous pouvons en faire un fichier XML **(couleurs-systeme.xml),** ce qui illustre le troisième usage de XML, à savoir les fichiers de configuration, à côté des documents et des données.

Voici son code :

```
<?xml version="1.0" encoding="iso-8859-1"?>
<systemColors>
  <color value="ActiveBorder">Bordure de la fenêtre active</color>
  <color value="ActiveCaption">Légende de la fenêtre active</color>
  <color value="AppWorkspace">Arrière-plan de l'interface
  de documents multiples</color>
  <!-- etc -->
</systemColors>
```

Notre fichier XML est très simple : l'élément racine `systemColors` a une série d'enfants de type `color`, dont le contenu correspond à la description de la couleur, et l'attribut `value` au mot-clé CSS. Nous n'avons reproduit ici que quelques couleurs. La liste de toutes les valeurs, fort utile en DHTML, figure en annexe. Elle a été produite grâce à XLST, par un fichier dont nous allons écrire une première version simplifiée.

Voici le code du fichier XSLT :

```
<?xml version="1.0" encoding="iso-8859-1"?>
<xsl:stylesheet version="1.0"←❶
    xmlns:xsl="http://www.w3.org/1999/XSL/Transform">←❷
  <xsl:output method="html"
    version="4.0" encoding="iso-8859-1"/>←❸

  <xsl:template match="/">←❹
    <table border="1" cellpadding="4" cellspacing="0">
      <caption>Couleurs système prédéfinies dans les CSS</caption>
      <tbody>
        <tr>
          <th>Nom</th>
          <th>Description</th>
        </tr>
```

```
          <xsl:for-each select="//color">←❺
            <tr>
              <td>
                <xsl:value-of select="@value"/>←❻
              </td>
              <td>
                <xsl:value-of select="."/>←❼
              </td>
            </tr>
          </xsl:for-each>
        </tbody>
      </table>
    </xsl:template>
  </xsl:stylesheet>
```

Il s'agit bien d'un document XML, avec sa déclaration en première ligne. Ce fichier contient essentiellement du HTML, plus quelques éléments XSLT dont le nom de balise commence par xsl:.

La racine du document est xsl:stylesheet (ligne ❶). En ❸, nous indiquons au processeur XSLT qu'il doit produire du HTML encodé en iso-8859-1. Il s'agit, comme pour l'en-tête HTTP Content-Type, de préciser le type MIME du résultat à l'application qui va le récupérer, en l'occurrence le navigateur.

Tout cela est du paramétrage. Les instructions de traitement intéressantes commencent à la ligne ❹ : l'élément xsl:template indique dans son contenu ce qui doit être produit pour les nœuds correspondant à l'expression XPath qui figure dans son attribut match. En l'occurrence, le contenu de cet élément xsl:template constitue ce qui devra être produit pour la racine (/) du document source, à savoir un tableau HTML.

Les lignes entre ❹ et ❺ sont du pur HTML. En ❺, nous retrouvons une instruction qui indique de produire, pour tous les éléments color descendants de la racine, ce qui est indiqué dans le contenu du xsl:for-each. Il sera ainsi produit autant de tr qu'il y a de color dans le fichier source.

Le for-each change le nœud courant pour le processeur XSLT : à l'intérieur du bloc commençant en ❺, le nœud courant est color. Pour chaque color, un tr est produit, avec deux enfants td. Le contenu de ces td doit provenir du fichier source, et c'est précisément ce que permet xsl:value-of, qui renvoie le contenu du nœud satisfaisant à l'expression XPath figurant dans son attribut select.

Comme l'élément courant est alors un élément color, l'expression XPath @value désigne, en ❻, son attribut value. En ❼, l'expression XPath « . » désigne le nœud courant, si bien que le résultat est le contenu de l'élément color.

Voici le résultat obtenu :

```
<table border="1" cellpadding="4" cellspacing="0">
  <caption>Couleurs système prédéfinies dans les CSS</caption>
  <tbody>
    <tr>
```

```
        <th>Nom</th>
        <th>Description</th>
      </tr>
      <tr>
        <td>ActiveBorder</td>
        <td>Bordure de la fenêtre active</td>
      </tr>
      <tr>
        <td>ActiveCaption</td>
        <td>Légende de la fenêtre active</td>
      </tr>
      <tr>
        <td>AppWorkspace</td>
        <td>Arrière-plan de l'interface
  de documents multiples</td>
      </tr>
      <!-- etc. -->
    </tbody>
</table>
```

Tout cela est bel et bon, mais ce serait encore mieux si nous disposions d'un rendu de la couleur. Comme la couleur est définie dans l'attribut value, nous voulons produire, pour la première couleur, par exemple :

```
<td style="background: ActiveBorder">
```

Nous pourrions d'abord écrire :

```
<td style="<xsl:value-of select='@value'/>">
```

mais cela serait totalement incorrect, puisqu'il ne s'agit pas de XML bien formé, la balise xsl:value-of étant à l'intérieur de la balise td. Aussi XSLT dispose-t-il d'une construction xsl:attribute, qui ajoute un attribut à l'élément en train d'être produit. Il faut simplement veiller à produire les attributs d'un nœud avant son contenu.

Le code du xsl:template devient alors :

```
<xsl:template match="/">
  <table border="1" cellpadding="4" cellspacing="0">
    <caption>Couleurs système prédéfinies dans les CSS</caption>
    <tbody>
      <tr>
        <th>Nom</th>
        <th>Description</th>
        <th>Rendu</th>←❶
      </tr>
      <xsl:for-each select="//color">ç_
        <tr>
          <td>
            <xsl:value-of select="@value"/>ç'
          </td>
          <td>
            <xsl:value-of select="."/>ç'
```

```
        </td>
        <td>
          <xsl:attribute name="style">←❷
            <xsl:value-of
                select="concat('background: ', @value)"/>←❸
          </xsl:attribute>
        </td>
      </tr>
    </xsl:for-each>
  </tbody>
  </table>
</xsl:template>
```

En ❶, nous ajoutons le nom de la colonne. En ❷, nous ajoutons un attribut `style` au `td` produit. C'est dans le contenu du `xsl:attribute` que nous produisons la valeur à donner à cet attribut `style`. Pour cela, nous utilisons la fonction XPath `concat`, qui concatène simplement des chaînes de caractère, en l'occurrence la constante `background:` et la valeur de l'attribut `value` du nœud courant `color`.

Pour tester rapidement notre XSLT, nous pouvons spécifier dans le XML une instruction de traitement :

```
<?xml version="1.0" encoding="iso-8859-1"?>
<?xml-stylesheet type="text/xsl"
  href="couleurs-systeme-complet.xsl"?>
<systemColors>
```

Le résultat est illustré à la figure 5.10.

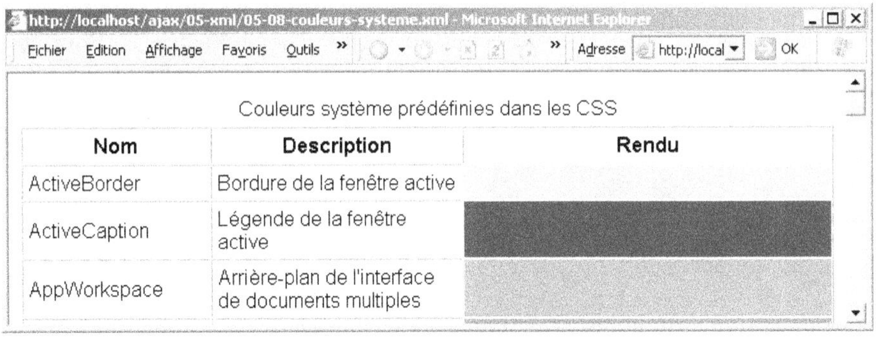

Figure 5.10

Couleurs système indiquées en XML et rendues par XSLT

Exemple d'application de lecteur RSS avec XSLT

Nous allons réaliser grâce à XSLT un lecteur RSS proche de celui fourni par Opera. Cela nous permettra de comparer XSLT et DOM et de voir au passage quelques points de conception instructifs.

La figure 5.11 illustre le résultat à l'écran. Une liste déroulante nous permet de choisir le flux RSS que nous désirons visualiser.

Figure 5.11

Lecteur de RSS utilisant XSLT

Nous avons ensuite une zone d'en-têtes, affichant la catégorie, la date et le sujet des articles, ainsi que, au-dessous, une zone de détail affichant le résumé de l'article sur lequel l'utilisateur a cliqué, accompagné de son titre et de sa date. En réalité, la zone du haut est constituée d'une ligne de titres, qui reste toujours visible, et d'une zone de contenu, que l'utilisateur peut faire défiler.

L'utilisateur peut trier les articles par catégorie, date et sujet. Tous ces tris sont effectués en local, sans nouvel appel au serveur, en modifiant la transformation XSLT et en l'appliquant à nouveau.

Nous avons besoin, dans ce cas comme dans d'autres, d'appliquer une transformation XSLT à un document XML et de mettre le résultat dans le contenu d'un élément HTML de la page. Il nous faut avoir accès à la transformation pour la modifier, et nous devons pouvoir l'appliquer à nouveau. Nous devons aussi pouvoir récupérer un document XML situé sur un autre serveur que le nôtre, puisque nous avons besoin de faire appel à notre page mandataire HTTP définie précédemment.

Cela constitue un petit ensemble de fonctionnalités, que nous allons rassembler dans un composant, comme à notre habitude, appelé XSLView.

Le composant XSLView

Voici le constructeur du composant XSLView :

```
function XSLView(idOutput, idMsg, xmlDoc, xslDoc) {
  this.idOutput = idOutput;
  this.output = document.getElementById(idOutput);
  this.xmlDoc = xmlDoc || null;
  this.xslDoc = xslDoc || null;
  this.xmlRequest = null;
  this.xslRequest = null;
  this.msg = (document.getElementById(idMsg)) ?
    document.getElementById(idMsg) : this.output;
}
```

Il prend quatre paramètres : l'id de la zone devant recevoir le résultat de la transformation, celui d'une zone de message indiquant le chargement des documents, le document XML et le document XSL, ces deux derniers étant optionnels. Il s'agit là des arbres XML, et non de leur URL. Cela permet d'utiliser un arbre déjà présent en mémoire. Nous mémorisons ces trois paramètres dans l'objet, ainsi que deux requêtes XMLHttpRequest, une pour chaque document.

Nous prévoyons d'avoir une méthode loadXML pour charger un document XML en fonction de son URL et une méthode loadXSL, sa contrepartie en XSL. Le code de ces deux méthodes étant bien entendu très semblable, nous le mettrons en commun dans une méthode privée _load.

Pour des appels distants, nous avons besoin de la page mandataire définie précédemment. Nous la mémorisons donc dans le prototype, comme nous l'avions fait pour RSSBox.

Voici le début du prototype de XSLView :

```
XSLView.prototype = {
  proxy: "serveur/open-url.php?url=",

  loadXML: function(url) {
    this._load(url, "xmlDoc", this.xmlRequest);
  },

  loadXSL: function(url) {
    this._load(url, "xslDoc", this.xslRequest);
  },
```

Les méthodes loadXML et loadXSL diffèrent quant à leurs deux derniers paramètres : le nom de la propriété de l'objet à mettre à jour (xmlDoc ou xslDoc) et la requête qui va être lancée.

Lorsque les deux documents sont récupérés, c'est-à-dire sont présents sous forme d'arbre, nous affichons le résultat de la transformation, ce dont se charge la méthode display, ou plutôt la méthode onload, qui, par défaut, appelle display.

Voici le code de _load :

```
_load: function(url, targetName, request) {
```

```
      if (!window.ActiveXObject && !window.XSLTProcessor) {←❶
        this.output.innerHTML = "Cette page nécessite Internet " +
          "Explorer 6 et plus, ou Firefox 1.0 et plus";
        return;
      }
      if (request) {←❷
        try {
          request.abort();
        }
        catch (exc) {}
      }
      if (/^http:/.test(url)) {←❸
        url = this.proxy + url;
      }
      try {
        var current = this;←❹
        request = new XMLHttpRequest();
        request.open("GET", url, true);
        request.onreadystatechange = function() {
          if (request.readyState == 4) {
            if (request.status == 200) {
              current[targetName] = request.responseXML;←❺
              if (current.xmlDoc != null && current.xslDoc !=null) {←❻
                current.onload();←❼
              }
            }
            else {
              current.log("Erreur HTTP " + request.status +
               " sur " + url);←❽
            }
          }
        }
        this.msg.innerHTML = "En chargement ...";←❾
        request.send("");
      }
      catch (exc) {
        this.log(exc);←❿
      }
    },
```

En ❶, nous commençons par vérifier si le navigateur supporte XSLT en JavaScript (Safari et Opera ne le supportent pas encore). En ce cas, nous arrêtons le traitement.

La figure 5.12 illustre le résultat.

En ❷, nous annulons par précaution la requête précédente à la même URL. En ❸, dans le cas où l'URL n'est pas sur notre serveur, nous la transformons pour la faire passer par notre page mandataire. Le test est un peu sommaire : nous vérifions simplement si l'URL commence par http:, ce à quoi satisfont toutes les URL situées sur un autre serveur. Nous pourrions écrire des requêtes vers notre propre serveur avec ce même préfixe http:, auquel cas elle passeraient par notre mandataire aussi, mais c'est sans conséquence.

Figure 5.12

Message affiché si la fonctionnalité XSLT n'est pas disponible

Nous mémorisons en ❹ l'objet courant. Lorsque tout s'est bien passé, nous récupérons la réponse en tant qu'arbre XML, que nous affectons, en ❺, à l'attribut adéquat. La possibilité d'accéder à l'attribut par la notation tableau associatif se révèle une fois de plus fort pratique.

En ❻, nous vérifions que les deux documents XML (les données et la transformation) sont bien là, et, dans ce cas, nous appelons la méthode onload (ligne ❼). En ❾, nous avertissons l'utilisateur que le transfert des documents est en cours.

Dans le cas où une exception se produit (lignes ❽ et ❿), nous l'affichons par le biais de la méthode log, qui est on ne peut plus simple :

```
log: function(msg) {
  this.output.innerHTML += msg + "<br/>";
},
```

La figure 5.13 illustre le cas où un fichier n'a pu être récupéré.

Figure 5.13

Message lorsque le document XML ou le document XSL n'a pas été trouvé

Voici le code de onload :

```
onload: function() {
  this.display();
},
```

Cette méthode est par défaut une simple coquille. En effet, à la réception complète des documents, nous pouvons vouloir effectuer des actions complémentaires à display (c'est d'ailleurs ce que nous ferons dans notre exemple). Il nous suffira alors de redéfinir onload, sans toucher à _load.

Venons-en enfin à `display`, qui effectue la transformation XSLT, après avoir effacé le message indiquant que le transfert est en cours :

```
display: function() {
  this.msg.innerHTML = "";
  var output = document.getElementById(this.idOutput);
  try { // IE
    output.innerHTML = this.xmlDoc.transformNode(this.xslDoc);←❶
  }
  catch (exc) {// Mozilla
    try {
      var xsltProcessor = new XSLTProcessor();←❷
      xsltProcessor.importStylesheet(this.xslDoc);←❸
      var fragment =
        xsltProcessor.transformToFragment(this.xmlDoc, document);
      output.innerHTML = "";←❹
      output.appendChild(fragment);←❺

    }
    catch (exc) {
      this.log(exc);←❻
    }
  }
}
```

La méthode a deux codes, selon que nous sommes dans IE ou dans Mozilla. Le code IE (ligne ❶) se réduit à une ligne, tandis que, pour Mozilla, il faut explicitement créer un processeur XSLT (ligne ❷), lui faire analyser la transformation (ligne ❸), l'exécuter, ce qui produit un fragment HTML, c'est-à-dire un ensemble d'éléments. En effet, une transformation XSLT n'est pas censée produire forcément un arbre complet et peut se limiter à une portion, laquelle peut très bien avoir plusieurs éléments de plus haut niveau (deux tableaux, par exemple).

En ❹, nous éliminons le contenu de la zone de résultat, et, en ❺, nous ajoutons à cette zone le fragment HTML produit. Si une erreur se produit, nous l'affichons, en ❻, toujours avec la méthode `log`.

La transformation XSLT

Voici maintenant la transformation XSLT :

```
<?xml version="1.0" encoding="iso-8859-1"?>
<xsl:stylesheet version="1.0"
    xmlns:xsl="http://www.w3.org/1999/XSL/Transform">
  <xsl:output method="html" version="4.0" encoding="utf-8"/>←❶
  <xsl:template match="/">
    <table border="0" cellpadding="4" cellspacing="1" width="100%">
      <tbody>
        <xsl:apply-templates select="/rss/channel[1]/item">←❷
          <xsl:sort select="substring(pubDate, 6, 11)"
```

```
                    order="descending"/>←❸
            </xsl:apply-templates>
        </tbody>
    </table>
</xsl:template>

<xsl:template match="item">←❹
    <tr>
        <td style="width: 14ex">
            <xsl:value-of select="category"/>
        </td>
        <td style="width: 13ex">
            <xsl:value-of select="substring(pubDate, 6, 11)"/>
        </td>
        <td onmouseover="this.style.cursor='pointer';this.style.textDecoration=
'underline';"←❺
            onmouseout="this.style.textDecoration='none'">
            <xsl:value-of select="title"/>
            <div style="display: none">←❻
                <xsl:value-of select="substring(pubDate, 6, 11)"/> -
                <strong><xsl:value-of select="title"/></strong>
                <hr/>
                <xsl:value-of select="description"/>
                <br/>
                <a><xsl:attribute name="href">←❼
                    <xsl:value-of select="link"/>
                  </xsl:attribute>Voir l'article en entier</a>
            </div>
        </td>
    </tr>
</xsl:template>
</xsl:stylesheet>
```

Nous indiquons, en ❶, que nous produisons du HTML encodé en UTF-8. Nous produisons un tableau HTML qui va contenir une ligne par item du flux RSS. Nous isolons, en ❹, ce qui doit être produit pour chaque item, l'appel à cette production étant fait en ❷, où nous remarquons la concision du chemin XPath qui spécifie où se trouvent les item dans le flux RSS.

L'appel possède un enfant xsl:sort, qui indique de trier les productions pour les item en fonction de la date de publication (lignes ❸ et précédente). Nous y utilisons une fonction XPath, qui extrait du contenu du nœud, passé en premier paramètre, la sous-chaîne commençant au 6e caractère et comptant 11 caractères.

Nous ajoutons un peu de dynamique en spécifiant des onmouseover et onmouseout sur les td contenant le sujet des articles (lignes ❺ et suivante). Nous incluons dans ce dernier td un div masqué (ligne ❻), qui contient le code HTML à afficher dans la zone de détails de notre lecteur. En ❼, nous y plaçons un lien vers l'article complet, en utilisant la construction xsl:attribute pour en récupérer dynamiquement l'URL.

La page HTML

Terminons par la page HTML, dont voici la structure :

```html
<html>
  <head>
    <link rel="stylesheet" type="text/css" href="RSSAvecXSLT.css"/>
    <script type="text/javascript" src="util.js"></script>
    <script type="text/javascript" src="XSLView.js"></script>
    <title>Afficher des flux RSS avec XSLT</title>
  </head>
  <body>
    <h1>Afficher des flux RSS avec XSLT</h1>
    <form action="javascript:">
      RSS :
      <select id="rssUrl">←❶
        <option
          value="http://www.techno-science.net/include/news.xml">
          Techno-Science</option>
        <option
          value="http://www.latribune.fr/rss">La tribune</option>
      </select>
      <span id="message"></span>
    </form>
    <div id="rss">←❷
      <div class="rssTitles">←❸
        <table border="0" cellpadding="4"
            cellspacing="1" width="100%">
          <tr id="rssTitles">
            <th style="width: 14ex">←❹
              Catégorie
              <img src="down.gif" id="categorieDown"/>←❺
              <img src="up.gif" id="categorieUp"/>
            </th>
            <th style="width: 13ex">←❻
              Date
              <img src="down.gif" id="dateDown"/>
              <img src="up.gif" id="dateUp"/>
            </th>
            <th id="sujet">
              Sujet
              <img src="down.gif" id="sujetDown"/>
              <img src="up.gif" id="sujetUp"/>
            </th>
          </tr>
        </table>
      </div>
      <div id="rssHeader"></div>←❼
      <div id="rssItem">Cliquez sur un sujet pour
      en afficher ici le résumé</div>
    </div>
```

Après les inclusions de scripts et de CSS de l'en-tête, nous créons une liste déroulante nous permettant de choisir le flux RSS que nous voulons afficher (ligne ❶). Nous ajoutons à sa droite une zone de message signalant à l'utilisateur les transferts de documents en cours.

Nous plaçons notre lecteur dans un div, pourvu d'un id utile pour les CSS (ligne ❷). Son premier enfant (ligne ❸) constitue la zone de titres, comme l'indique d'ailleurs sa classe CSS. Il contient un tableau à une ligne, dont les cellules ont une largeur rendue identique à celle des td générés par la transformation XSLT (lignes ❹ et ❻). C'est ainsi que nous pouvons aligner les titres et le contenu du tableau. Nous ne produisons pas les titres dans le fichier XSLT, car ils disparaîtraient lorsque l'utilisateur fait défiler les en-têtes du lecteur. Cette façon de faire n'est cependant pas parfaite, car cette indication de taille est redondante avec celle de la transformation.

Les titres contiennent deux icônes, comme en ❺, afin de trier les données quand l'utilisateur clique dessus.

Le comportement du lecteur étant assez riche, le code JavaScript contient plusieurs fonctions :

```
window.onload = function() {
  view = new XSLView("rssHeader");
  // ici des extensions à cet objet, notamment
  // une particularisation de onload
  view.loadXSL("rss-sommaire.xsl?time="+(new Date()).getTime());
  view.loadXML(document.getElementById("rssUrl").value);
  document.getElementById("rssUrl").onchange = function() {
    view.loadXML(document.getElementById("rssUrl").value);
  }
}
```

Nous créons une vue XSL (objet de type XSLView) puis adaptons son comportement et chargeons le fichier XSLT et la source XML. Enfin, nous faisons changer le flux RSS de notre vue quand l'utilisateur change l'option choisie de la liste déroulante.

Examinons maintenant les adaptations faites à notre vue, en commençant par la méthode onload, déclenchée lorsque les données et la transformation sont récupérées.

Par défaut, elle se contente d'appeler this.display. Nous la réécrivons ainsi :

```
view.onload = function() {
  document.getElementById("categorieUp").onclick = function() {    ←❶
    view.sort("category", "ascending");
  }
  document.getElementById("categorieDown").onclick = function() {
    view.sort("category", "descending");
  }
  document.getElementById("dateUp").onclick = function() {
    view.sort("substring(pubDate, 6, 11)", "ascending");
  }
  document.getElementById("dateDown").onclick = function() {
```

```
      view.sort("substring(pubDate, 6, 11)", "descending");
    }
    document.getElementById("sujetUp").onclick = function() {
      view.sort("title", "ascending");
    }
    document.getElementById("sujetDown").onclick = function() {
      view.sort("title", "descending");
    }
    document.getElementById("rssHeader").onclick=function(event) {←❷
      var source = (window.event) ? window.event.srcElement :
        event.target;←❸
      if (source.nodeName == "TD"
        && source.getElementsByTagName("DIV").length !=0) {←❹
        document.getElementById("rssItem").innerHTML =
          source.getElementsByTagName("DIV")[0].innerHTML;
      }
    }
    view.display();
  }
```

Nous avons ajouté les réactions des icônes aux clics. Par exemple, en ❶, nous spécifions la réaction à un clic sur l'icône indiquant le tri par ordre croissant. Toutes ces réactions appellent la méthode sort de notre objet, que nous définissons plus loin.

En ❷, c'est une autre réaction qui est spécifiée : celle lorsque l'utilisateur clique sur un sujet. Nous voulons faire afficher dans la zone rssItem le contenu du div caché de la cellule affichant le sujet. C'est pourquoi, en ❸, nous commençons par récupérer l'élément cliqué, avec une différence de code selon IE ou Mozilla, que nous connaissons bien maintenant. Puis, en ❹, nous vérifions que cet élément est bien un td et qu'il a un div enfant. Il ne reste plus qu'à copier le contenu de celui-ci dans la zone rssItem.

Considérons maintenant la méthode sort :

```
view.sort = function(select, order) {
  if (view != null && view.xslDoc != null
    && view.xmlDoc != null) {←❶
    var tri;
    if (view.xslDoc.getElementsByTagNameNS) {←❷
      tri = view.xslDoc.getElementsByTagNameNS(
        "http://www.w3.org/1999/XSL/Transform", "sort")[0];←❸
    }
    else {
      tri = view.xslDoc.getElementsByTagName("xsl:sort")[0];←❹
    }
    tri.setAttribute("select", select);
    tri.setAttribute("order", order);
    view.display();
  }
}
```

Cette méthode s'assure d'abord qu'elle peut être utilisée : il faut que les données et la transformation soient présentes (ligne ❶). Son principe est simple : récupérer le nœud de la transformation qui spécifie le tri, c'est-à-dire le seul élément du type xsl:sort, et à changer ses attributs select et order.

La seule difficulté vient des espaces de noms. Mozilla implémente la spécification DOM 2, qui les prend en compte, tandis que IE en est resté à la spécification DOM 1, qui les ignore. Mozilla a ainsi plusieurs méthodes supplémentaires, qui portent le nom de la méthode DOM 1 correspondante, suffixée de NS (abréviation de NameSpace). C'est pourquoi, en ❷, nous vérifions si getElementsByTagNameNS est présent. Si c'est le cas, nous y faisons appel, en passant en premier paramètre l'URI de l'espace de noms de l'élément et en second paramètre le nom sans préfixe de l'élément (ligne ❸). Avec IE, nous utilisons le classique getElementsByTagName, en lui passant le nom de l'élément avec son préfixe (ligne ❹). Il ne reste plus qu'à changer les attributs de l'élément trouvé.

La dernière composante de notre lecteur réside dans les CSS. La seule chose notable concerne la zone d'id rssHeaders. Nous voulons qu'elle ait une taille fixe et que nous puissions faire défiler le tableau qu'elle contient s'il est plus grand qu'elle.

Ce mécanisme repose simplement sur la directive overflow :

```
#rssHeader {
  height: 15em;
  overflow: auto;
  border-top-style: none;
}
```

Nous spécifions une hauteur pour la zone et lui donnons un overflow automatique.

Ce lecteur de RSS pourrait encore être amélioré, en permettant de filtrer des articles ou de fusionner les sources, par exemple. Le filtrage ressemblerait au traitement des tris : nous récupérerions la condition de filtrage puis, dans l'arbre XSLT, le apply-templates concernant les items dont nous changerions l'attribut select.

Par exemple, s'il s'agissait de restreindre aux articles de catégorie Energie, nous changerions la ligne ainsi :

```
<xsl:apply-templates
  select="/rss/channel[1]/item[category='Energie']">
```

Si nous voulions fusionner plusieurs sources, il faudrait faire un arbre DOM dont la racine aurait pour enfants directs les éléments racines des arbres DOM des sources à fusionner. C'est assez simple, même en DOM, et il suffit de quelques lignes de code.

Notre solution semble ainsi assez extensible. Il serait sans doute judicieux de faire du lecteur un nouveau composant, plutôt que de modifier des méthodes de l'objet XSLView. C'est en tous cas préférable si nous devons le réutiliser. Nous ne l'avons pas fait dans cet exemple afin de montrer comment tirer parti de la flexibilité de JavaScript pour adapter des composants existants.

Pour récapituler, le composant générique XSLView permet d'effectuer simplement des transformations XSLT, celles-ci étant récupérées dynamiquement, de même que les données à transformer. La page que nous avons conçue définit une structure et un comportement, lequel repose sur ce composant et sur un dernier élément : une transformation XSLT qui produit un tableau d'en-têtes d'articles provenant d'un flux RSS.

Nous avons là une répartition des traitements qui se rapproche fort du MVC : la transformation XSLT et le fichier CSS pour la vue, le composant et le flux RSS pour le modèle, et le code JavaScript de la page pour le contrôleur.

Conclusion

Au chapitre 4, nous avons vu comment faire communiquer nos pages avec le serveur en Ajax. Dans le présent chapitre, nous avons traité des données structurées qui sont échangées dans ces appels.

Nous avons comparé les différents formats qui peuvent être échangés : XML, JSON, HTML ou encore texte. Nous avons ensuite examiné comment exploiter ces données côté client, en utilisant DOM, puis DOM avec XSLT.

Du point de vue de l'utilisateur, le lecteur de RSS étudié en dernier est particulièrement réactif. Tris et filtrages sont instantanées, car locaux. Ce genre de manipulations de données côté client peut être envisagé chaque fois que le volume des données reste raisonnable (quelques dizaines de kilooctets) et qu'elles ne sont pas constamment en train de varier.

Par exemple, nous pouvons considérer qu'un catalogue en ligne ne change pas toutes les minutes, au contraire des réservations de billets de train ou d'avion. Pour un catalogue, si l'utilisateur fait une recherche par catégorie, nous pouvons supposer qu'il va récupérer à un stade de la recherche un nombre de produits de l'ordre de la centaine, qu'il est alors possible de renvoyer sur le poste client en XML, l'application se chargeant de les présenter sous telle ou telle forme, en faisant des tris ou filtrages locaux.

L'exemple des horaires des piscines de Paris, donné au chapitre 1, illustre cet usage. Plus complexe que celui traité dans ce chapitre, il permet de filtrer les résultats affichés par jour et par heure, l'utilisateur pouvant modifier ceux-ci librement et modifier l'apparence en faisant ressortir le jour sélectionné. Les réactions sont immédiates, et l'application ressemble ainsi à une application Windows ou MacOS native.

Les manipulations de données côté client reposent sur deux techniques : DOM, disponible dans tous les navigateurs récents, mais parfois lourde, et XSLT, disponible dans IE-6 et Firefox. Notons que, dans tous les cas, XSLT nécessite un minimum de DOM.

L'intérêt de XSLT est multiple. Sa particularité la plus frappante est qu'en éditant un fichier XSLT, nous éditons directement la structure HTML du résultat. La ressemblance est très forte avec ce que font PHP, ASP et les JSP côté serveur. Il est plus facile de se représenter une structure HTML à produire en éditant un fichier XSLT qu'en écrivant des dizaines d'instructions DOM.

Cette similarité avec PHP, JSP et ASP doit aussi nous inciter à la prudence : ces technologies, aussi pratiques semblent-elles *a priori,* doivent être utilisées à bon escient, en séparant le plus possible ce qui est de l'ordre de la vue, où le travail direct avec les balises est pratique et relativement simple, des traitements concernant les données (modèle) ou le contrôle des paramètres, où il est à proscrire. C'est la garantie d'avoir un code modulaire, au contraire du code spaghetti que l'on trouve si souvent dans les applications Web à base de scripts.

Dans le cas du lecteur de RSS, nous avons limité le code XSLT à la transformation de la structure, les réactions aux clics étant gérées dans la page HTML. Nous conservons ainsi un fichier simple. Confier à XSLT des traitements plus élaborés semble en revanche hasardeux, parce qu'il n'est guère facile de les mettre au point et que nous perdons la facilité de lecture, qui est l'avantage premier de cette technique. Mieux vaut donc s'en tenir à ce pour quoi XSLT est conçu : la restructuration du contenu.

Un autre intérêt de XSLT est que le processeur peut être appelé depuis de nombreux langages : JavaScript, PHP, Java ou encore C#, si bien qu'une même transformation peut être effectuée côté client comme côté serveur. Nous pouvons ainsi prévoir une version de notre application fonctionnant même pour les clients qui ne supportent pas XSLT, les transformations étant faites côté serveur, au prix de temps de réponse plus longs. Une partie du travail est de la sorte commune aux deux versions.

En contrepartie, les transformations XSLT sollicitent davantage le processeur. Sur un poste client, c'est négligeable, mais la question peut se poser côté serveur.

6

Les « frameworks » Ajax

Au cours des chapitres précédents, nous avons eu constamment besoin de définir, combiner ou réutiliser des composants JavaScript, certains pour définir des comportements (suggestion de saisie, récupération de flux RSS, etc.) ou des composants graphiques (boîte d'information, liste pop-up, etc.), et d'autres pour encapsuler les différences d'implémentation des navigateurs, fort nombreuses en ce qui concerne le HTML dynamique, ou encore étendre par des fonctions utiles le DOM et les objets JavaScript natifs.

De nombreuses bibliothèques de tels composants fleurissent sur le marché, sans compter les bibliothèques de composants DHTML existant déjà depuis de nombreuses années. Nous allons les étudier dans ce chapitre, en nous concentrant sur les plus connues : prototype, qui fait partie du framework Ruby on Rails, dojo, une bibliothèque extrêmement vaste, et Yahoo User Interface, récemment publiée.

Boîtes à outils, bibliothèques et frameworks

Le mot framework est aujourd'hui à la mode, les médias ne cessant de l'employer. Certains produits se vantent d'être des « frameworks Ajax », tandis que d'autres, plus modestes quoique parfois bien plus puissants, se qualifient plus justement de bibliothèques ou de boîtes à outils. Il serait peut-être utile de commencer par distinguer ces termes.

L'expression *boîte à outils* (toolkit) a deux sens :

- Elle a d'abord désigné un ensemble de composants mis à la disposition du développeur : classes (ou objets) utilisables dans le code, exécutables, comme lex et yacc sous Unix ou le programme Perl jsdoc.pl, vu au chapitre 3, qui génère la documentation JavaScript à partir des commentaires jsdoc. Les éléments qui se révèlent utiles et fréquemment employés sont ajoutés au fur et à mesure à la boîte à outils, pour être en quelque sorte tenus sous la main, si bien que l'ensemble peut être un peu hétéroclite.

- Elle désigne également, dans le domaine des interfaces graphiques, une bibliothèque de widgets, c'est-à-dire de composants graphiques de conception et apparence *(look and feel)* homogènes. C'est pour cette raison que dojo a été nommé « dojo toolkit » par ses créateurs.

Une *bibliothèque* est un ensemble de composants, ceux-ci étant soit des fonctions et procédures (bibliothèques de fonctions), très répandues dans le monde scientifique, notamment pour les calculs mathématiques, soit des classes ou encore des objets.

Le plus souvent, chaque bibliothèque est dédiée à un domaine particulier et forme un tout cohérent. En PHP, par exemple, nous avons les bibliothèques CURL, dédiée à l'appel d'URL distantes, ou DOM XML, consacrée à DOM et à XSLT. En Java, J2SE (Java 2 Standard Edition), est un ensemble de bibliothèques, dont jdbc, qui interface Java avec les SGBD, est l'une des plus connues.

Le travail sur la cohérence des bibliothèque peut être très approfondi, en particulier dans le cas des langages objet, chaque bibliothèque fournissant une hiérarchie d'héritage de classes. Le nommage des services fournis par les classes peut alors être rendu homogène, notamment grâce à l'héritage (si une classe hérite d'une autre, elle en hérite en particulier les noms de services). Les bibliothèques d'Eiffel sont sans doute celles dans lesquelles cet effort de cohérence a été poussé le plus loin.

Dans les bibliothèques, la cohérence et l'homogénéité des noms et du style sont importantes en ce qu'elles facilitent la tâche du développeur qui utilise ces bibliothèques, en réduisant le nombre d'informations qu'il doit mémoriser. Le travail de leurs concepteurs est difficile et nécessite qu'ils aient une vision globale de l'ensemble des composants de la bibliothèque, et parfois de plusieurs bibliothéques.

On parle d'API (Application Programming Interface), ou interface de programmation, pour désigner les *spécifications* des composants de ces bibliothèques : signatures des méthodes, pré- et postconditions des méthodes, exceptions qui peuvent être déclenchées, voire invariants de classe.

Un *framework*, ou cadre d'applications, fournit à travers ses API un cadre pour développer un type d'application (par exemple, les applications Web). Il fait un choix sur la façon d'organiser l'ensemble du code, en définissant les composants à produire, ainsi que leur rôle et comment ils interagissent, ce que l'on appelle communément *l'architecture* de l'application, et en fournit la partie qui se retrouve dans toutes les applications de même type.

Grâce à cela, il règle les problèmes récurrents auxquels elles font face, rend homogène l'ensemble de l'application, ainsi que les applications entre elles, induit de bonnes pratiques de conception, et réduit le temps de développement, puisqu'il fournit une partie du code à produire et guide la conception. Il peut, en particulier, définir des classes abstraites que le développeur doit implémenter (par exemple, les classes Action de Struts). Tous ces avantages s'obtiennent évidemment à la condition qu'il soit mûr et bien conçu, ce qui n'est pas toujours le cas.

Pour les applications Web, les frameworks les plus connus, c'est-à-dire Struts et JSF en J2EE et Ruby on Rails, adoptent tous l'architecture MVC (modèle, vue, contrôleur), le framework .NET étant, quant à lui, très spécifique. L'architecture MVC est aujourd'hui un modèle éprouvé, reconnu et valable. Un autre framework très connu, Hibernate, se consacre au problème de la persistance et de la correspondance objet/relationnel, ce qui est fondamental puisque, aujourd'hui, les bases de données sont majoritairement relationnelles et les langages orientés objet et que la correspondance table/classe n'est pas triviale.

Boîtes à outils, bibliothèques et frameworks visent tous à simplifier le code des applications en réutilisant des briques existantes. Les boîtes à outils, dans leur premier sens, juxtaposent simplement des éléments, tandis que les bibliothèques et les boîtes à outils graphiques visent à les intégrer en un ensemble et que les frameworks vont encore plus loin, en indiquant au développeur comment organiser le code de son application.

Parler de « framework Ajax » semble donc, actuellement (été 2006), quelque peu abusif. Nous disposons en réalité de bibliothèques de composants JavaScript, de taille et d'intégration diverses, et d'additifs côté serveur (bibliothèques PHP, Java, JSP, ou multiplates-formes), qui intègrent avant tout ces composants. Une liste à jour est disponible à l'adresse *http://ajaxpatterns.org/Ajax_Frameworks*.

Les bibliothèques JavaScript

L'offre de bibliothèques JavaScript est extrêmement diverse et mouvante, le marché étant récent et loin d'être stabilisé. La question du choix semble ainsi épineuse. Les critères à prendre en compte sont les fonctionnalités offertes, la pérennité et le support, ainsi que la qualité de la conception et de la documentation.

En ce qui concerne la pérennité, la donne a changé au printemps 2006, quand Yahoo et Google ont publié leurs API. L'une et l'autre vont sans doute devenir très populaires. D'un autre côté, les bibliothèques prototype.js et script.aculo.us sont intégrées au framework Web Ruby on Rails, très populaire aux États-Unis. Enfin, dojo a reçu le soutien d'IBM. Ces bibliothèques sont ainsi assurées d'une certaine pérennité.

L'approche de Google sort du lot. Considérant le développement JavaScript fastidieux et propice aux erreurs, Google propose d'écrire les applications Ajax entièrement en Java, en bénéficiant de l'incomparable outil de développement qu'est Eclipse. Pour cela, Google a mis au point une vaste bibliothèque de classes couvrant tout ce dont le développeur a besoin pour bâtir des applications Web, allant des éléments classiques du HTML (formulaires, boutons, tableaux, liens, etc.) à un ensemble de widgets qui en sont absents (onglets, arbres, menus, etc.), en passant par les appels Ajax et un mécanisme de gestion de l'historique de navigation.

Le GWT (Google Web Toolkit) dispose d'un compilateur qui transforme le code Java en du HTML et JavaScript portable, sachant que, pendant le développement, la mise au point se fait entièrement en Java, et non sur le code généré.

C'est une approche intéressante, et à considérer lorsque nous développons le serveur en Java. Cependant, il faut s'assurer que la mise au point peut effectivement se faire intégralement au niveau Java, ce sur quoi on peut nourrir quelques doutes, la génération de code étant rarement aussi transparente que ses promoteurs veulent bien le laisser croire. Par ailleurs, cette approche va à l'encontre des usages actuels, fondés sur le HTML, et donc des applications existantes dans lesquelles GWT serait peut-être difficile à intégrer.

Les autres bibliothèques citées précédemment sont toutes en JavaScript. Celle de Yahoo est bien documentée, avec des exemples d'utilisation. En revanche, dojo et prototype sont peu ou mal documentées. Les choses s'amélioreront sans doute avec le temps et le soutien d'acteurs de poids, comme IBM pour dojo.

En matière de fonctionnalités, les bibliothèques permettent d'effectuer les opérations suivantes :

- encapsuler les différences des navigateurs concernant le HTML dynamique ;
- fournir des composants graphiques ;
- réduire le code des appels Ajax ;
- étendre certains objets JavaScript prédéfinis.

prototype.js

Écrite par Sam Stephenson, prototype.js est la bibliothèque de base qui est fournie avec Ruby on Rails et sur laquelle plusieurs autres bibliothèques sont fondées, notamment script.aculo.us ou rico, côté client, et Ajax JSP Tags (ensemble de balises JSP), côté serveur.

De taille réduite (47 Ko dans sa version 1.4), elle se charge rapidement. Une documentation non officielle, à l'initiative d'un de ses utilisateurs, est disponible en anglais à l'adresse *http://www.sergiopereira.com/articles/prototype.js.html*. Très peu documenté, le code de prototype.js fait abondamment appel aux particularités de JavaScript exposées au chapitre 3.

Le parti pris est celui de la concision et de l'efficacité. Par exemple, les constructeurs ne vérifient pas la validité des paramètres. Cela allège le code de prototype.js mais rend son utilisation moins facile lors de la mise au point. De même, les objets définis n'ont pas d'espace de noms, ce qui peut poser des problèmes si nous intégrons du code de provenances diverses.

Fonctions et objets utilitaires

La bibliothèque prototype.js propose un certain nombre de raccourcis pour rendre le code plus concis.

Par exemple :

```
$("unDiv").innerHTML = "blabla";
```

est équivalent à :

```
document.getElementById("unDiv").innerHTML = "blabla";
```

En fait, la fonction $ va plus loin. Elle peut prendre en argument une chaîne, auquel cas elle est strictement équivalente à document.getElementById, ou bien une liste d'id, auquel cas elle renvoie un tableau d'éléments DOM.

Nous pouvons ainsi écrire :

```
fields = $("idUser", "motPasse");
```

et récupérer un tableau de deux éléments DOM.

Elle peut aussi prendre en argument un nœud DOM, au lieu de son id, auquel cas elle le renvoie, ce qui est pratique, par exemple pour définir des constructeurs :

```
function UnConstructeur(idRoot) {
   this.root = $(idRoot);
   // etc.
}
```

Nous pouvons appeler ce constructeur soit en passant l'id de l'élément racine, soit en passant directement cet élément, si nous l'avons récupéré par ailleurs. Cela rend plus flexibles les fonctions ayant pour argument des éléments DOM, comme nous allons très vite nous en rendre compte.

Un autre raccourci donne la valeur d'un champ :

```
var nomUser = $F("user"); // "user" est le id du champ
```

$F(id) est un raccourci pour $(id).value.

Nous pouvons obtenir les champs nommés d'un formulaire sous forme sérialisée, avec la méthode serialize de l'objet Form défini par prototype.

Par exemple, si nous avons le formulaire suivant :

```
<form id="personne" action="uneAction.php">
   Prénom : <input type="text" name="prenom"/>
   <br/>
   Nom : <input type="text" name="nom"/>
   <br/>
   <input type="button" value="soumettre"/>
</form>
```

et si l'utilisateur saisit « Molière » dans le nom, et rien dans le prénom, le code :

```
var corps = Form.serialize($("personne"));
```

affiche :

```
prenom=&nom=Moli%C3%A8re
```

Nous remarquons que les valeurs produites sont encodées suivant encodeURIComponent, et que seuls les champs ayant un nom sont pris en compte, le bouton, qui n'a pas d'attribut name, étant ignoré. L'objet Form a d'autres méthodes, comme disable, qui désactive tous les champs de saisie du formulaire passé en paramètre (nous pouvons passer le formulaire lui-même ou son id).

Comme nous l'avons vu au chapitre 3, prototype.js a sa façon de déclarer des « classes ».

Pour créer un type d'objet User, nous écrivons :

```
User = Class.create();
```

Le constructeur est défini comme la méthode initialize du prototype de User :

```
User.prototype = {
   initialize: function(idLogin, idPassword, idMsg) {
      // etc.
```

Nous disposons aussi de la méthode extend de Object, qui ajoute à un objet, et en particulier à un prototype, d'autres propriétés.

C'est ainsi que prototype.js étend l'objet String, prédéfini dans JavaScript :

```
Object.extend(String.prototype, {
   // Enlever toutes les balises de la chaine courante
   stripTags: function() {
      return this.replace(/<\/?[^>]+>/gi, '');
   },
   // etc.
}
```

Nous pouvons alors écrire :

```
var s = "<p id='test'>blabla</p>";
alert(s.stripTags()) ; // affiche "blabla"
```

Parmi les autres extensions de l'objet String, citons escapeHTML, qui transforme les caractéres HTML en leurs entités (< devient < etc.) et unescapeHTML, qui fait l'inverse, et camelize, utile en CSS, qui transforme par exemple border-style en borderStyle.

Array est un autre objet natif de JavaScript qu'étend prototype.js.

Plus précisément, il récupère toutes les propriétés de l'objet Enumerable défini par prototype.js grâce à la ligne suivante :

```
Object.extend(Array.prototype, Enumerable);
```

Cet objet Enumerable porte la marque du langage Ruby. Il permet d'effectuer des traitements sur tous les éléments de l'énumération.

Pour les illustrer, partons de l'objet de type Array suivant :

```
var tab = [1, 3, 5, 7, 8, 9, 10, 15, 20];
```

Le tableau 6.1 récapitule les méthodes principales de Enumerable en les appliquant à cet objet tab. Chaque méthode prend en argument une fonction à appliquer à chaque élément du tableau, fonction qui dépend de deux paramètres : value, valeur de l'élément courant, et index, rang de cet élément.

Passer en argument une fonction est une des caractéristiques de JavaScript qui rendent ce langage si flexible. La bibliothèque prototype.js en fait là un usage judicieux, qui peut nous économiser beaucoup de code.

Tableau 6.1 Principales méthodes de l'objet *Enumerable* de prototype.js

Méthode	Résultat	Description

`tab.all(function(value, index) {`
`  return value > 0;`
`})`
	true	Indique si tous les éléments satisfont la condition testée par la fonction passée en paramètre. Sans paramètre, all indique si tous les éléments sont assimilables à true (non nuls s'ils sont de type Number, différents de null s'ils sont de type objet). Ici, la méthode indique s'ils sont tous positifs.

`tab.any(function(value, index) {`
`  return value > 16;`
`})`
	true	Indique si un élément au moins vérifie la condition. Sans paramètre, indique si un élément est assimilable à true (c'est-à-dire est non null si c'est un objet, ou non nul si c'est un nombre). Ici, la méthode indique si un est plus grand que 16.

`tab.any(function(value, index) {`
`  return value > 30;`
`})`
	false	Indique ici si un élément est plus grand que 30.

`tab.findAll(function(value, index) {`
`  return value > 9;`
`})`
	[10, 15, 20]	Renvoie le tableau de tous les éléments vérifiant la condition passée en paramètre sous forme de fonction.
		Ici, la méthode renvoie tous les éléments plus grands que 9.

`tab.find(function(value, index) {`
`  return value > 9;`
`})`
	10	Renvoie le premier élément trouvé, ou null s'il n'y en a pas.

`tab.max()`	20	Renvoie le plus grand élément.

`tab.max(function(value, index) {`
`  return 30 - value;`
`})`
	29	Renvoie la plus grande valeur calculée par la fonction passée en paramètre. Ici, la méthode renvoie le plus grand écart à 30.

`tab.include(8) ;`	true	Indique si l'élément passé en paramétre est présent dans la collection.

Pouvoir passer une fonction à la méthode max est utile lorsque les valeurs ne sont pas numériques, par exemple si le tableau est un tableau d'éléments DOM, et que nous comparons le nombre d'enfants de ces éléments.

Les composants que nous avons construits au cours des chapitres précédents ont le plus souvent parmi leurs attributs des éléments DOM, dont le composant doit spécifier les réactions. Lorsque celles-ci doivent faire appel à une méthode du composant, nous devions alors mémoriser le composant dans une variable. prototype.js permet de nous affranchir de cette contrainte.

Considérons un composant très simple, qui affiche dans une zone de message le nombre de fois que l'utilisateur a cliqué sur un élément donné. Sans prototype.js, nous écririons :

```
function ClickCounter(element, msg) {
  this.element = document.getElementById(element);
  this.msg = document.getElementById(msg);
  this.nbClicks = 0;
  var current = this;←❶
  this.element.onclick = function(event) {
    current.onclick(event);←❷
  }
}
ClickCounter.prototype.onclick = function(event) {
  this.nbClicks++;
  this.msg.innerHTML = "Zone cliquée " + this.nbClicks + " fois";
}
new ClickCounter("test", "msg");
```

En ❶, nous mémorisons l'objet courant, que nous utilisons en ❷.

Avec prototype.js, le code du constructeur devient :

```
function ClickCounter(element, msg) {
  this.element = $(element);
  this.msg = $(msg);
  this.nbClicks = 0;
  this.element.onclick = this.onclick.bindAsEventListener(this);←❶
}
```

Nous n'avons plus besoin de mémoriser l'objet courant, grâce à la méthode bindAsEventListener, ajoutée par prototype.js à Function.prototype, et ainsi disponible dans toute fonction. Cette méthode renvoie une fonction qui applique à l'objet passé en paramètre (ici, this) la méthode sur laquelle elle est appelée (ici, this.onclick), avec pour paramètre l'événement courant.

La ligne ❶ est ainsi strictement équivalente à l'écriture initiale :

```
var current = this;
this.element.onclick = function(event) {
  current.onclick(event);
}
```

Cette fonction très pratique est abondamment utilisée dans prototype.js et pour construire des composants.

Encapsulation et extensions de DOM

De la même façon que nous l'avons fait nous-mêmes tout au long des chapitres précédents, prototype.js encapsule les divergences des navigateurs concernant DOM et ajoute des fonctions au travers de deux objets : Element, qui regroupe les méthodes concernant les éléments, et Event, consacré aux événements.

Le tableau 6.2 recense les méthodes phares de Element. Toutes prennent pour argument un élément DOM, soit l'objet lui-même, soit son id (elles utilisent toutes la fonction $ vue précédemment).

Tableau 6.2 Principales méthodes de l'objet *Element* de prototype.js

Méthode	Effet
cleanWhitespaces(element)	Supprime les nœuds texte vides enfants de element.
empty(element)	Indique si element est vide ou ne contient que des espaces.
getDimensions(element)	Renvoie les dimensions de element sous la forme d'un objet à deux propriétés : width et height.
makePositioned(element)	Met la directive CSS position de element à "relative". Indispensable pour le glisser-déposer.
remove(element)	Enlève l'élément element de l'arbre DOM.
scrollTo(element)	Fait défiler la fenêtre jusqu'à la position de element.
undoPositioned(element)	Remet la directive CSS position de element à vide. L'élément revient dans le flot normal.

Le tableau 6.3 est l'analogue pour l'objet Event du tableau précédent. Les méthodes prennent toutes pour argument l'événement courant. Il s'y ajoute une série de constantes.

Tableau 6.3 Principales propriétés de l'objet *Event* de prototype.js

Méthode	Effet
element(event)	Élément source de l'événement (event.target ou event.srcElement, selon le navigateur)
isLeftClick(event)	Indique si le bouton gauche de la souris est enfoncé.
pointerX(event) pointerY(event)	Retourne les coordonnées de la souris sur la page.
stop(event)	Bloque le comportement par défaut et la propagation de l'événement.
findElement(event, tagName)	Retourne le premier ancêtre de la source de l'événement de type tagName, ou null si rien n'est trouvé.
KEY_BACKSPACE: 8 KEY_TAB: 9 KEY_RETURN: 13 KEY_ESC: 27 KEY_LEFT: 37 KEY_UP: 38 KEY_RIGHT: 39 KEY_DOWN: 40 KEY_DELETE: 46	Noms des touches du clavier, correspondant à un numéro Unicode

En plus de cela, prototype.js propose deux objets, Insertion et Position, ce dernier aidant à positionner des éléments. Insertion insère du contenu par rapport à un élément et se décline en quatre variantes, comme indiqué au tableau 6.4.

Tableau 6.4 Objets *Insertion* de prototype.js

Instruction	Effet
`Insertion.Before(element, contenu)`	Insère `contenu` juste avant `element`.
`Insertion.Top(element, contenu)`	Insère `contenu` juste au début du contenu de `element`. Il en devient le premier nœud texte enfant.
`Insertion.Bottom(element, contenu)`	Insère `contenu` juste à la fin du contenu de `element`. Il en devient le dernier nœud texte enfant.
`Insertion.After(element, contenu)`	Insère `contenu` juste après `element`.

Dans l'exemple suivant illustrant ces instructions, prenons l'élément HTML :

```
<div id="texte">blabla</div>
```

et observons les effets d'une insertion, récapitulés sur le tableau 6.5.

Tableau 6.5 Utilisation des objets *Insertion* de prototype.js

Instruction	Résultat
`new Insertion.Before("texte", "<hr/>")`	`<hr/><div id="texte">blabla</div>`
`new Insertion.Top("texte", "<hr/>")`	`<div id="texte"><hr/>blabla</div>`
`new Insertion.Bottom("texte", "<hr/>")`	`<div id="texte">blabla<hr/></div>`
`new Insertion.After("texte", "<hr/>")`	`<div id="texte">blabla</div><hr/>`

Les appels XMLHttpRequest

Les principaux attributs et méthodes de `XMLHttpRequest` *(voir en annexe pour une description détaillée de ces attributs et méthodes)* sont portables sur tous les navigateurs. L'instanciation de cet objet peut en outre être rendue identique dans tous les navigateurs en étendant l'objet `window`, comme nous l'avons vu au chapitre 4.

La seule chose un peu fastidieuse consiste à répéter dans le code de `onreadystatechange` le test :

```
if (request.readyState == 4 && request.status == 200)
```

La bibliothèque prototype.js nous en affranchit en proposant un objet `Ajax.Request`, doté de méthodes `onSuccess`, `onLoading`, etc.

Nous lançons une requête `XMLHttpRequest` à une URL par la ligne :

```
ajaxCall = new Ajax.Request(url, options);
```

dans laquelle `options` est un objet (optionnel) pouvant prendre les propriétés indiquées au tableau 6.6.

Tableau 6.6 Options des appels Ajax de prototype.js

Option	Description
method	Méthode (par défaut `post`)
parameters	Chaîne de paramètres à transmettre (par défaut, chaîne vide)
asynchronous	Booléen indiquant si la requête est asynchrone ou non (par défaut, `true`).
postBody	Corps éventuel. Il est inutile de renseigner cette option si `parameters` est renseigné.
requestHeaders	Liste d'en-têtes à passer à la requête. C'est un tableau de chaînes allant par deux : d'abord le nom de l'en-tête, ensuite sa valeur.
onLoading	Fonction à exécuter quand la requête est envoyée. Prend cet objet requête en paramètre.
onComplete	Fonction à exécuter quand la réponse est arrivée (`readyState == 4`). Prend la requête `XMLHttpRequest` sous-jacente en paramètre.
onSuccess	Fonction à exécuter quand la réponse est arrivée et que le statut indique le succès (valeurs dans la plage 200-299) ou est nul (lorsque la requête a été annulée) ou indéfini. Prend la requête `XMLHttpRequest` sous-jacente en paramètre.
onFailure	Fonction à exécuter quand la réponse est arrivée mais sans succès, c'est-à-dire que le statut ne remplit pas les conditions de `onSuccess`. Prend la requête `XMLHttpRequest` sous-jacente en paramètre.
onException	Fonction à exécuter s'il s'est produit une exception. Prend la requête `XMLHttpRequest` sous-jacente en paramètre.

La requête `XMLHttpRequest` sous-jacente s'obtient par la propriété `transport` de `Ajax.Request`.

Nous allons utiliser cet objet `Ajax.Request` pour faire une requête simple, qui ira chercher l'heure du serveur.

Comme au chapitre 1, nous prévoyons un bouton pour lancer la requête, un pour l'annuler et une zone pour afficher le résultat ainsi que le message indiquant que la requête est en cours :

```
<body>
  <h1>Récupérer l'heure du serveur avec prototype.js</h1>
  <form action="javascript:;">
    <input type="submit" id="runRequest" value="Lancer"/>
    <input type="button" id="stopRequest" value="Arrêter"/>
  </form>
  <div id="msg"></div>
```

Nous spécifions ensuite le comportement :

```
var ajaxCall;←❶
$("runRequest").onclick = function() {
  ajaxCall = new Ajax.Request("serveur/get-time.php", {
    method: "get",
    onLoading: function() {←❷
```

```
      $("msg").innerHTML = "En chargement...";
    },
    onSuccess: function(request) {  ←❸
      $("msg").innerHTML = request.responseText;
    },
    onFailure: function(request) {  ←❹
      $("msg").innerHTML = "Erreur " + request.status;
    }
  });
}
```

En ❶, nous déclarons l'objet de type `Ajax.Request`. En ❷, nous spécifions l'action à effectuer quand la requête est lancée, en l'occurrence en avertir l'utilisateur, comme l'illustre la figure 6.1. En ❸ vient la réaction lorsque la réponse est parvenue sans problème : nous affichons dans la zone de message le texte de la réponse obtenue à partir de la requête, passée en paramètre. Enfin, en ❹, si un problème a surgi, nous indiquons le statut de la réponse.

Dans toutes ces méthodes, nous utilisons abondamment la fonction `$`. L'écriture en apparence événementielle apporte une netteté indéniable au code.

Pour annuler la requête, rien n'est proposé par prototype.js. Le code revient donc à ce que nous écrivions aux chapitres 4 et 5 :

```
$("stopRequest").onclick = function() {
  if (ajaxCall && ajaxCall.transport &&
      ajaxCall.transport.readyState != 4) {
    ajaxCall.transport.abort();
    $("msg").innerHTML = "Abandon";
  }
}
```

Nous annulons la requête `XMLHttpRequest`, obtenue par `ajaxCall.transport`, dans le cas où il y en a bien une et qu'elle n'est pas déjà terminée.

Il est possible avec `Ajax.Request` d'exécuter du code JavaScript envoyé par le serveur si la réponse a pour type MIME `text/javascript`.

Par exemple, si la page serveur **produire-javascript.php** contient :

```
<?php
header("Content-type: text/javascript");
print "alert('ok')";
?>
```

l'appel :

```
new Ajax.Request("serveur/produire-javascript.php");
```

récupère le code JavaScript et l'exécute, faisant apparaître une fenêtre pop-up affichant « ok ».

Deux extensions de `Ajax.Request` sont proposées par prototype.js : `Ajax.Updater` et `Ajax.PeriodicalUpdater`. Toutes deux supposent que la réponse produite est au format

HTML (ou simplement textuel) et remplacent le contenu d'une zone par cette réponse. Bien entendu, cette zone est un paramètre supplémentaire du constructeur.

Par exemple :

```
new Ajax.Updater("meteo", "serveur/meteo.php");
```

met à jour l'élément HTML d'id meteo, en remplaçant son contenu par la réponse de **meteo.php.**

L'objet Ajax.PeriodicalUpdater est utile pour afficher un fragment HTML toujours à jour, par exemple la météo, un flux boursier, un trafic réseau ou toute autre donnée de supervision, pour peu qu'elle soit disponible sur le réseau sous forme HTML.

Voici comment adapter l'exemple très simple ci-dessus, qui affiche l'heure du serveur (pour qu'il ait quelque intérêt, imaginons qu'il s'agit d'une cotation boursière ou de l'état d'un stock) :

```
var ajaxCall;
$("runRequest").onclick = function() {
  ajaxCall = new Ajax.PeriodicalUpdater($("msg"),
    "serveur/get-time.php", { method: "get", frequency: 1 });
}
```

Comme il n'est pas très utile, dans ce cas précis, de montrer que le navigateur effectue des requêtes au serveur, nous supprimons l'option onLoading. Une nouvelle option, frequency, indique le nombre de secondes à laisser s'écouler entre deux requêtes successives. Par défaut, ce nombre vaut 2.

Pour arrêter la mise à jour périodique, Ajax.PeriodicalUpdater dispose de la méthode stop :

```
$("stopRequest").onclick = function() {
  if (ajaxCall) {
    ajaxCall.stop();
  }
}
```

Nous avons parcouru l'essentiel de la bibliothèque prototype.js. Nous y avons trouvé des constructions de base pratiques, facilitant l'écriture d'un code concis, ce qui explique sans doute qu'elle serve de soubassement à d'autres bibliothèques, comme script.aculo.us ou rico.

script.aculo.us

Cette bibliothèque, également intégrée à Ruby on Rails, propose quelques widgets, notamment Slider, une règle réagissant au mouvement du curseur, un support de glisser-déposer, quelques effets, par exemple pour changer l'opacité d'un élément ou le déplacer, et un composant de suggestion de saisie. Elle est téléchargeable sur le site *http:// script.aculo.us*, qui propose en outre de la documentation et des exemples de code.

Pour l'utiliser, il faut inclure dans la page prototype.js puis scriptaculous.js. Le code de script.aculo.us est réparti en plusieurs fichiers de petite taille (moins de 30 Ko), chacun étant dédié à un sujet : glisser-déposer, widgets, effets. Il est possible de n'inclure que les fichiers nécessaires.

Par exemple, pour utiliser les effets et le glisser-déposer, nous écrivons :

```
<head>
  <script src="prototype.js"></script>
  <script src="scriptaculous.js?load=effects,dragdrop"></script>
</head>
```

Cela présente l'avantage de limiter la taille du code à charger, et donc de réduire le temps de réponse. Ces fichiers peuvent se mettre dans le cache du navigateur, ce qui réduit le temps de chargement (mais pas d'interprétation).

Pour illustrer les effets, créons une page avec une zone pourvue d'un style (omis ici) et deux boutons :

```
<head>
  <script src="prototype.js"></script>
  <script src="scriptaculous.js?load=effects"></script>
  <!-- etc -->
</head>
<body>
  <div id="zone">Une zone de contenu</div>
  <input type="button" id="opacity" value="Opacité"/>
  <input type="button" id="moveBy" value="Bouger"/>
```

dont l'action fait appel aux effets script.aculo.us suivants :

```
  <script>
$("opacity").onclick = function() { ←❶
  new Effect.Opacity("zone", { duration: 2, from: 1, to: 0.3 });
}
$("moveBy").onclick = function() { ←❷
  new Effect.Move("zone", { x: 100, y: 50, mode: "relative"});
}
  </script>
```

Tous les effets se déclarent de la même façon, en prenant en paramètre l'id de l'élément HTML auquel ils s'appliquent et un objet regroupant les options de l'effet, de la même façon que Ajax.Request regroupe les options de l'appel XMLHttpRequest. Les options dépendent de chaque effet. Ainsi, en ❶, le changement d'opacité de l'élément dure 2 secondes et va de l'opacité maximale (1) à 0.3, tandis qu'en ❷, l'élément est déplacé, d'un mouvement continu, de 100 pixels vers la droite et 50 vers le bas en position relative.

La figure 6.1 illustre le résultat avant et après l'application de ces deux effets. Sur la fenêtre de droite, la zone déplacée a un fond moins foncé et qui laisse transparaître le bouton situé sous elle : c'est précisément en cela que consiste une opacité plus faible (ici elle vaut 0.3). Ce changement d'opacité est assez utilisé dans les applications Web 2.0, certains l'utilisant pour indiquer que l'élément va être ou vient d'être mis à jour par un appel Ajax.

Figure 6.1

*Un élément avant
et après application
de deux effets*

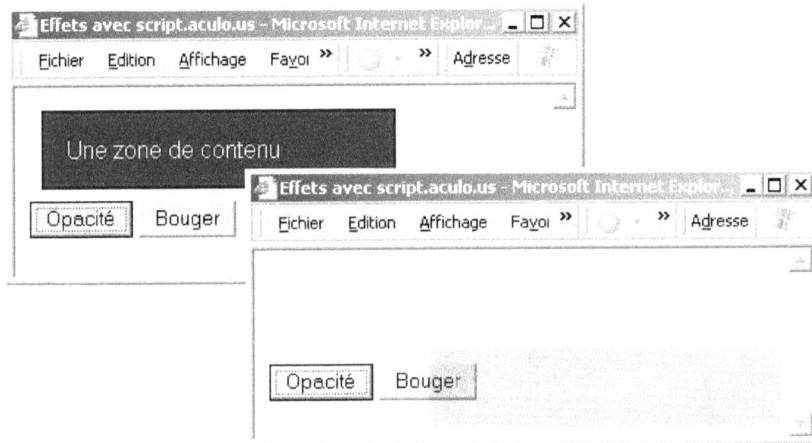

rico

La bibliothèque rico *(http://openrico.org)* est elle aussi bâtie sur prototype.js. Sa version 1 a été développée chez Sabre Airline Solutions, qui a vendu à la SNCF, voici quelques années, le logiciel ayant servi de base au célèbre projet Socrate, et elle est maintenant Open Source (licence Apache).

Elle se présente sous la forme d'un bloc unique, d'une taille moyenne (90 Ko). En espagnol, rico signifie riche, ce qui suggère ici « client riche ».

La bibliothèque rico propose un mécanisme de glisser-déposer, ainsi qu'un objet permettant de manipuler les couleurs (passer de RGB à HSB, etc.), des effets d'arrondis pour les boîtes, d'autres effets similaires à ceux de script.aculo.us, des accordéons et des « datagrid », c'est-à-dire des tableaux évolués permettant d'afficher un grand nombre d'enregistrements, et dont on peut trier les colonnes.

À tout moment, seule une partie de l'ensemble est disponible sur le client, les parties adjacentes étant récupérées par des appels Ajax quand l'utilisateur fait défiler la barre de défilement.

La figure 6.2 illustre ce composant. Notons la petite icône indiquant dans la cellule de titre « Title » que les données sont triées par titre croissant. Lorsque l'utilisateur clique sur un titre de colonne ou fait défiler le tableau au-delà de ce qui est stocké sur le client, une requête Ajax est émise vers le serveur et met à jour le tableau. C'est une utilisation intelligente d'Ajax, qui permet d'avoir en mode Web un comportement similaire à celui des clients lourds.

Ce composant comporte cependant un défaut de conception : les requêtes sont envoyées sans que le composant annule les requêtes émises précédemment et encore en cours, si bien que nous pouvons nous retrouver avec des requêtes parallèles, ce qui surcharge inutilement l'interprète JavaScript et le réseau et peut conduire le navigateur à se figer, comme nous l'avons vu au chapitre 4.

Figure 6.2

Datagrid de rico, trié par titre croissant

Le glisser-déposer se code simplement. Nous allons réaliser l'exemple illustré à la figure 6.3, dans lequel l'utilisateur fait passer une zone d'un conteneur à un autre. Remarquons que, pendant le déplacement, le fond des deux conteneurs change de couleur, avant de revenir à l'état initial une fois la zone relâchée sur le deuxième conteneur. C'est la façon qu'a rico de montrer à l'utilisateur les zones où il peut déposer la zone déplaçable.

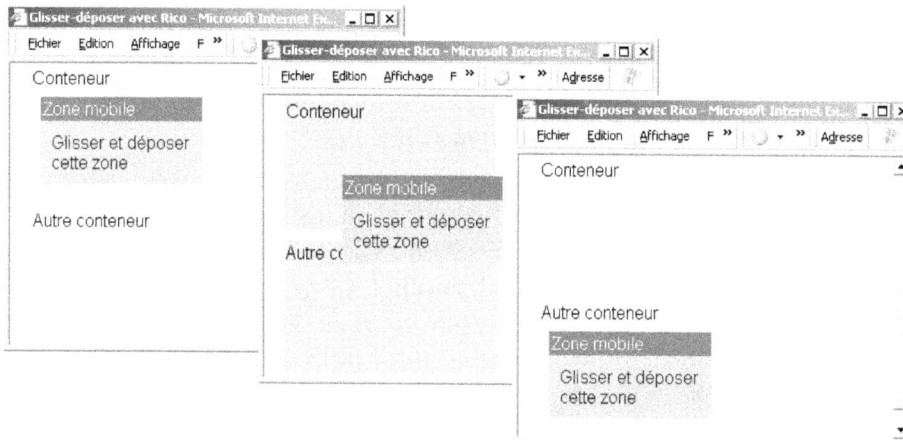

Figure 6.3

Glisser-déposer avec rico (avant, pendant et après)

Dans la page HTML, nous incluons les bibliothèques nécessaires (prototype et rico) :

```
<script src="prototype.js"></script>
<script src="rico.js"></script>
```

puis écrivons le corps de la page :

```
<body>
  <div id="conteneur1" class="panel" style="background:#F7E4DD">
    Conteneur
    <div id="zoneMobile" class="box" style="background:#f0a070">
      <div class="boxTitle">Zone mobile</div>
      <div>Glisser et déposer cette zone</div>
    </div>
  </div>
  <div id="conteneur2" class="panel" style="background:#FFE5A8">
    Autre conteneur
  </div>
```

Nous avons simplement trois div, avec quelques classes CSS pour la stylisation, et des id pour notre code JavaScript, que voici :

```
dndMgr.registerDraggable( new Rico.Draggable("","zoneMobile") );←❶
dndMgr.registerDropZone( new Rico.Dropzone("conteneur1") );←❷
dndMgr.registerDropZone( new Rico.Dropzone("conteneur2") );←❸
```

En ❶, nous faisons de l'élément d'id zoneMobile une zone déplaçable et l'enregistrons dans le gestionnaire de glisser-déposer. En ❷ et ❸, nous faisons des éléments conteneur1 et conteneur2 des zones où l'utilisateur peut déposer un élément. L'élément zoneMobile peut alors être déposé sur l'une de ces zones.

La bibliothèque propose des mécanismes plus élaborés de glisser-déposer, permettant, par exemple, de limiter, pour chaque zone mobile, l'ensemble des éléments sur lesquels elle peut être déposée.

dojo

Si prototype.js joue la carte *small is beautiful,* dojo *(http://dojotoolkit.org)* pencherait plutôt pour *whole is beautiful*. En effet, ce n'est plus une bibliothèque, mais une véritable plate-forme de développement client que propose dojo, qui n'est pas sans évoquer J2SE, l'API standard de Java, dont il reprend parfois les noms de classes et de méthodes.

Sans nul doute le plus grand ensemble intégré de bibliothèques JavaScript, dojo couvre un champ immense : extensions du langage et des objets JavaScript natifs, encapsulation et extensions de DOM, ensemble considérable de widgets (panneaux, menus, accordéons, onglets, arbres, fenêtres pop-up, etc.), effets visuels, glisser-déposer, support d'Ajax et même de SVG. Il offre en outre également un mécanisme de compression de code, déjà mentionné au chapitre 3, ainsi que des facilités de développement (debug, test unitaire).

Les modules sont organisés en couches, comme illustré à la figure 6.4. Comme l'a fait Yahoo à sa suite, dojo définit un espace de noms (dojo), de sorte qu'il est possible de mixer dans une même page du code provenant de dojo et d'autres bibliothèques, sans craindre un conflit de noms de variables, de méthodes ou de constructeurs, tous ceux de dojo commençant par dojo.

Figure 6.4

Couches de modules de dojo

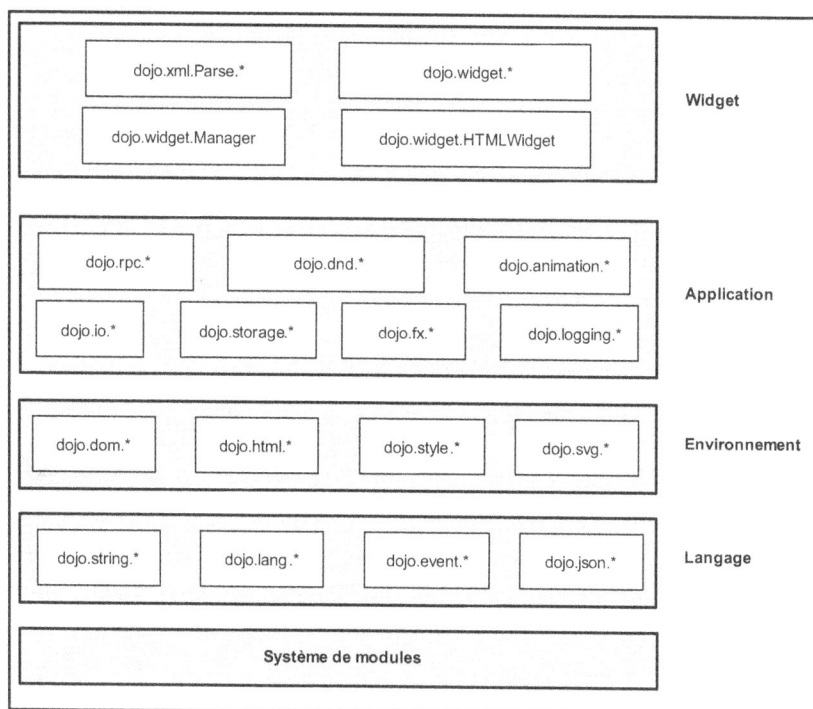

Le module dojo.lang comprend des méthodes utilitaires destinées à faciliter le travail avec JavaScript. dojo.string regroupe les méthodes pour manipuler les chaînes de caractéres. dojo.dom, dojo.html et dojo.style sont consacrés au HTML dynamique, et dojo.io à XMLHttpRequest et aux autres mécanismes de communication avec le serveur. dojo.dnd s'occupe du glisser-déposer *(drag-and-drop)*, dojo.animation des effets. Les très nombreux widgets se retrouvent dans la hiérarchie dojo.widget.

Sur le disque, les modules forment une arborescence, tout comme les packages Java, avec lesquels ils ont d'ailleurs une grande parenté. Lorsque nous installons dojo, un répertoire **src** est créé, qui contient un ensemble de sous-répertoires, dont certains contiennent à leur tour des sous-répertoires, etc.. Par exemple, le répertoire **widget** contient un répertoire **html,** qui contient lui-même plus de vingt fichiers JavaScript, un par widget (par exemple, **AccordionPane.js, ContextMenu.js, DatePicker.js, Menu.js**).

Il existe deux façons d'utiliser dojo, soit *via* une « distribution » dojo existante, soit en constituant sa propre distribution dojo.

Une « distribution » dojo consiste en un fichier comprenant le système qui gère les dépendances entre modules et un certain nombre de modules considérés comme fréquents. Par exemple, la distribution recommandée pour les applications Ajax contient le module `dojo.io`. Par la suite, si nous avons besoin d'un module, par exemple `dojo.event`, nous écrivons simplement en JavaScript :

```
dojo.require("dojo.event");
```

Le système de modules récupère alors `dojo.event` et tous ses modules prérequis, à moins qu'ils ne soient déjà en mémoire.

Il est à noter que dojo inclut les modules requis au travers de requêtes `XMLHttpRequest`, ce qui semble fâcheux *a priori,* car, ainsi, ils ne sont, par défaut, jamais mis en cache, d'où des délais supplémentaires et une charge réseau inutile. Nous pouvons cependant remédier à cette situation, si nous avons accès à la configuration du serveur Web. Il suffit en ce cas d'indiquer à celui-ci d'envoyer des en-têtes `Cache-control` adéquates pour les fichiers d'extension **.js.** Les modules de dojo sont alors mis en cache, et l'impact sur le trafic réseau est minimisé.

La seconde façon d'utiliser dojo évite ces requêtes `XMLHttpRequest`. Elle revient à constituer sa propre distribution dojo, rassemblant en un fichier les modules les plus utilisés par l'application. Le fichier résultant est également « compressé », c'est-à-dire débarrassé des commentaires et des espaces inutiles, ce qui, en moyenne, réduit son poids de moitié.

La taille de dojo est gigantesque : la distribution Ajax (compressée) pèse à elle seule 130 Ko, et l'ensemble des modules non compressés plus de 1,5 Mo, totalisant des dizaines de milliers de lignes de JavaScript. S'il est peu probable que nous ayons besoin de tous les modules en même temps, il n'en reste pas moins que plus l'application Web à développer a un comportement complexe et est riche en widgets de toutes sortes, plus le nombre de modules à inclure augmente.

Cela a un fort impact sur les temps de réponse, en partie à cause du délai de chargement, très inégal suivant le débit et l'encombrement du réseau, mais aussi à cause du travail énorme demandé à l'interprète JavaScript, qui est loin d'être un foudre de guerre et n'a pas été conçu pour de pareils volumes de traitement.

Cette difficulté est inhérente au fait que le langage est interprété : il faut que l'interprète analyse et traduise en code machine tout le code JavaScript récupéré. Cette limite étant le point noir des applications Ajax trop complexes, on ne saurait être trop vigilant sur le volume du code transporté, sous peine d'aboutir à des interfaces lentes et à des rafraîchissements de zones étranges, donnant l'impression d'une application instable et pouvant même aller jusqu'à figer le navigateur.

dojo semble très bien conçu et plus vigilant que prototype.js à l'égard des erreurs d'utilisation. Sa documentation, encore partielle, s'améliore progressivement. Nous disposons, à l'adresse *http://manual.dojotoolkit.org/WikiHome*, de la référence de quelques modules parmi les plus importants, d'un guide (le *dojo book*), ainsi que d'exemples livrés avec la bibliothèque. Son numéro de version (0.3.1 lors de la rédaction de cet ouvrage) est un peu trompeur, car, si des modules sont encore en pleine évolution, d'autres, comme `dojo.io`, sont stables et sûrs. De même, il ne faut pas se fier à son qualificatif de « boîte à outils », car il s'agit bel et bien d'un ensemble intégré de bibliothéques.

Fonctions et objets utilitaires

De nombreux objets et fonctions utilitaires sont regroupés dans le module `dojo.lang`. Comme prototype.js, dojo propose une façon de déclarer des types d'objets, à travers la méthode `declare`.

Supposons que nous voulions créer un type `User` ayant pour attributs `name` et `index` et que le prototype ait un attribut `nb` stockant le nombre d'occurrences du type `User`.

Nous écrivons en dojo :

```
dojo.require("dojo.lang.declare");←❶
dojo.declare("User", null, {←❷
  initializer: function(name) {←❸
    this.name = name;
    User.prototype.nb++;←❹
    this.index = this.nb;
  },
  nb: 0,←❺
  toString: function() {
    return "User " + this.name + " " + this.index + "/" + this.nb;
  }
});
```

La ligne ❶ indique à dojo de charger le module `dojo.lang.declare`. C'est une ligne très semblable aux imports de Java, à la différence prés qu'elle charge effectivement le module correspondant.

Nous pouvons donc écrire, comme pour ces derniers :

```
dojo.require("dojo.lang.*");
```

ce qui inclut tous les modules de `dojo.lang`.

La méthode `declare`, en ❷, prend en paramètre le nom du type à créer, le type parent (puisque, dans notre cas, il n'y en a aucun, le paramètre vaut `null`) et un objet comportant toutes les propriétés du prototype, ainsi que la méthode `initializer` (nommée `initialize` dans prototype.js), appelée par le constructeur (ligne ❸).

Les méthodes sont des propriétés du prototype du constructeur, ce qui suit la logique de JavaScript. Les attributs déclarés dans `initializer` sont ceux des instances, tandis que ceux déclarés dans `dojo.declare` sont ceux du prototype, comme `nb` à la ligne ❺. C'est pourquoi, en ❹, nous incrémentons `User.prototype.nb` et non `this.nb`.

Si nous testons notre code, nous obtenons :

```
un = new User("titi");
deux = new User("gros minet");
log(un); // Affiche "User titi 1/2"
log(deux); // Affiche " User gros minet 2/2"
```

Nous trouvons dans dojo l'équivalent de la méthode `extend` de prototype.js sous deux formes :

```
dojo.lang.mixin(objetAEtendre, objetSource);
```

qui ajoute au premier argument toutes les propriétés du second, et :

```
dojo.lang.extend(constructeurAEtendre, objetSource);
```

qui ajoute à la propriété `prototype` du constructeur, passé en premier argument, les propriétés de l'objet passé en second argument.

Comme prototype.js, dojo dispose d'itérateurs sur les tableaux, mais au lieu d'en faire des méthodes de `Array`, ce sont des méthodes de `dojo.lang`.

Reprenons le tableau que nous avions utilisé en étudiant prototype.js :

```
var tab = [1, 3, 5, 7, 8, 9, 10, 15, 20];
```

Le tableau 6.7 récapitule ces itérateurs et leur effet sur `tab`.

Tableau 6.7 Itérateurs de dojo

Instruction	Résultat
`dojo.lang.find(tab, 5)`	2
`dojo.lang.filter(tab, function(x) { return (x > 9);});`	[10, 15, 20]
`dojo.lang.some(tab, function(x) { return (x > 9);});`	true
`dojo.lang.every(tab, function(x) { return (x > 9);});`	false
`dojo.lang.map(tab, function(x){ return x*2; });`	[2, 6, 10, 14, 16, 18, 20, 30, 40]

La première méthode (`find`) renvoie l'index du premier élément égal au second argument. Toutes les autres prennent en argument le tableau sur lequel itérer et la fonction à appliquer à chaque élément du tableau, cette dernière ayant pour argument la valeur de l'élément courant.

La méthode `filter` filtre les éléments satisfaisant la condition exprimée par la fonction, tandis que `some` indique si un élément au moins la satisfait et `every` si tous la satisfont. Quant à `map`, elle applique la fonction à tous les éléments du tableau et renvoie le résultat.

Nous retrouvons aussi une variante de la fonction $ de prototype, sous le nom `dojo.byId`. Cette méthode renvoie l'élément DOM correspondant, qu'il s'agisse de l'id de l'élément ou de l'élément lui-même, mais ne prend pas en paramètre une liste d'éléments.

dojo dispose d'une méthode équivalente au `bindAsEventListener` de prototype.js. Si nous reprenons l'exemple du petit composant `ClickCounter`, qui compte le nombre de fois que l'utilisateur a cliqué sur un élément, nous écrivons :

```
function ClickCounter(element, msg) {
  this.element = dojo.byId(element);
  this.msg = dojo.byId(msg);
  this.nbClicks = 0;
  this.element.onclick = dojo.lang.hitch(this, "onclick");←❶
}
```

En ❶, la méthode hitch renvoie une fonction qui applique la méthode dont le nom est passé en second paramètre à l'objet passé en premier paramètre. Dans notre cas, elle applique la méthode onclick à l'objet courant au moment de l'affectation, c'est-à-dire l'objet de type ClickCounter.

dojo dispose d'un mécanisme d'assertions, permettant de faire du test unitaire :

```
dojo.lang.assert(expressionCenseeVraie, messageSiPasVraie);
dojo.lang.assertType(valeur, type, message);
```

La méthode assert teste l'expression et, si celle-ci n'est pas vraie, lève une exception, dont nous pouvons spécifier le texte dans le deuxième paramètre (optionnel). La méthode assertType teste si la valeur est bien du type annoncé et lève une exception si ce n'est pas le cas.

Notons que le traitement s'arrête à la première exception :

```
dojo.lang.assert(0 > 1, "valeur négative"); // lève une exception
dojo.lang.assertType("abc", Number); // n'est pas exécuté
```

Dans le même ordre d'idée, dojo dispose d'un mécanisme de debug, désactivé par défaut, qui affiche dans la page les erreurs gérées par dojo.

Pour l'activer, nous écrivons en tout début de page :

```
<script>
djConfig = {
  isDebug: true,
};
</script>
```

Les erreurs sont alors automatiquement affichées.

Nous pouvons aussi faire afficher la valeur d'une variable maVar, par l'instruction :

```
dojo.debug(maVar);
```

qui, là aussi, n'est affichée que si le mécanisme de debug est enclenché.

De même, nous pouvons faire afficher toutes les propriétés d'un objet par :

```
dojo.debugShallow(monObjet);
```

Si, par exemple, nous écrivons :

```
charlot = {prenom: "Charles", nom: "Chaplin"}
dojo.debugShallow(charlot);
```

dojo produit la sortie suivante :

```
DEBUG: ------------------------------------------------------------
DEBUG: Object: [object Object]
DEBUG: nom: Chaplin
DEBUG: prenom: Charles
DEBUG: ------------------------------------------------------------
```

Encapsulation et extensions de DOM

dojo groupe dans les quelques modules suivants tout ce qui concerne DOM :

- `dojo.dom` : tout ce qui est relatif à DOM Core, valable aussi bien en HTML qu'en XML, SVG, etc. (copier, supprimer, déplacer des nœuds, lire ou modifier le contenu d'éléments).

- `dojo.style` : tout ce qui manipule les CSS (style, position).

- `dojo.html` : tout ce qui concerne spécifiquement le HTML, en particulier les classes CSS.

- `dojo.event.browser` : encapsulation des événements DOM.

Examinons quelques-unes des propriétés de `dojo.dom` :

```
var text = "<liste><item>1</item></liste>";
var doc = dojo.dom.createDocumentFromText(text);←❶
var node = doc.createElement("item");
dojo.dom.textContent(node, 2);←❷
dojo.dom.insertAfter(node, doc.documentElement.lastChild);←❸
dojo.debug(dojo.dom.innerXML(doc));←❹
dojo.debug(dojo.dom.textContent(doc));←❺
```

qui produit :

```
DEBUG: <liste><item>1</item><item>2</item></liste>←❻
DEBUG: 12
```

En ❶, nous créons un arbre DOM à partir d'une chaîne de caractères. Cette méthode est très utile. Sa réciproque, `innerXML`, qui consiste à donner une représentation textuelle (sérialisée) d'un arbre DOM, est utilisée en ❹ et produit ❻. `innerXML` est l'adaptation en XML du `innerHTML` du HTML, sauf qu'il est en lecture seule.

En ❷, nous avons l'encapsulation de `text` (IE) et `textContent` (W3C), utilisée en écriture, tandis qu'en ❺ elle est utilisée en lecture. Enfin, en ❸, nous retrouvons une méthode similaire à `Insertion.Before` de prototype.js, qui insère le nœud premier argument après le nœud second argument.

Le package `dojo.style` permet de manipuler les tailles des boîtes, en mode `box-sizing` comme en mode `content-sizing`, à travers les méthodes `getContentBoxHeight`, `getBorderBoxHeight`, etc., et leurs contreparties `setContentBoxHeight`, etc. Nous disposons aussi de `totalOffsetLeft` et `totalOffsetTop`. Il existe encore bien d'autres méthodes, comme `setOpacity`.

Concernant les événements, nous pouvons définir une réaction d'un élément, de façon classique, et récupérer un événement mis au standard W3C :

```
unElement.onclick = function(event) {
  event = event || window.event;←❶
  dojo.event.browser.fixEvent(event);←❷
  dojo.byId("msg").innerHTML = "id de l'élément cliqué : "
    + event.target.getAttribute("id");←❸
  event.preventDefault();←❹
}
```

En ❶, nous récupérons l'événement. En ❷, nous le rendons conforme à la norme W3C, que nous soyons dans IE ou dans un navigateur compatible W3C. Il dispose en particulier des propriétés suivantes :

```
target
currentTarget
pageX/pageY // position du curseur dans la fenêtre
layerX/layerY
relatedTarget
charCode
stopPropagation()
preventDefault()
```

si bien que nous pouvons récupérer, en ❸, l'élément sur lequel l'événement a été déclenché et, en ❹, empêcher la réaction par défaut. Nous avons maintenant un code unifié, qui n'a plus à se préoccuper des divergences de navigateurs, excepté pour récupérer l'événement (ligne ❶).

Nous pouvons nous affranchir de cette ligne ainsi que de la ligne ❷, en déclarant la réaction par :

```
dojo.event.connect(unElement, "onclick", function(event){
  dojo.byId("msg").innerHTML = "id de l'élément cliqué : "
    + event.target.getAttribute("id");
  event.preventDefault();
});
```

ce qui est à la fois plus court et moins propice à des oublis.

Les appels Ajax

La communication avec le serveur repose sur le module dojo.io (input/output, sous-entendu avec le serveur), qui prend en compte XMLHttpRequest, mais aussi la communication par des iframe cachés.

Comme avec prototype.js, nous définissons les paramètres de la requête : l'URL à appeler, les données éventuelles à envoyer, ainsi que le traitement à effectuer en cas de succès et celui en cas d'erreur. À la différence de prototype.js, nous ne pouvons pas définir un traitement au lancement de la requête, ce qui est dommage. En revanche, nous pouvons annuler plus facilement la requête.

Reprenons l'exemple simple utilisé pour prototype.js afin de récupérer l'heure du serveur. Notre page a deux boutons : un pour lancer la requête, l'autre pour l'annuler, comme illustré à la figure 6.5.

Figure 6.5

Quatre états d'une requête Ajax avec dojo

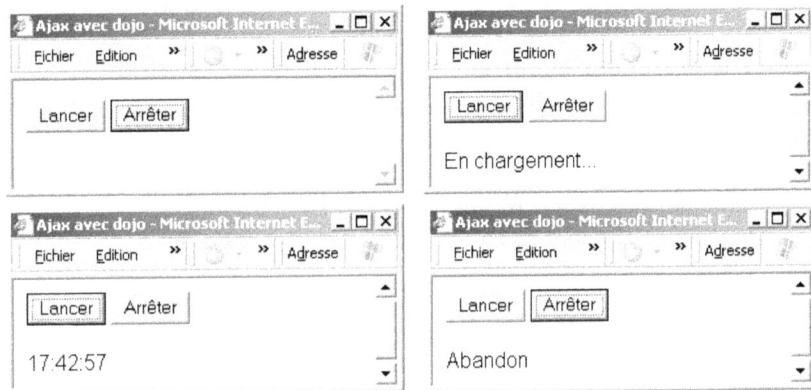

Quand l'utilisateur clique sur Lancer, la requête est envoyée, et le message « En chargement … » apparaît. Si la requête aboutit, la réponse du serveur est affichée dans la zone de message. Si l'utilisateur abandonne auparavant, il en est averti.

Voici le code HTML de cet exemple :

```
<html>
  <head>
    <title>Ajax avec dojo</title>
    <script>
    djConfig = { isDebug: true };←❶
    </script>
    <script type="text/javascript" src="dojo/dojo.js"></script>←❷
  </head>
  <body>
  <form action="javascript:;">
    <input type="submit" id="runRequest" value="Lancer"/>
    <input type="button" id="stopRequest" value="Arrêter"/>
  </form>
  <div id="msg"></div>
```

En ❶, nous déclarons que nous voulons que dojo travaille en mode debug. C'est une bonne chose pendant la phase de mise au point. En ❷, nous incluons la distribution courante de dojo.

Voici le code JavaScript correspondant :

```
dojo.require("dojo.io");←❶
var ajaxCall;←❷
var ajaxParams = {←❸
  url: "serveur/get-time.php",
```

```
load: function(type, response, request) {←❹
  dojo.byId("msg").innerHTML = response;
  ajaxCall = null;←❺
},
error: function(type, error) {←❻
  dojo.byId("msg").innerHTML = error.message;←❼
}
}
```

En ❶, nous demandons à dojo de charger le module `dojo.io` si ce n'est déjà fait. Si nous utilisons la distribution Ajax, il est déjà présent. En ❷, nous déclarons l'appel Ajax qui doit être accessible si nous voulons pouvoir l'annuler par le second bouton. En ❸, nous indiquons les paramètres de l'appel : l'URL à demander et le traitement à la réception de la réponse, d'abord en cas de succès, puis en cas d'échec.

Par défaut, la méthode de transmission vaut GET, et le type MIME vaut `text/plain`.

Si nous voulons d'autres valeurs, nous spécifions les propriétés :

```
mimetype: "text/xml",
method: "post"
```

Les paramètres de `load` (ligne ❹) sont : `type`, qui vaut toujours la chaîne `"load"` (je ne comprends pas la nécessité de ce paramètre), la réponse, interprétée par dojo, et la requête `XMLHttpRequest` sous-jacente.

La réponse est interprétée selon le type MIME :

- Pour `text/plain` ou `text/html`, c'est simplement `request.responseText`.

- Pour `text/xml`, c'est `request.responseXML`.

- Pour `text/json`, c'est l'objet JSON directement.

- Pour `text/javascript`, la réponse est évaluée (exécutée), et le paramètre `response` devient `undefined`.

Pour le traitement des erreurs, nous récupérons en ❻ un objet erreur, dont la propriété `message` nous indique la teneur (ligne ❼).

Le code très simple de cet exemple est similaire à celui de prototype.js. Notons qu'en ❺, si la requête est arrivée avec succès, nous éliminons l'appel Ajax, qui ne sert plus à rien, de façon à simplifier l'écriture de la réaction des boutons, que voici :

```
dojo.byId("runRequest").onclick = function() {
  dojo.byId("msg").innerHTML = "En chargement...";
  if (ajaxCall) {←❶
    ajaxCall.abort();
  }
  ajaxCall = dojo.io.bind(ajaxParams);←❷
}

dojo.byId("stopRequest").onclick = function() {
  if (ajaxCall) {←❸
```

```
        ajaxCall.abort();
        dojo.byId("msg").innerHTML = "Abandon";
    }
}
```

En ❶ et en ❸, nous annulons la requête XMLHttpRequest seulement si l'appel est en cours, ce qui revient à dire que l'objet ajaxCall existe. L'appel est aussi simple qu'avec prototype.js : nous appelons dojo.io.bind (ligne ❷) avec les paramètres définis précédemment.

Passons maintenant à une requête ayant des paramètres et récupérant du JSON. Nous allons interroger la page PHP vue au chapitre 5 renvoyant la liste des communes ayant le code postal saisi par l'utilisateur.

Rappelons que cette page, lorsqu'elle travaille en sortie JSON, renvoie les résultats sous la forme suivante :

```
{
  "cp":"06850",
  "items":[
    {"value":"06024", "text":"Brian\u00e7onnet"},
    {"value":"06063","text":"Gars"},
    {"value":"06116","text":"Saint-Auban"}
  ]
}
```

c'est-à-dire sous la forme d'un objet ayant deux propriétés : cp, valant le code postal demandé, et items, tableau d'objets ayant deux propriétés, value (code de la ville) et text (nom de la ville).

Notre page HTML, illustrée à la figure 6.6, commence par un en-tête similaire à celui de l'exemple précédent.

Mentionnons seulement le formulaire :

```
<form id="formulaire" action="javascript:;">
  Code postal : <input type="text" name="cp" size="5"/>←❶
  <input type="submit" id="runRequest" value="Lancer"/>
  <input type="button" id="stopRequest" value="Arrêter"/>
</form>
<div id="msg"></div>
```

Figure 6.6

*Appel Ajax de
réponse au format
JSON avec dojo*

Nous retrouvons les mêmes boutons que dans l'exemple précédent. En revanche, en ligne ❶, au lieu de donner un id au champ de saisie, nous spécifions son name, comme il faut le faire pour les formulaires soumis de façon traditionnelle.

C'est important pour utiliser un paramètre de dojo.io.bind, indiqué ci-dessous :

```
dojo.require("dojo.io");
var ajaxCall;
var ajaxParams = {
  url: "serveur/get-villes-par-cp.php?output=json",←❶
  mimetype: "text/json",←❷
  formNode: dojo.byId("formulaire"),←❸
  load: function(type, json, request) {
    var villes = dojo.lang.map(←❹
      json.items,←❺
      function(ville) { return ville.text; }
    );
    dojo.byId("msg").innerHTML = "<ul><li>" +
      villes.join("</li><li>") + "</li></ul>";←❻
    ajaxCall = null;
  },
  error: function(type, error) {
    dojo.byId("msg").innerHTML = error.message;
    ajaxCall= null;
  }
}
```

Nous indiquons en ❶ l'URL avec le paramètre output mis à json, mais sans la saisie de l'utilisateur. Celle-ci est adjointe par dojo grâce à la ligne ❸, qui lui indique le formulaire à sérialiser. dojo prend en compte les seuls champs du formulaire qui ont un attribut name. C'est pourquoi il ignore les boutons, qui n'ont pas cet attribut. Bien sûr, il se charge d'encoder les paramètres, sans que nous ayons à nous en préoccuper.

En ❷, nous lui indiquons que la réponse sera au format JSON. En ❺, nous récupérons les villes, c'est-à-dire la propriété items du résultat. Nous utilisons en ❹ la méthode dojo.lang.map, qui applique à chacun de ces items la fonction en second paramètre, qui renvoie simplement l'attribut text de chaque item. À ce stade, nous avons dans la variable villes un tableau des noms de villes. Il ne nous reste plus qu'à en faire une chaîne de caractères grâce à la méthode join (ligne ❻).

dojo propose encore d'autres options pour les appels Ajax. En particulier, nous pouvons spécifier un délai maximal d'attente et une méthode à exécuter lorsque ce délai est atteint.

En voici un exemple :

```
timeoutSeconds: 5,
timeout: function() {
  dojo.byId("msg").innerHTML = "délai dépassé";
}
```

Il existe également quelques paramètres liés à une question que nous examinons en détail au chapitre suivant et qui concerne les actions Page précédente et Ajouter aux favoris.

Les widgets

dojo propose un grand nombre de widgets, qu'il est possible d'instancier depuis JavaScript à partir d'éléments HTML existants, comme nous l'avons fait tout au long de cet ouvrage.

Par exemple, nous pouvons créer une pseudo-fenêtre à l'intérieur de la page courante, comme celle illustrée à la figure 6.7.

Figure 6.7

Widget dojo créé
par programme

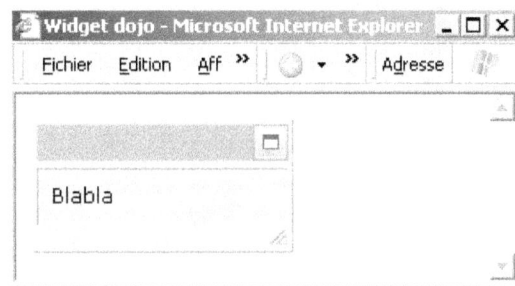

Pour ce faire, nous écrivons :

```
<div id="pane" style="width: 10em; height: 5em">←❶
</div>
<script>
dojo.require("dojo.widget.FloatingPane");←❷
myWidget = dojo.widget.createWidget("FloatingPane",
  {displayMaximizeAction: true}, dojo.byId("pane"));←❸
myWidget.setContent("Blabla");←❹
</script>
```

En ❶, nous créons un div, qui servira de base à notre pseudo-fenêtre, que dojo nomme FloatingPane (zone flottante). En ❷, nous faisons appel au module dojo en charge de ce composant, qui se trouve dans la hiérarchie widget. En ❸, nous l'instancions : le premier paramètre est le type du widget ; le deuxième regroupe ses paramètres (ici, il est indiqué d'afficher l'icône donnant à cette zone la taille de la fenêtre englobante) ; le troisième indique l'élément HTML servant de base au widget (ici, l'élément défini en ❶). Enfin, en ❹, nous spécifions le contenu de la fenêtre.

Il est possible de créer les widgets sans code JavaScript, grâce à dojoType, un attribut HTML spécial ajouté par dojo.

Sachant que la ligne ❷ est toujours nécessaire, l'instruction ❸ a alors pour équivalent HTML :

```
<div dojoType="FloatingPane" displayMaximizeAction="true">←❹
```

Le premier argument du constructeur `dojo.widget.createWidget`, en ❸, se retrouve dans l'attribut `dojoType` de l'élément défini en ❹, les propriétés du deuxième dans les attributs de cet élément, le troisième étant l'élément lui-même.

Pour le développeur, l'avantage de cette écriture est sa grande simplicité. C'est comme si nous écrivions du HTML plus élaboré, d'où une grande lisibilité.

Nous disposons de nombreux attributs pour contrôler l'apparence ou le comportement des widgets.

Par exemple, pour la zone flottante, nous pouvons écrire :

```
<div title="Panier" id="panier" dojoType="FloatingPane"
  hasShadow="true"
  resizable="true"
  displayMinimizeAction="true"
  displayMaximizeAction="true"
  displayCloseAction="false"
  style="width: 60%; height: 6em; left: 30%; top: 15%;"
>
  Les bijoux de la Castafiore (Hergé) - 2 x 10 € = 20 €
  <br/>
  Les tourbillons de fleurs blanches (Vink) - 3 x 10 € = 30 €
<br> Total : 50 €</div>
```

La figure 6.8 illustre le résultat à l'écran. La zone produite est celle de droite. L'attribut `title` indique le texte de la barre de titre, le nom des autres attributs parlant de lui-même. Remarquons que la mention de `resizable` est inutile, cet attribut valant `true` par défaut. Les attributs `display…Action` valent `false` par défaut. Lorsque l'utilisateur iconifie la fenêtre, celle-ci disparaît de la page.

Un autre composant permet de la faire apparaître à nouveau. En fait, ce nouveau composant est une bascule : si sa cible est visible, il la masque, sinon il la montre. Il peut faire en somme office d'icône d'une pseudo-fenêtre.

Nous en ajoutons une instance à notre page, avec pour cible la zone flottante `panier` :

```
<div id="panierIcon" dojoType="Toggler" targetId="panier">
  <img src="cart.gif"/>
  50€<br/>2 articles
</div>
```

Le composant `Toggler` indique l'id de sa cible dans l'attribut `targetId`. Dans notre cas, il s'agit bien du panier vu auparavant. Si l'utilisateur clique sur le `div` contenant l'icône du panier, la zone flottante apparaît ou disparaît. Nous avons ainsi un système permettant de faire apparaître les détails d'un élément, qui rappelle celui que nous trouvons sur le Bureau des systèmes Windows ou MacOS.

Si l'utilisateur clique sur le bouton de maximalisation, la pseudo-fenêtre remplit tout l'espace de la fenêtre du navigateur.

Figure 6.8

Widgets dojo
définis en HTML

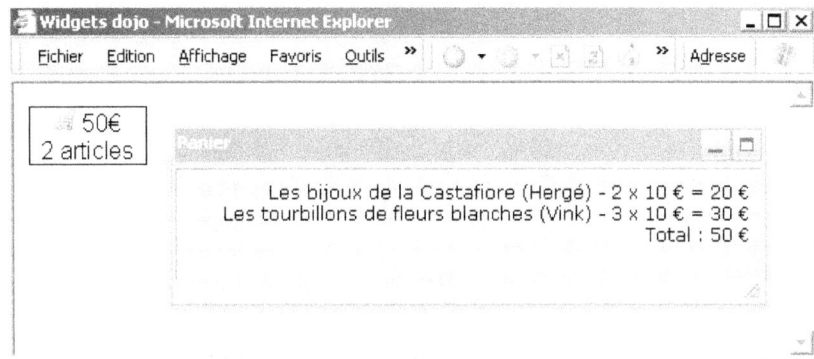

Si ce système à base d'attributs HTML est très pratique, il a aussi un coût. Pour interpréter correctement ces attributs supplémentaires, dojo analyse tout le document. Dès qu'il trouve l'attribut dojoType, il construit le widget correspondant. Si la page reste raisonnable en taille, c'est acceptable. Sinon, il est possible de débrancher le mécanisme d'analyse globale et de spécifier quels sont les éléments à transformer en widgets, en écrivant en tout début de fichier :

```
djConfig = {
  parseWidgets: false,
  searchIds: ["panierIcon", "panier"]
};
```

Comme, malgré toutes les précautions que nous pouvons prendre, le chargement est lent, nous avons intérêt à prévenir l'utilisateur, en affichant un message qui disparaîtra lorsque dojo aura fini de charger ses modules et d'analyser la page.

Pour cela, il faut utiliser non pas window.onload, qui ne fonctionnerait pas et provoquerait même une erreur, mais dojo.addOnLoad.

Si nous récapitulons, la page illustrée à la figure 6.8 commence ainsi :

```
<head>
  <!-- ici les styles etc. -->
  <script>
  djConfig = {
    isDebug: true,
    parseWidgets: false,
    searchIds: ["panierIcon", "panier"]
  };
  </script>
  <script type="text/javascript" src="dojo/dojo.js"></script>
  <script type="text/javascript">
    dojo.require("dojo.widget.Toggler");
    dojo.require("dojo.widget.FloatingPane");
    dojo.addOnLoad(function() {
      dojo.byId("loading").style.display = "none";
```

```
      });
    </script>
  </head>
  <body>
    <div id="loading">En chargement ...</div>
    <div id="panierIcon" dojoType="Toggler" targetId="panier">
      <img src="cart.gif"/>
      50¤<br/>2 articles
    </div>
    <div id="panier" title="Panier" dojoType="FloatingPane"
      etc.
```

Nous étendrons ce code au chapitre 7 en réalisant un panier complet.

Pour styliser notre instance de `FloatingPane` d'id `panier`, nous utilisons les classes CSS suivantes :

```
/* floating pane */
#panier .dojoFloatingPane

/* Barre de titre du floating pane */
#panier .dojoFloatingPaneTitleText

/* Zone de contenu du floating pane */
#panier .dojoFloatingPaneClient
```

Édition WYSIWYG

L'un des widgets les plus riches de dojo est son éditeur HTML WYSIWYG, grâce auquel l'utilisateur saisit le contenu tel qu'il veut le voir affiché, et non le code HTML correspondant.

Pour l'utiliser, il faut écrire en JavaScript :

```
dojo.require("dojo.widget.Editor");
```

Si nous utilisons la distribution Ajax de dojo, cette ligne est inutile. Comme pour tous les widgets, l'instanciation est possible en JavaScript ou directement en HTML, de la façon suivante :

```
<div id="contenu" dojoType="Editor"></div>
```

ce qui produit entièrement la barre d'outils illustrée à la figure 6.9, où le texte a été saisi directement par l'utilisateur en utilisant les boutons permettant de mettre en forme le contenu (en-tête principal et secondaire, texte normal, mot en italique et liste à puces).

`dojo.Editor` est un véritable éditeur, doté d'un mécanisme de défaire/refaire, activé par les raccourcis clavier usuels (Ctrl+Z/Ctrl+Y sous Windows). Il est possible de spécifier quels boutons doivent être affichés, chacun d'eux étant nommé. Des groupes de boutons sont également définis.

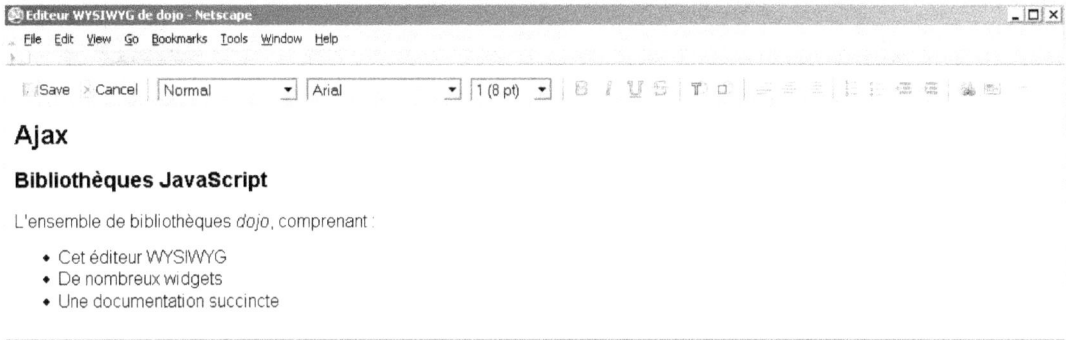

Figure 6.9

L'éditeur HTML WYSIWYG de dojo

Voici la liste des groupes, avec, indentés, les boutons qu'ils regroupent :

```
commandGroup
    save, cancel
blockGroup
    fontFace, formatBlock
textGroup
    bold, italic, underline, strikethrough
colorGroup
    forecolor, hilitecolor
justifyGroup
    justifyleft, justifycenter, justifyright
listGroup
    insertorderedlist, insertunorderedlist
indentGroup
    outdent, indent
linkGroup
    createlink, insertimage
```

Pour afficher seulement le type de bloc (titres de niveaux 1, 2, 3 et normal), la mise en forme de texte et les listes, nous utilisons le bouton `formatBlock` et les groupes `textGroup` et `listGroup`.

Nous écrivons alors :

```
<div dojoType="Editor"
    items="formatBlock;|;textGroup;|;listGroup;">
```

Chaque bouton ou groupe est entouré du signe « ; », le signe « | » faisant office de séparateur de groupe. Le résultat est illustré à la figure 6.10.

Nous pouvons sauvegarder une saisie sur le serveur. C'est idéal pour de la bureautique en ligne. Le plus simple est de bâtir un éditeur sur un textarea placé dans un formulaire à soumettre par POST, qui renverra au serveur la transcription HTML de la saisie de l'utilisateur.

Figure 6.10

L'éditeur WYSIWYG de dojo, avec une barre de menus personnalisée

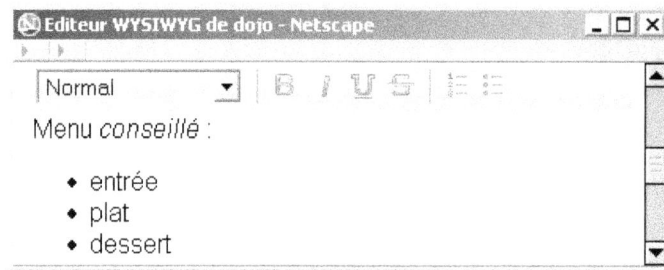

En voici le code :

```
<form method="post" action="serveur/echo.php">←❶
  <input type="submit" value="Sauver"/>
  <textarea name="texte" dojoType="Editor"
    items="formatBlock;|;textGroup;|;listGroup;">
    zone éditable
  </textarea>
</form>
```

Très simple, le programme **echo.php** (en ❶) renvoie simplement le résultat récupéré :

```
header("Cache-Control: no-cache, max-age=0");
header("Content-type: text/plain");
print_r($_POST);
```

La figure 6.11 illustre le formulaire avant sa soumission.

Figure 6.11

Un éditeur WYSIWYG dans un formulaire

Voici le résultat envoyé au serveur :

```
<h3>dojo toolkit<br>
</h3>
<p>Cet ensemble de bibliothèques comprend :<br>
      </p>
<ul>
<li>Cet éditeur <i>WYSIWYG</i></li><li>De nombreux widgets</li></ul>
```

Comme nous le constatons, le HTML produit est correct pour la liste à puces, mais un peu bizarre pour le paragraphe et le titre de niveau 3, qui sont terminés par un saut de ligne (br), qui ne respecte pas d'ailleurs le xHTML (étant un élément vide, il devrait s'écrire <br/>). Nous touchons là une limite de ce composant, par ailleurs très intéressant.

Mentionnons un autre composant, qui permet d'afficher des arborescences, ainsi que des menus déroulants, en cascade ou en pop-up et des composants de validation à effectuer sur des champs de saisie, spécifiant que le champ est obligatoire, qu'il doit être numérique, etc.

En résumé

Notre parcours de dojo nous a montré la vaste étendue de possibilités qu'il couvre. Son usage comporte cependant quelques points noirs :

- La documentation est encore très succincte. Cela commence à s'améliorer, et nous pouvons espérer que le soutien d'IBM et les accords passés avec d'autres éditeurs qui intègrent dojo dans leurs produits confirmeront cette tendance.

- Le temps de chargement des modules peut être long. Le fait que les modules se chargent *via* XMLHttpRequest et que les fichiers JavaScript ne soient alors pas mis dans le cache du navigateur (tout au moins dans Firefox) est un gros handicap. Il vaut donc mieux bâtir sa propre distribution dojo, qui, étant incluse par <script src="chemin/vers/dojo.js"></script>, sera certes volumineuse, mais au moins mise en cache.

- Des bogues et des API encore changeantes perturbent le développement. Après tout, nous n'en sommes qu'à la version 0.3. Le bogue le plus pénible se situe au niveau du chargement, lequel, parfois, ne récupère pas tout, si bien qu'il faut actualiser la page.

Ces facteurs d'instabilité ne constituent sans doute qu'un péché de jeunesse, et il est fort probable qu'ils sont partagés par les bibliothèques de widgets un peu élaborées. Nous les observons d'ailleurs sur le site démonstratif de Backbase, qui suit un peu la même logique que dojo, en fondant les widgets sur des balises, mais qui utilise pour cela un espace de noms XML propre, ce qui impose d'écrire du xHTML et non du HTML.

Ces errements ne sont en tout cas guère surprenants, étant donné la fragilité de JavaScript ou des CSS, sur lesquels tout cela est construit, et la diversité des navigateurs.

Yahoo User Interface

Yahoo a récemment publié sa bibliothèque Yahoo User Interface, téléchargeable à l'adresse *http://developer.yahoo.com/yui*, dont la documentation est abondante et la pérennité assurée.

Sans atteindre la richesse de dojo, cette bibliothèque propose les éléments suivants :

- Des widgets, notamment ceux dont nous avons le plus besoin :

  – Menus, arborescences, glissières verticales ou horizontales, calendrier.

- – Plusieurs conteneurs : pseudo-fenêtre modale, panneau simple, « tooltip », sorte de bulle d'aide donnant des informations sur un élément de la page quand la souris passe dessus.

- – Un composant de suggestion de saisie prenant, comme celui que nous avons fabriqué, ses valeurs en local ou en interrogeant le serveur. Ses options sont cependant plus sophistiquées.

- Des encapsulations et extensions de DOM (Core, HTML, Events) et de `XMLHttpRequest`.

- Un support du glisser/déposer, des animations et un mécanisme de log.

La bibliothèque est organisée sous forme arborescente, comme dojo, chaque module pouvant être chargé indépendamment. Il n'y a pas de « distribution » comme en dojo. Lorsque nous avons besoin d'un module, il faut inclure à la main tous les modules (les fichiers JavaScript) requis. La liste est indiquée dans la documentation en ligne. Ces modules étant inclus par des éléments `script`, ils peuvent être mis en cache par le navigateur.

L'ensemble des fichiers JavaScript pèse environ 700 Ko. C'est beaucoup moins que dojo, mais cela reste considérable, si bien qu'il n'est pas envisageable de tout envoyer sur le client.

Comme dojo, Yahoo utilise abondamment l'héritage et les espaces de noms. Ceux-ci peuvent être longs, ce qui alourdit l'écriture.

Par exemple pour faire de la fonction `init` une réaction de l'objet `window` à l'événement `load`, nous écrivons :

```
YAHOO.util.Event.addListener(window, "load", init);
```

Au moins sommes-nous sûrs qu'il n'y aura pas de conflit de noms avec une autre bibliothèque ou avec du code écrit par nous-mêmes.

La bibliothèque de Yahoo semble promise à un bel avenir.

Conclusion

Il existe une foule de bibliothèques JavaScript intégrant Ajax, en dehors de celles que nous venons de parcourir, notamment Backbase, déjà mentionnée, ou Rialto, ces deux dernières visant à créer des applications résidant dans une seule page.

Le code que toutes ces bibliothèques consacrent à l'encapsulation et aux extensions de DOM et de `XMLHttpRequest` occupe un volume limité (moins de 40 Ko). Dans cet ouvrage, nous avons d'ailleurs construit nous-mêmes un fichier équivalent **(util.js),** en l'enrichissant au fur et à mesure que des besoins nouveaux apparaissaient. Plus encore que l'encapsulation des différences de navigateurs, ce sont les extensions de DOM qui facilitent le code, ce qui révèle la lourdeur et les insuffisances de cette API.

C'est cependant sur le terrain des composants graphiques et des effets visuels que les bibliothèques donnent leur pleine mesure. La création de widgets est fastidieuse et très délicate, et il est précieux de pouvoir s'en dispenser en disposant d'une panoplie simple à utiliser. La fiabilité de ces composants a parfois des limites, mais nous pouvons espérer qu'avec le temps (et les retours de bogues) les choses s'amélioreront.

En réalité, il serait beaucoup plus naturel que des widgets tels que la pseudo-fenêtre, les menus, les arborescences, etc., fassent partie du HTML. Ce serait également beaucoup plus efficace et sûr, car le moteur les interprétant résiderait dans le navigateur, et non dans du code JavaScript à transférer. Des initiatives sont prises en ce sens, mais il faudra patienter plusieurs années avant d'en disposer largement dans les navigateurs. Si nous souhaitons une interface riche, nous sommes donc contraints d'utiliser des bibliothèques JavaScript.

Celles-ci proposent deux méthodes pour incorporer les widgets. L'une, qui ne fait appel qu'à des instructions JavaScript, est utile lorsque les widgets doivent être instanciés à la volée. L'autre convient mieux lorsque les widgets sont présents dès le chargement de la page. Elle consiste à écrire dans un élément HTML classique le contenu du widget, puis à transformer cet élément grâce à JavaScript, soit par une instanciation explicite, comme nous l'avons fait à plusieurs reprises dès le chapitre 3, soit en ajoutant des informations dans l'élément, et en laissant la bibliothèque analyser le document. Avec dojo, ces informations prennent la forme d'attributs spéciaux, notamment `dojoType`, tandis qu'avec Backbase, c'est le nom même de la balise qui est spécifique, cette bibliothèque définissant son propre jeu de balises, dans un espace de noms XML propre.

Cette façon de faire, fondée sur les balises, a l'avantage de simplifier l'écriture de la structure de la page, qui est alors homogène (tout est écrit en HTML), et de permettre l'application de styles CSS.

L'un des points ennuyeux de ces bibliothèques tient à leur volume, qui est directement fonction du nombre de widgets proposés. En intranet, cela ne pose pas de problème, mais il faut veiller au grain sur Internet, tous les utilisateurs ne disposant pas encore de liaisons haut débit.

Un autre point à souligner est que certaines bibliothèques, telles dojo et Yahoo User Interface, utilisent des espaces de noms qui leur sont propres. Cela permet de les mixer sans crainte. Au contraire, avec les autres, il faut prendre garde aux éventuelles collisions de noms. C'est un critère à prendre en compte.

En dehors de ces composants graphiques, nous avons intérêt à constituer des composants JavaScript liés au domaine de nos applications Web et à les organiser en bibliothèques testées et validées. C'est un excellent moyen d'en renforcer la robustesse et l'évolutivité. Nous en donnons un exemple au chapitre 7, avec la gestion d'un panier dans une application de vente en ligne.

7

Les applications Ajax et Web 2.0

Du point de vue fonctionnel, Ajax apporte réactivité et richesse graphique aux applications Web traditionnelles, c'est-à-dire aux applications de gestion, dont le « look and feel » peut désormais rivaliser avec celui des applications à client lourd.

Pour distinguer ces applications du Web classique, à client léger, on parle de client riche. Les webmails de Google ou de Yahoo, proches dans l'apparence et le comportement des clients de messagerie tels que Outlook ou Eudora, en sont des exemples parmi les plus démonstratifs.

Ajax a aussi donné naissance à des applications de bureautique en ligne, totalement inédites sur le Web, permettant l'édition de diaporamas *(http://thumbstacks.com)* ou de tableurs en ligne *(http://irows.com),* la gestion d'agenda ou de notes et l'édition de texte, comme nous l'avons vu au chapitre précédent avec l'éditeur dojo et comme nous pouvons le voir sur le site *www.writely.com.* L'ensemble de ces nouveautés a été baptisé Web 2.0, un terme qui fait recette dans les médias informatiques, bien que ce numéro de version ne recouvre aucune réalité technique, le Web n'étant en aucune façon un logiciel. Les anglophones parlent de *Rich Internet Applications,* ou applications Web riches, une appellation beaucoup plus exacte.

Nous allons étudier dans ce dernier chapitre de l'ouvrage les questions fonctionnelles et d'architecture soulevées par ces applications, que nous illustrerons par une étude de cas.

Questions fonctionnelles soulevées par Ajax

En Web classique, chaque nouvelle requête reçoit en réponse une nouvelle page, que l'utilisateur peut ajouter à ses favoris. Il peut également retourner à la page précédente, puis en revenir en allant à la page suivante. C'est d'ailleurs en partie pourquoi on parle de navigation.

Ajax introduit une variation dans ce modèle, en permettant d'émettre des requêtes et de recevoir des réponses sans changer de page. Les actions Page précédente et Ajouter aux favoris ne sont alors pas disponibles. Cela se révèle sans conséquence dans certains cas, tandis que dans d'autres c'est plus fâcheux. Nous allons étudier la question et dégager les solutions envisageables et les choix auxquels procéder.

Pour cela, nous commencerons par mettre en parallèle les applications Web de gestion et celles de bureautique, et ce, sur deux points essentiels.

Single Page Application, ou navigation classique ?

Que le client soit lourd ou riche, les applications de gestion et de bureautique différent fondamentalement quant à leurs échanges avec le serveur.

Dans une application bureautique, l'utilisateur travaille essentiellement sur un document (texte, tableau de données, diaporama, etc.). Tout le travail s'effectue localement, sur le poste client, à l'exception de la création, de l'ouverture, de la sauvegarde ou de la destruction du document, ces actions nécessitant un échange avec le serveur. C'est pourquoi il est naturel de faire tourner un client riche bureautique dans une page unique, contenant tout le code nécessaire pour éditer les documents, avec quelques appels `XMLHttpRequest` pour les ouvrir, les sauvegarder, etc. Dans ce type d'application, la page Web est l'application. On parle d'applications à page unique, ou SPA (Single Page Application).

À l'inverse, dans une application de gestion, l'utilisateur fait constamment des appels au serveur pour lire ou modifier des données. Il n'y a pas de document courant, mais plutôt des pages affichant plusieurs objets, qui peuvent ne pas être les mêmes d'une page à l'autre. Par exemple, dans une boutique en ligne, cela peut être un extrait du catalogue correspondant à des critères de recherche, un article de ce catalogue, le panier de l'utilisateur, son profil, etc., l'objet « article courant » étant présent sur certaines pages, et non sur d'autres. Non seulement les données, mais les traitements à effectuer peuvent ainsi être très différents d'une page à l'autre.

Certains prônent de faire une seule page de toute l'application, comme pour la bureautique, et de remplacer tous les passages de page en page traditionnels par des appels Ajax. C'est dans cet esprit que sont conçus les outils Backbase et Rialto. La raison d'un tel choix est technique et non fonctionnelle : un client riche nécessite un code JavaScript volumineux (plusieurs centaines de kilo-octets), qui prend un temps notable pour être rapatrié et interprété pour peu que la connexion Internet soit lente ou la bande passante disponible faible. Il est préférable de ne le charger qu'une seule fois, ce que fait une page unique à son chargement. Pour l'utilisateur, l'effet est similaire à celui d'une application se chargeant lentement.

Cependant, d'autres solutions peuvent être envisagées, notamment la mise en cache des fichiers JavaScript transmis, un mécanisme qui devrait être proposé par les éditeurs de bibliothèques (notamment dojo), car il est possible bien qu'il nécessite un peu de travail. Nous en avons vu un exemple au chapitre 3, lorsque nous avons fait se mettre en cache le fichier JavaScript donnant les stations de métro. Nous avons alors placé le code JavaScript dans un fichier PHP, lequel le renvoyait après avoir ajouté à la réponse un en-tête HTTP `Cache-Control` ou `Expires`.

Pour ma part, je recommande la plus grande prudence dans le choix d'une page unique pour les applications de gestion, car c'est tout fonder sur JavaScript, qui pèche en robustesse. Le risque qu'une page se fige ou que son affichage devienne bogué augmente avec la taille et la complexité de l'application. Si ce risque se réalise, l'utilisateur doit alors recharger la page, ce qui prend du temps et peut lui faire perdre le contexte. D'ailleurs, les concepteurs de Rialto recommandent l'usage de leur outil en intranet et le déconseillent sur Internet.

En outre, si nous désirons simplement accroître la réactivité d'une application existante, il est préférable de limiter les modifications apportées au code existant, ce qui écarte le choix de la page unique, qui nécessiterait de refondre l'application.

Historique d'une session utilisateur

Une deuxième comparaison entre applications de gestion et de bureautique concerne la nature d'une session de travail d'un utilisateur.

En bureautique, une session de travail sur un document consiste en une série d'actions, mémorisées dans un historique et pouvant être défaites ou refaites. Si plusieurs documents sont édités, chacun a son propre historique.

En gestion, une session consiste en une succession de consultations et de modifications, celles-ci étant rarement annulables. Si l'utilisateur ajoute un article à un panier et veut annuler cette action, il doit enlever l'article du panier, ce qui constitue en fait une autre action. Ce comportement se retrouve tant en Web qu'en client lourd.

En Web, cependant, à la différence du client lourd, l'utilisateur peut naviguer dans l'historique, en particulier aller à la page précédente et à la page suivante.

Une session bureautique et une session de gestion Web ont ainsi toutes deux un historique : en bureautique, celui des actions effectuées, et, en gestion, celui des pages demandées. Il s'agit, dans le premier cas, de faire et défaire et, dans le second, d'avancer et reculer dans l'historique de la navigation. Ces historiques sont constitués de deux piles : une pour les actions ou pages précédentes (pile « avant »), et une pour les actions ou pages suivantes (pile « après »).

Quand l'utilisateur effectue une nouvelle action, ou consulte une nouvelle page, celle-ci est ajoutée à la pile « avant », et la pile « après » est vidée. S'il annule une action ou va à la page précédente, celle-ci passe de la pile « avant » à la pile « après ». S'il refait une action annulée (Ctrl+Y) ou va à la page suivante, celle-ci passe de la pile « après » à la pile « avant ». Les deux mécanismes sont identiques.

Une première difficulté apparaît lorsque nous créons une application bureautique en ligne. Comme elle se trouve dans une seule page, le mécanisme de défaire/refaire ne peut reposer sur l'historique de navigation. Il faut donc l'implémenter nous-mêmes. Cela veut dire qu'il nous faut un gestionnaire d'historique des actions, ce que devrait proposer un véritable framework Ajax, comme le fait dojo. Ensuite, toute action annulable doit spécifier ce qui doit être fait quand elle est annulée et quand elle est refaite. En JavaScript, le plus simple est de faire de chaque action un objet de type Action, doté des méthodes undo et redo (ou back et forward). Ce travail est inévitable, car il est dans la nature même des applications bureautiques.

L'action Page précédente

Le même genre de difficultés peut apparaître avec les applications de gestion en Ajax. Lorsqu'une page fait un appel XMLHttpRequest, la requête n'est pas ajoutée à l'historique. Si, à la réception de la réponse, une grande partie de la page est modifiée, l'utilisateur ne peut revenir à l'état que celle-ci avait auparavant. S'il clique sur le bouton Page précédente, il est dirigé vers une autre page.

Si nous choisissons le mode SPA (Single Page Application), nous devons absolument traiter ce problème. L'outil Backbase, qui suit SPA, fournit un mécanisme d'historique des appels Ajax, si bien que les applications conservent le comportement habituel du Web.

Si nous considérons maintenant une suggestion de saisie, il est inutile d'ajouter les appels Ajax dans l'historique, car ce serait très ennuyeux pour l'utilisateur. Cela vaut également pour la mise à jour d'une liste déroulante en fonction de la saisie ou pour la connexion d'un utilisateur. En revanche, dans l'exemple où nous consultons des flux RSS, il pourrait être utile de mémoriser l'affichage d'un flux particulier, voire chaque fois que l'utilisateur effectue un tri, cette dernière question restant à débattre.

En tout état de cause, deux choses restent déterminantes : l'importance de ce qui change dans la page et le type de la requête.

L'importance de ce qui change est liée à la nature et à la taille du changement. Une suggestion de saisie est une « facilité » de la page, qui lui demeure annexe. Le flux RSS de notre exemple est au contraire un objet de la page : il compte. D'une manière générale, nous pouvons établir la gradation suivante : modifier une annexe de la page est sans importance, modifier un paramètre d'un objet de la page est peu important, et surtout moins que remplacer un tel objet par un autre (de même nature ou non).

Concernant le type de requête, commençons par examiner ce que fait le Web classique. Si la page précédente est une consultation, il n'y a aucun problème à y retourner. Par contre, s'il s'agit d'une action, une question se pose : le navigateur doit-il afficher le résultat de l'action déjà effectuée, ou doit-il l'exécuter à nouveau ? Du point de vue fonctionnel, la réponse est au cas par cas.

C'est pourquoi il existe en HTTP deux méthodes pour émettre une requête : GET et POST. La première est réservée aux consultations, qui ne changent pas l'état du serveur et sont censées renvoyer le même résultat si elles sont répétées (sous réserve, bien sûr, que les données renvoyées n'aient pas été modifiées entre-temps par un autre utilisateur). La seconde est réservée aux modifications. Quand l'utilisateur clique sur Page précédente et que celle-ci a été demandée avec la méthode POST, le navigateur demande s'il faut renvoyer les données.

En Ajax, nous pouvons considérer que les requêtes POST, qui modifient l'état du serveur, ne doivent *jamais* être mémorisées dans l'historique. Elles sont à considérer comme un simple rafraîchissement de la page. Si, dans une boutique en ligne, l'utilisateur ajoute un article à son panier, la page doit rester la même : le panier est simplement actualisé. Seules les consultations ont à être historisées.

Les seules requêtes à mémoriser dans l'historique sont donc les requêtes GET remplaçant un des objets notables de la page. Pour les autres, c'est inutile, Ajax offrant là un réel avantage par rapport au Web classique.

L'historisation des requêtes est difficile à implémenter, les appels XMLHttpRequest n'ayant pas de paramètre indiquant si la requête doit être mémorisée ou non, et l'objet window.history n'ayant pas de méthode add. De telles extensions à ces objets seraient très utiles, mais elles ne sont malheureusement pas prévues actuellement. Nous verrons un peu plus loin comment nous pouvons y remédier avec dojo.

L'action Ajouter aux favoris

Un autre problème lié à ce mécanisme d'historique est que si, en Web classique, l'utilisateur peut ajouter à ses favoris la page en cours, cette fonctionnalité n'est plus disponible avec Ajax, puisque le contenu de celle-ci peut varier sans que l'adresse de la page ne change.

Ce problème est cependant assez facile à résoudre, quoique un peu pénible. Pour modifier l'adresse de la page consultée sans la recharger, il suffit d'utiliser le mécanisme des signets HTML.

En Web classique, dans une page HTML **http://unServeur/unePage.html,** nous pouvons indiquer qu'un élément est accessible directement en écrivant :

```
<a name="unSignet"></a>←❶
<!-- et ensuite l'élément -->
```

Si l'utilisateur demande la page **http://unServeur/unePage.html#unSignet,** le navigateur charge la page et l'affiche précisément à l'endroit où se trouve l'élément précédé de ❶. Ce mécanisme est abondamment utilisé dans les documentations, dont les tables des matières sont constituées de liens du type :

```
<a href="#1.1">Sujet 1.1</a>
```

sachant que, plus loin dans le document, se trouve la ligne :

```
<a name="1.1"></a><h3>Sujet 1.1</h3>
```

L'idée est alors d'ajouter à l'adresse un pseudo-signet, à la réception de la réponse Ajax. Si l'appel Ajax récupère et affiche le produit d'id 123, nous pouvons ajouter, par exemple, le pseudo-signet `#idProduit=123`.

L'adresse est désormais modifiée, et l'utilisateur peut la mémoriser dans ses favoris. Le point ennuyeux consiste à rétablir le contexte lorsque l'utilisateur redemande la page avec le pseudo-signet. Dans notre exemple, il faut faire afficher à nouveau le produit d'id 123. Cela signifie qu'il faut ajouter une réaction à l'événement `onload` de `window`, qui doit examiner l'adresse et, s'il trouve un signet (propriété `hash` de `window.location`), exécuter l'appel `XMLHttpRequest` adéquat.

L'historique de navigation en dojo

Nous allons implémenter avec dojo une page historisant des appels Ajax.

Nous prenons le cas typique où la page, comprenant une liste de résultats, affiche le détail d'un élément de la liste par un appel Ajax. Par commodité, nous réutilisons ici un programme serveur nous ayant déjà servi aux chapitres 4 et 5, qui donne les noms des villes en fonction du code postal. Ce travail peut se généraliser aux listes de produits dans une application de commerce ou de gestion de stock, d'e-mails, de salariés dans une application de ressources humaines, etc.

La figure 7.1 illustre le rendu. L'utilisateur a cliqué sur le lien 06850, et les communes de ce code postal ont été récupérées par Ajax, puis affichées. Nous constatons que la barre d'adresse porte maintenant le signet `#06850`. Si plusieurs types de liens Ajax doivent être historisés, il serait plus judicieux de choisir un signet de la forme `#codePostal_06850`, mais nous simplifions ici afin de nous concentrer sur le mécanisme.

Figure 7.1

*Historisation
d'appels Ajax
avec dojo*

Si l'utilisateur clique sur un autre code postal, les communes correspondantes sont à leur tour récupérées et affichées, et le signet de l'adresse est mis à jour. L'utilisateur peut alors passer à la page précédente puis à la page suivante. Les données s'affichent correctement, le signet est mis à jour, et le lien convenable prend le focus, ce qui donne un feedback bienvenu à l'utilisateur.

Si celui-ci ajoute à ses favoris la page affichée à la figure 7.1 et qu'il la redemande ultérieurement, elle s'affiche à nouveau telle qu'à la figure 7.1, avec le contenu correspondant au signet, l'appel Ajax étant émis à nouveau automatiquement et avec le focus sur le bon lien.

dojo implémente ce mécanisme dans le module `dojo.undo.browser`, qu'il nous faut inclure par :

```
dojo.require("dojo.undo.browser");
```

Ce nom de module confirme ce que nous disions précédemment sur la similitude entre l'historique des pages consultées et celui des actions effectuées. Le signet à ajouter à l'adresse est indiqué dans la propriété `changeUrl` des paramètres de `dojo.io.bind`. Le traitement à effectuer lorsque l'utilisateur clique sur Page précédente est indiqué dans la propriété `back`, et celui à effectuer pour Page suivante dans la propriété `forward`.

Voici tout d'abord le HTML de notre page :

```php
<?php
// Les codes postaux devraient provenir du modèle
$cps = array("06830", "06850", "46500");←❶
?>
<html>
  <head>
    <title>Changement d'url avec dojo</title>
    <script>
    djConfig = {
      isDebug: true,
      preventBackButtonFix: false←❷
    };
    </script>
          <script type="text/javascript" src="dojo/dojo.js"></script>
  </head>
  <body>
    <h1>Communes par code postal</h1>
    <ul>
<?php
for ($i=0 ; $i<count($cps) ; $i++) {
  print "<li>
    <a  id='cp_$cps[$i]'
      href=\"javascript: getVillesParCp('$cps[$i]')\">$cps[$i]</a>
    </li>";←❸
}
?>
    </ul>
  <div id="msg"></div>←❹
```

En ❹ figure la zone recevant les messages et les résultats de nos appels Ajax. En ❶, nous récupérons les codes postaux à afficher. Ils sont ici écrits en dur afin de nous permettre de nous concentrer sur le mécanisme d'historisation, mais il faudrait évidemment les obtenir depuis la base de données en fonction des paramètres fournis par l'utilisateur.

En ❷, nous indiquons à dojo d'activer ce mécanisme. En ❸, nous produisons la liste à puces des liens, chacun ayant un id valant cp_ suivi du code postal, et appelant la fonction JavaScript getVillesParCp définie ainsi :

```
var ajaxCall;←❶
function getVillesParCp(codePostal) {
  dojo.byId("msg").innerHTML = "En chargement...";←❷
  var link = dojo.byId("cp_"+codePostal).focus();←❸
  if (ajaxCall) {
    ajaxCall.abort();←❸
  }
  var params = {
    url: "serveur/get-villes-par-cp.php?output=json&cp="
      + codePostal,
    method: "get",
    mimetype: "text/json",
    changeUrl: codePostal,←❹
    data: "",←❺
    load: function(type, json, request) {
      var villes = dojo.lang.map(
        json.items,
        function(ville) { return ville.text; }
      );
      this.data ="<ul><li>"
        + villes.join("</li><li>") + "</li></ul>";←❻
      ;
      dojo.byId("msg").innerHTML = this.data;
      ajaxCall = null;
    },
    error: function(type, error) {
      dojo.byId("msg").innerHTML = error.message;
    },
    back: function() {
      dojo.byId("msg").innerHTML = this.data;←❼
      dojo.byId("cp_"+codePostal).focus();
    },
    forward: function() {
      dojo.byId("msg").innerHTML = this.data;←❽
      dojo.byId("cp_"+codePostal).focus();
    }
  }
  ajaxCall = dojo.io.bind(params);
}
```

En ❶, nous déclarons une variable globale représentant l'appel Ajax lié aux codes postaux. Nous l'annulons en ❸ s'il est en cours. En ❷, nous donnons le feedback convenable à l'utilisateur. En ❹, nous spécifions le signet à ajouter à l'URL de la page. En ❺, nous définissons un attribut data qui conservera le texte HTML résultant de la requête. En ❻, nous calculons sa valeur. En ❼ et ❽, nous définissons les actions à effectuer quand l'utilisateur fait Page précédente et Page suivante. Dans les deux cas, nous affichons les données, qui ont été mémorisées dans l'attribut `data`, et donnons le focus au lien dont l'id porte le code postal figurant dans l'URL.

Ce mécanisme ne fonctionne pas dans Opera 8.5 ni dans Safari 2.0. Dans IE 6 et Firefox, il fonctionne à l'intérieur d'une même page, mais il y a un problème si l'utilisateur remonte à une page précédant la page courante : quand il revient à celle-ci, l'historique est conservé, mais non les données associées, si bien que l'affichage des données n'est pas mis à jour et reste à celles obtenues au chargement. Le site de Backbase, réalisé en une seule page, connaît un problème voisin.

Cette fonctionnalité est donc à utiliser avec grande précaution. Il n'est pas surprenant de constater une telle fragilité, compte tenu des contournements étranges nécessaires à son implémentation (fondée sur une `iframe` cachée). C'est une raison supplémentaire de se montrer circonspect à l'égard des applications en une page.

Architecture des applications Web

Ayant détaillé les aspects fonctionnels des applications à client riche, nous pouvons maintenant faire le point sur leurs aspects architecturaux.

Les applications Web, d'abord développées avec des technologies qui mêlaient le contrôle de saisie, l'accès à la base de données et l'interface utilisateur, adoptent aujourd'hui l'architecture MVC illustrée à la figure 7.2.

Figure 7.2

Architecture MVC (modèle, vue, contrôleur) d'une application Web classique

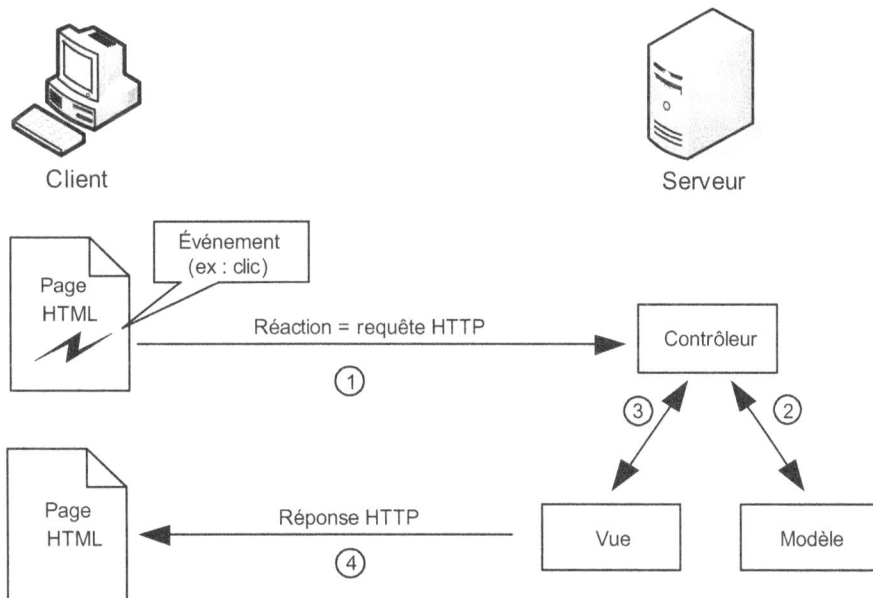

C'est d'abord dans le monde Java que ce modèle a été implémenté, avec des frameworks tels que Struts. En 2005, est apparu le framework Ruby on Rails *(www.rubyonrails.org)*, qui reprend cette architecture et fournit également des mécanismes pour la correspondance objet/relationnel, avec une optique de simplicité et de pragmatisme, dans la lignée des méthodes telles que XP (eXtreme Programming). Très rapidement, ce framework a rencontré un grand succès aux États-Unis, et a été porté dans divers autres langages de programmation, par exemple en PHP, sous le nom de CakePHP *(www.cakephp.org)*.

L'architecture MVC, conçue en 1979 par Trygve Reenskaug, qui travaillait alors sur Smalltalk chez Xerox, a transposé dans le monde graphique la chaîne saisie/traitement/restitution du monde console. La saisie se transpose en *contrôle* des événements, et la restitution en mise à jour d'une ou plusieurs *vues* des données sur lesquelles s'applique le traitement, et que l'on appelle fort justement le modèle, car c'est le *modèle* des objets à manipuler (clients, articles, catalogue, employés, stock, etc.).

Dans les applications Web, les événements sont produits par des actions de l'utilisateur (clic sur des liens, validation de formulaire, passage de la souris sur une zone réactive). Dans le Web classique, la grande majorité de ces événements produit une requête HTTP qui part au serveur, et c'est alors que le vrai travail commence. Le contrôleur récupère et analyse la requête (étape 1 sur la figure 7.2), demande au modèle d'effectuer les traitements appropriés (étape 2), puis récupère la vue adéquate (étape 3) et la renvoie au navigateur (étape 4).

Il peut y avoir plusieurs vues d'un même modèle. Par exemple, nous pouvons présenter un panier sous la forme d'une icône, avec un résumé du contenu (nombre d'articles et montant total). Nous pouvons aussi le présenter de façon détaillée, avec des champs et des boutons permettant d'enlever des articles ou d'en modifier la quantité. Séparer le modèle de la vue est un bon moyen de réaliser cela simplement.

De la même façon, si nous voulons interagir avec le système autrement que depuis le Web, par exemple par un batch, c'est beaucoup plus facile si la gestion des événements est séparée des traitements métier.

Même sans ces évolutions, nous tirons avantage de ce découpage MVC, qui rend le développement et la maintenance d'une application Web beaucoup plus maîtrisable et propre. Le code y est organisé.

Bien que PHP ne soit pas idéal pour cela, nous pouvons tout de même organiser un tant soit peu notre code. C'est d'ailleurs ce que nous avons fait dans cet ouvrage, où le contrôle des paramètres, l'accès à la base de données et la fabrication de la réponse ont été nettement séparés et confiés à des fonctions spécifiques.

Venons-en à Ajax. Il peut être intégré aux applications Web classiques sans avoir à les développer à nouveau. Il suffit de procéder à deux changements :

1. Ajouter à des pages existantes du code JavaScript gérant la communication *via* `XMLHttpRequest` ainsi que la mise à jour de la page à la réception de la réponse. C'est ce que nous avons fait tout au long de l'ouvrage.

2. Modifier le code des réactions côté serveur, qui, à la place d'une page complète, doivent renvoyer un fragment HTML ou bien du XML, ou encore du JSON. Lorsque

notre application suit l'architecture MVC, ces modifications sont localisées à la vue, qu'il s'agit alors de simplifier.

Dans les deux cas, il s'agit de modifier la vue. Le premier changement amène à des vues plus riches, qui contiennent beaucoup de JavaScript, et le second à des vues réduites à leur plus simple expression, notamment lorsque nous renvoyons simplement les données de notre modèle, sérialisées en XML ou en JSON.

Nous transférons en somme du serveur au client l'exécution du code produisant la vue : au lieu d'être exécuté côté serveur avant l'envoi de la page, ce code s'exécute sur le client alors que celle-ci y est arrivée.

Une partie du code peut être simplifié, grâce à des composants définis au niveau du serveur. En effet, les widgets ajoutés aux pages (champs avec suggestion de saisie, onglets, lecteurs RSS, pseudo-fenêtres flottantes, etc.) sont définis par un ou plusieurs éléments HTML de la page, associés à un composant JavaScript et, dans la plupart des cas, à des styles CSS.

L'ensemble peut être encapsulé dans un composant défini au niveau serveur, qui générera tout à la fois le code HTML, l'inclusion des fichiers JavaScript adéquats et les appels JavaScript. C'est ce que font dans le monde Java les Ajax JSP Tags *(ajaxtags.sourceforge.net)*, qui ajoutent des balises supplémentaires traduites en HTML et JavaScript, comme le fait dojo. C'est aussi ce que fait Backbase. En fait, les éditeurs proposent tous une encapsulation de cette forme.

Ajax ne remet pas en cause l'architecture MVC, mais enrichit simplement le client. En cas de traitements complexes, nous pouvons avoir intérêt à organiser le code client lui aussi en MVC. C'est un peu ce que nous avons fait au chapitre 5, dans le cas du lecteur RSS avec XSLT. C'est aussi ce que nous allons faire dans l'étude de cas suivante.

Étude de cas : application de vente en ligne

Nous allons considérer une application de vente en ligne, typique du Web, et examiner le parti qu'elle peut tirer d'Ajax.

L'utilisateur consulte le catalogue, en y cherchant les produits qui l'intéressent, en choisit certains, qu'il met dans son panier, et valide celui-ci pour en faire une commande. Il lui est alors demandé de s'identifier ou de s'enregistrer, s'il s'agit de sa première visite.

Fonctionnalités à porter en Ajax

Concernant la recherche dans le catalogue, nous pouvons ajouter à une recherche plein texte sur les produits une suggestion de saisie, comme celle vue au chapitre 4. C'est une des fonctionnalités les plus appréciées des utilisateurs.

Pour l'affichage des résultats, nous pouvons opter pour un parcours des résultats en Ajax. Les deux possibilités suivantes s'offrent à nous :

- Calquer le mode du Web classique, en affichant, comme Google, les résultats par blocs de *n* lignes, avec des liens vers le bloc précédent, le suivant, le premier, le dernier, voire avec une liste de tous les numéros de blocs. Toutefois, comme nous l'avons vu précédemment, les actions Page précédente et Page suivante ne donnent pas entière satisfaction.

- Éliminer ce problème en faisant appel à un « datagrid » *(voir la figure 6.2 du chapitre 6)*, qui simule l'affichage de l'intégralité des résultats, en n'en présentant qu'une partie, et en les récupérant bloc par bloc quand l'utilisateur fait défiler leur liste. C'est d'une excellente ergonomie, mais, cette fois, c'est l'ajout aux favoris qui est délicat. De plus, si nous voulons que l'utilisateur puisse aller directement à un bloc donné, ce qui combinerait les avantages du client lourd et du Web classique, nous devons proposer un lien Ajouter aux favoris et le gérer nous-mêmes, à moins que le composant ne le prenne en charge. Réaliser cela ferait un beau widget, très pratique.

Pour l'affichage des détails d'un produit, nous pourrions prévoir à nouveau une zone alimentée par des appels Ajax. Par exemple, si nous placions le menu général à gauche de la page, nous diviserions la droite en deux parties, celle du haut affichant la liste des résultats dans un datagrid, et celle du bas présentant les détails d'un produit. Mais nous retrouvons là le problème des actions Page précédente et Ajouter aux favoris. Il peut être préférable d'utiliser un iframe pour afficher les détails, avec un lien pour ajouter aux favoris.

Pour l'enregistrement de l'utilisateur, nous pouvons utiliser la mise à jour partielle de la commune en fonction du code postal, vue aux chapitres 4 et 5. Nous pouvons employer le même procédé pour rechercher des produits par catégories et sous-catégories, si celles-ci sont très nombreuses : la sélection d'une catégorie ramène par un appel Ajax les sous-catégories, et la sélection de l'une d'elles répète le processus sur ses propres sous-catégories. Ajax est ici nettement supérieur au Web classique, sans aucun inconvénient.

Pour l'identification de l'utilisateur, nous pouvons utiliser ce que nous avons fait au chapitre 1. Là encore, Ajax est efficace, en évitant de devoir recharger une page et de changer de contexte. Notons cependant un point sur lequel il convient d'être vigilant : si l'application affiche le nombre de connectés, cette information doit être mise à jour lors de la connexion de l'utilisateur. De même, si elle affiche des informations propres à l'utilisateur, comme un résumé de ses commandes passées, l'état de son compte ou encore son profil, la connexion doit afficher ces informations.

Deux possibilités s'offrent alors à nous : soit nous considérons qu'il y a beaucoup d'éléments à mettre à jour, et, dans ce cas, le mode Web classique est préférable, soit nous définissons une liste de vues en fonction de l'objet utilisateur, et la connexion lance la mise à jour de toutes ces vues. Dans ce cas, nous avons intérêt à faire du MVC côté client.

Nous allons étudier comment mettre en œuvre ce MVC côté client, en traitant la gestion du panier. Celui-ci est incontournable dans l'application et devrait normalement figurer sur toutes les pages. Il serait agréable d'en avoir une vue résumée, sous la forme d'une icône, avec le total et le nombre d'articles, placée dans une zone stable de la page, par exemple dans une partie gauche servant de menu, et d'en avoir aussi une vue détaillée, indiquant pour chaque produit son nom, la quantité commandée, le prix unitaire et le prix global, comme l'illustre la figure 7.3. Il serait encore plus sympathique que la vue détaillée puisse être affichée par un clic sur l'icône et masquée par un autre clic, comme si l'icône était l'icône de cette vue détaillée.

Figure 7.3

*Deux vues
d'un panier,
détaillée et iconifiée*

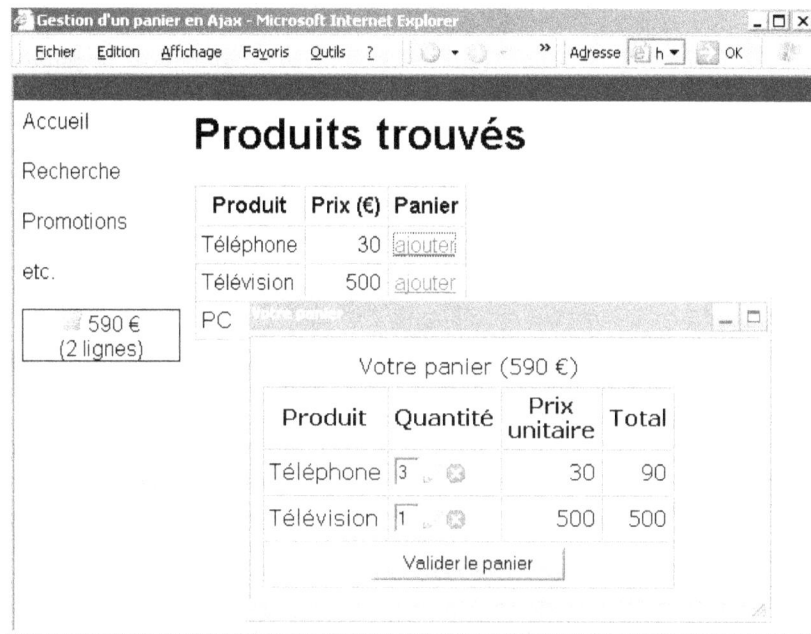

La gestion du panier est un nouvel exemple typique où Ajax est utile et efficace. Si nous conservons sur toutes les pages ces deux vues, au demeurant fort légères, la gestion du panier consiste uniquement en des mises à jour. Comme nous l'avons vu précédemment, celles-ci s'accommodent parfaitement d'Ajax. Nous pouvons donc ajouter, supprimer et modifier la quantité des produits sélectionnés en Ajax.

Nous constatons que nous avons traité dans cet ouvrage à peu près tous les cas pour lesquels il est judicieux d'utiliser Ajax sur cet exemple typique d'application Web, à l'exception du panier, qui présente quelques particularités supplémentaires intéressantes, que nous allons détailler.

Comme cet exemple fait appel à des widgets avancés, notamment une pseudo-fenêtre et une boîte modale, nous allons utiliser une bibliothèque JavaScript, en l'occurrence dojo. En revanche, pour les appels Ajax, nous resterons indépendants de toute bibliothèque, de façon à ce que le code produit puisse être réutilisé dans tout contexte technique.

Portage du panier en Ajax

Par rapport à un panier classique, le fait que les appels soient asynchrones est ici très précieux et démontre de la façon la plus éclatante l'impact d'Ajax en terme de réactivité. En effet, l'utilisateur peut ajouter les produits sans avoir à attendre la réponse du serveur, les deux s'exécutant en parallèle. Il peut aussi, bien sûr, modifier les quantités ou supprimer un produit. Le panier se met à jour au fur et à mesure, au rythme du serveur.

Il nous faut toutefois prendre deux précautions concernant la validation du panier. Tout d'abord, il ne faut pas permettre à l'utilisateur de valider le panier pendant que celui-ci est en train de se mettre à jour, sous peine de risquer des incohérences. Nous avons en effet constaté au chapitre 4 que les requêtes ne sont pas forcément traitées par le serveur dans l'ordre où elles sont envoyées. Aussi risquerions-nous de valider un panier qui ne serait pas à jour. En outre, il est préférable que l'utilisateur ait sous les yeux le panier tel qu'il souhaite le valider, et donc que celui-ci soit à jour. Pour les mêmes raisons de cohérence, lorsque l'utilisateur valide le panier, il faut lui interdire de le modifier.

Pour répondre à ces exigences, nous pouvons masquer le bouton de validation pendant la mise à jour du panier et l'afficher lorsqu'elle est achevée. Puis, lorsque l'utilisateur clique sur ce bouton, nous pouvons afficher une fenêtre modale qui disparaîtra lorsque la validation sera effective.

Un autre avantage d'Ajax est lié à la richesse du client. Nous disposons de deux vues du panier, et, par un simple clic, la vue de détail s'affiche ou se masque instantanément. C'est beaucoup plus rapide qu'avec une fenêtre pop-up ouverte par `window.open`, qui prend toujours un peu de temps.

La figure 7.4 illustre le panier lorsqu'il contient des éléments, et la figure 7.5 lorsqu'il est vide.

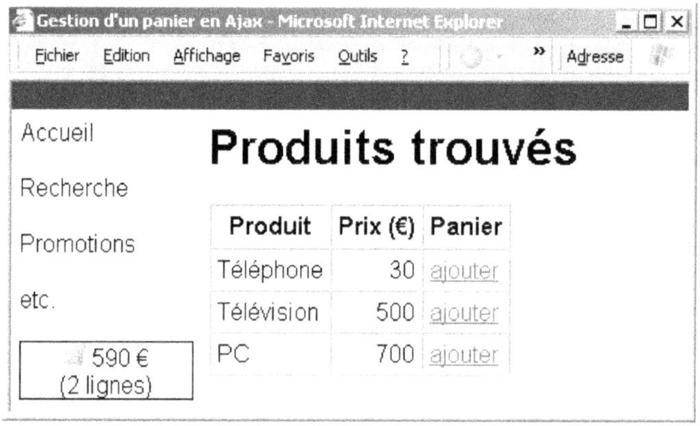

Figure 7.4

Panier Ajax mis en icône contenant des éléments

Comme toujours avec Ajax, le feedback est très important. Ici, il l'est plus encore, car, d'une part, deux zones se mettent à jour simultanément (ou sont en attente de l'être), et, d'autre part, une même mise à jour peut être déclenchée depuis plusieurs zones : le tableau des produits en catalogue, où l'utilisateur peut cliquer sur « ajouter », et le panier détaillé.

Figure 7.5

Panier Ajax vide

L'une des techniques le plus souvent employée consiste à mettre en exergue les zones en cours ou en attente de mise à jour, et l'un des moyens les plus simples pour cela consiste à modifier la couleur de fond de ces zones. Par ailleurs, nous conservons l'habitude d'avertir l'utilisateur que des appels sont en cours, en faisant afficher un message dans la zone située en haut de la page et dévolue à cela.

La figure 7.6 illustre l'apparence que prend la page lors d'un appel Ajax. Nous remarquons que le bouton de validation du panier est alors masqué, comme nous l'avons préconisé précédemment.

Figure 7.6

Feedback lors d'un appel Ajax de mise à jour du panier

Lorsque l'utilisateur valide le panier, une mini-fenêtre modale apparaît pour lui demander confirmation, comme l'illustre la figure 7.7. Notons que l'ensemble des éléments autres que la fenêtre modale a alors une opacité plus faible.

Figure 7.7

Fenêtre modale pour confirmer la validation du panier

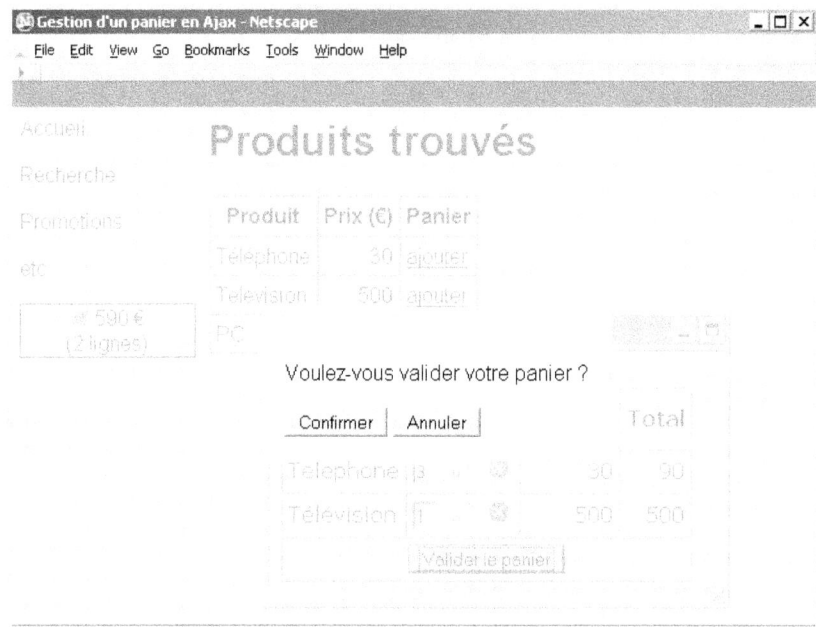

Si l'utilisateur clique sur le bouton Annuler, la fenêtre modale disparaît, tandis que les autres éléments de la page reprennent leur opacité normale et redeviennent actifs. Si, par contre, il clique sur Confirmer, une requête part au serveur, et les deux vues du panier prennent la couleur de fond indiquant qu'elles sont en train d'être mises à jour. Nous donnons également à la fenêtre modale cette même couleur de fond, afin d'indiquer qu'elle aussi attend la réponse du serveur. Enfin, la zone de message indique que le travail est en cours.

La figure 7.8 illustre ce comportement. Bien sûr, nous supposons ici que l'utilisateur est reconnu par l'application. Si ce n'était pas le cas, il faudrait afficher dans la fenêtre modale le formulaire d'identification traité au chapitre 1.

Si l'utilisateur confirme, puis clique sur Annuler avant que le serveur ait répondu, la requête de soumission est annulée.

Lorsque le panier est validé, la fenêtre modale disparaît, et la vue tableau ainsi que la zone de message indiquent le numéro de la commande résultant de la validation, comme l'illustre la figure 7.9.

Figure 7.8

Confirmation par l'utilisateur de la validation de son panier

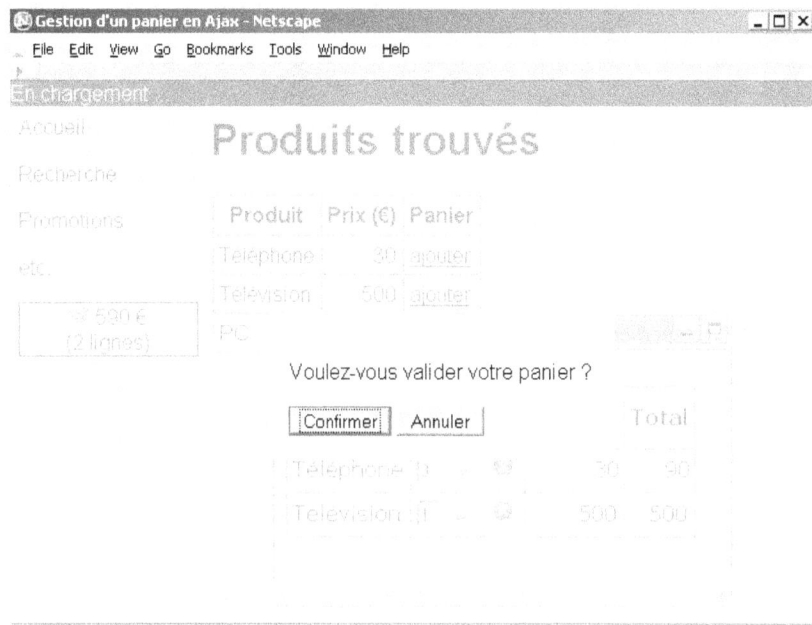

Figure 7.9

Le panier a été validé en une commande

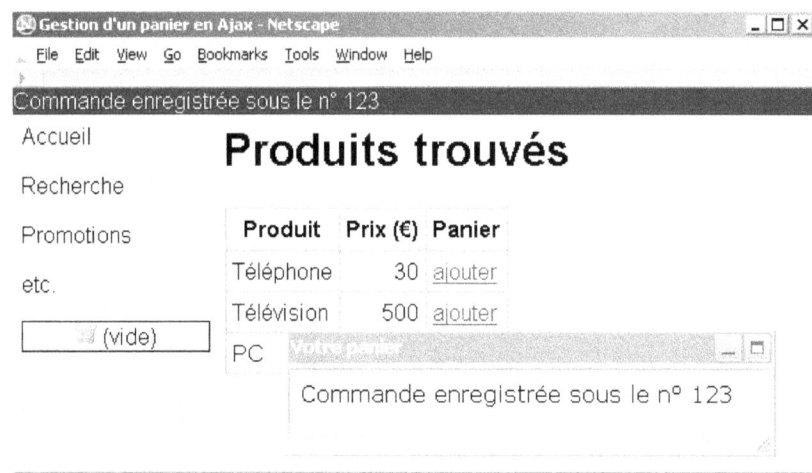

Conception du panier en Ajax

Le panier dispose de deux vues, celle en icône et celle sous forme de tableau. En fait, nous pouvons considérer que la fenêtre modale et la zone de message sont également des vues du panier, la première limitée aux actions de validation du panier, et la seconde aux messages que celui-ci récupère du serveur. Nous avons en effet toute latitude sur ce que nous voulons afficher d'un objet dans une vue. Cela va simplifier notre code, qui illustrera ainsi nettement les bénéfices de l'architecture MVC.

La mise en œuvre du panier Ajax repose dès lors sur les trois composantes suivantes :

- la page PHP **panier-vue.php,** fournissant la liste des produits et incluant les vues du panier ;

- un groupe de fichiers PHP côté serveur pour gérer le panier ;

- un groupe de composants JavaScript côté client également pour gérer le panier, et en mettre à jour les vues sur la page.

Côté serveur, la gestion des produits, partie du modèle au sens MVC, est confié à la classe PHP ProductStore, encapsulant l'accès à la base de données. Nous avons besoin d'obtenir un produit d'un id donné, ainsi qu'une liste de produits. Le détail de l'accès à la base de données étant secondaire dans notre étude, nous le simplifions par un stockage en dur de quelques produits dans un des attributs de la classe.

La gestion du panier côté serveur doit prendre en compte plusieurs actions : ajouter un produit, en enlever un, modifier sa quantité, renvoyer la liste des produits contenus dans le panier, valider le panier et enfin annuler la dernière requête.

Nous réalisons cette gestion en MVC, grâce aux deux fichiers suivants :

- **Cart.inc.php,** qui définit une classe Cart, faisant appel à la classe ProductStore et à la session $_SESSION, laquelle mémorise le panier d'une requête à l'autre sous la forme d'un tableau de produits. Ces trois éléments constituent la composante modèle de notre MVC.

- **panier.php,** qui contient le contrôleur ainsi que la vue, réduite à une simple fonction renvoyant le panier au format JSON. La vue en JSON est très simple à construire puisqu'il suffit d'encoder en JSON le modèle, en l'occurrence le panier. C'est pourquoi nous la laissons dans le même fichier que le contrôleur.

Côté client, nous sommes aussi en MVC :

- La gestion du panier (le modèle) est confiée à un objet JavaScript de type Cart, qui stocke localement la liste des produits sous forme de tableau et appelle le serveur pour mettre à jour cette liste et ajouter un produit, l'enlever ou modifier sa quantité. Il demande ensuite à ses vues de se mettre à jour.

- Les vues sont gérées par plusieurs composants JavaScript :

  - CartView, une vue générique du panier. Cet objet est en quelque sorte l'objet ancêtre des objets suivants.

  - CartMessageView, la vue la plus simple, affichant simplement le message stocké dans le panier.

  - CartIconView, qui affiche l'icône et le résumé du panier.

  - CartSubmitView, qui affiche la boîte modale de validation (seulement si le panier contient des articles).

  - CartTableView, le plus élaboré de tous.

Tous implémentent une méthode update mettant à jour l'élément HTML auquel ils sont associés. Nous utilisons aussi trois widgets dojo : Toggler et FloatingPane, que nous avons déjà manipulés pour faire précisément ce dont il s'agit dans notre cas, et Dialog, qui affiche une boîte modale.

• Le contrôleur associe les événements aux actions du modèle.

La figure 7.10 illustre l'architecture de notre code.

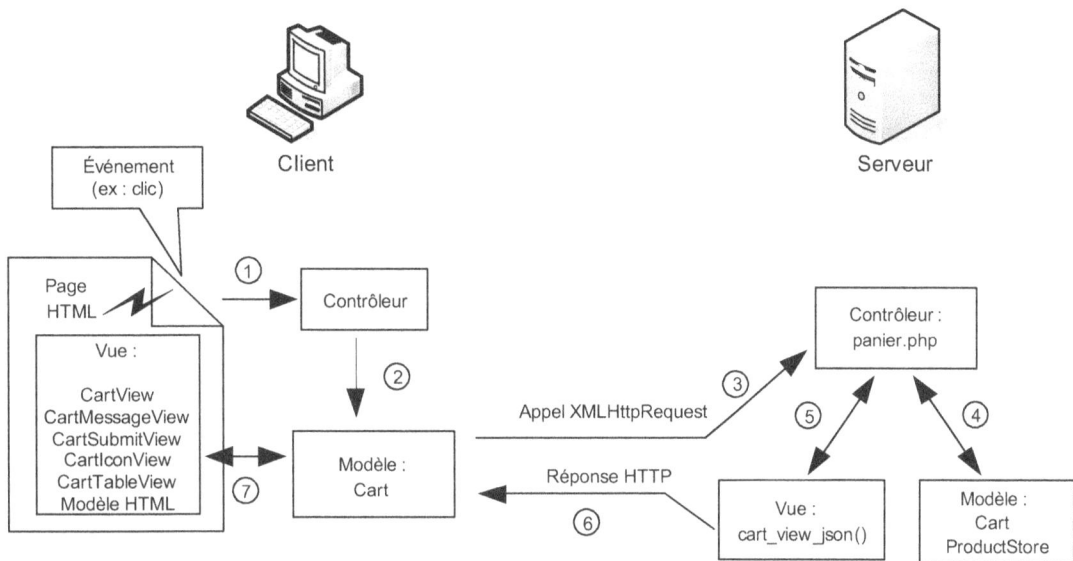

Figure 7.10

Architecture MVC (modèle, vue, contrôleur) de la gestion du panier en Ajax

Gestion du panier côté serveur

Comme **Cart.inc.php** fait appel à ProductStore, commençons par regarder le fichier **ProductStore.inc.php,** qui définit cette classe :

```php
<?php
class ProductStore {
  /** Pour simuler l'acces a une BD */
  var $products = array();  ←❶

  function ProductStore() {
    $this->products = array(
      array("id" => "1",
        "name" => utf8_encode("Téléphone"), "price" => 30),  ←❷
      array("id" => "2",
        "name" => utf8_encode("Télévision"), "price" => 500),
      array("id" => "3",
```

```
        "name" => "PC", "price" => 700)
    );
  }

  /** Recuperer un produit de id donne */
  function get($id) {  ←❸
    for ($i=0 ; $i<count($this->products)
      && $this->products[$i]["id"] != $id ; $i++);
    return ($i<count($this->products)) ? $this->products[$i] :null;
  }
}
?>
```

Cette classe est très simple. Elle stocke une liste de produits (ligne ❶) et renvoie le produit d'id passé en paramètre (ou null s'il n'existe pas) grâce à sa méthode get (ligne ❸). En ❷, nous prenons la précaution d'encoder les données en UTF-8 afin d'éviter des problèmes avec JSON. Les produits sont des tableaux associatifs de clés id, name et price.

Bien entendu, si nous développons l'application de façon complète, il nous faudrait ajouter des méthodes pour récupérer une liste de produits répondant à des critères, ainsi que des méthodes pour ajouter un produit, le mettre à jour, voire le supprimer.

Passons maintenant à **Cart.inc.php.** Ce fichier définit une classe Cart, munie des méthodes, add, update, remove et validate, ainsi que, bien sûr, d'un constructeur. Elle porte en outre deux attributs, qui seront utilisés par les vues côtés client : error, stockant le message d'erreur éventuel, et message, stockant surtout le numéro de la commande générée lors de la validation. Les produits du panier sont mémorisés dans la variable de session $_SESSION["cart"].

Voici tout d'abord la déclaration des attributs et le code du constructeur :

```
<?php
include_once("ProductStore.inc.php");  ←❶

class Cart {
  var $error;  ←❷
  var $message;

  function Cart() {
    if (!isset($_SESSION)) {
      session_start();  ←❸
    }
    if (!array_key_exists("cart", $_SESSION)) {
      $_SESSION["cart"] = array();  ←❹
    }
    $this->error = "";  ←❺
    $this->message = "";
  }
```

Nous commençons par inclure la classe `ProductStore` vue précédemment, dont nous avons besoin (ligne ❶). Nous déclarons les attributs `error` et `message` en ❷ et les initialisons en ❺. Nous faisons de `error` une simple chaîne de caractères et non un tableau de chaînes, car nous nous arrêtons dès la première erreur trouvée. En ❸, nous activons au besoin le mécanisme de session, et, en ❹, nous initialisons la variable de session stockant le panier, si elle n'existe pas déjà.

Voici le code de la méthode `add` :

```
function add($id) {
  $this->error = "";
  // Chercher le produit dans le panier
  for ($i=0 ; $i<count($_SESSION["cart"])
    && $_SESSION["cart"][$i]["id"] != $id ; $i++);←❶
  // S'il y est, incrementer sa quantite
  if ($i < count($_SESSION["cart"])) {
    $_SESSION["cart"][$i]["quantity"]++;←❷
  }
  // Sinon, le rajouter
  else {
    // Recuperer le produit (id, name, price)
    $products = new ProductStore();
    $product = $products->get($id);←❸
    if ($product != null) {
      $product["quantity"] = 1;
      $_SESSION["cart"][] = $product;←❹
    }
    else {
      $this->error = "Produit de id $id inconnu";←❺
    }
  }
}
```

Pour ajouter un article, nous vérifions d'abord s'il est dans le panier (ligne ❶). Si oui, nous incrémentons sa quantité (ligne ❷). Dans le cas contraire, nous faisons appel à `ProductStore` pour récupérer l'article d'id `$id` (ligne ❸). S'il est trouvé, nous l'ajoutons au panier (ligne ❹), sinon nous positionnons l'erreur (ligne ❺).

Passons à la méthode `update` :

```
function update($id, $quantity) {
  $this->error = "";
  if (ctype_digit($quantity) && $quantity >= 0) {
    // Chercher le produit dans le panier
    for ($i=0 ; $i<count($_SESSION["cart"])
      && $_SESSION["cart"][$i]["id"] != $id ; $i++);
    // S'il y est, mettre a jour
    if ($i < count($_SESSION["cart"])) {
      if ($quantity != 0) {
        $_SESSION["cart"][$i]["quantity"] = $quantity;←❶
      }
```

```
        else {
          unset($_SESSION["cart"][$i]);←❷
        }
      }
      else {
        $this->error =
          "Le produit de id $id n'est pas dans le panier";←❸
      }
    }
    else {
      $this->error =
        "La quantité doit être un nombre positif ou nul";←❹
    }
  }
```

La méthode update est semblable à add. Elle cherche le produit dans le panier et, s'il y est, met à jour sa quantité (ligne ❶), sauf si la nouvelle quantité vaut zéro, auquel cas le produit est supprimé du tableau (ligne ❷). Si le produit n'est pas dans le panier, ou si la quantité n'est pas un nombre entier positif ou nul, nous positionnons l'erreur (lignes ❸ et ❹).

Voici maintenant la méthode remove :

```
function remove($id) {
  $this->error = "";
  // Chercher le produit dans le panier
  for ($i=0 ; $i<count($_SESSION["cart"])
    && $_SESSION["cart"][$i]["id"] != $id ; $i++);
  // S'il y est, l'enlever
  if ($i < count($_SESSION["cart"])) {
    array_splice($_SESSION["cart"],$i, 1);←❶
  }
  else {
    $this->error =
        "Le produit de id $id n'est pas dans le panier";←❷
  }
  }
}
?>
```

Si le produit est dans le panier, nous l'y enlevons (ligne ❶). Sinon, nous positionnons l'erreur (ligne ❷).

Terminons cette classe avec la méthode validate :

```
function validate() {
  $this->error = "";
  // Creer la commande correspondant au panier
  // Si erreur, la positionner dans $this->error
  // Recuperer le n° de commande dans $noCommande
  $noCommande = "123"; // ecrit en dur pour l'instant←❶
  if ($this->error == "") {
```

```
        $_SESSION["cart"] = array();←❷
        $this->message =
          "Commande enregistrée sous le n° $noCommande";←❸
    }
  }
```

En ❶, nous écrivons en dur le résultat qui devrait provenir de l'accès à la base de données, dont le détail n'apporterait rien à notre étude, puis nous vidons le panier (ligne ❷), puisque son contenu est passé dans la commande, et nous positionnons le message indiquant le numéro de la commande en ❸.

Nous terminons la gestion du panier côté serveur par le contrôleur `panier.php` :

```
/** Controleur */
if (!array_key_exists("action", $_REQUEST)) {
  die("Le paramètre 'action' est requis");←❶
}
include_once("Cart.inc.php");
$panier = new Cart();←❷

// Delai pour realisme
sleep(1);
switch($_REQUEST["action"]) {
  case "add":
    $panier->add($_REQUEST["id"]);
    break;
  case "update":
    $panier->update($_REQUEST["id"], $_REQUEST["quantity"]);
    break;
  case "remove":
    $panier->remove($_REQUEST["id"]);
    break;
  case "validate":
    $panier->validate();
    break;
  case "display":
    break;
  default:
    $panier->error = "Valeur de 'action' ($_REQUEST[action])
    invalide (permis : add, update, remove, validate, display)";←❸
}
cart_json_view($panier);←❹
```

Le contrôleur a pour fonction d'appeler la méthode adéquate du modèle. Il utilise pour cela le paramètre `action` de la requête, dont il vérifie la présence en ❶. Il inclut ensuite le modèle et l'instancie (ligne ❷) puis s'assure que `action` a une valeur permise (ligne ❸). Il en délègue au modèle le traitement et passe, en ❹, la main à la vue.

Celle-ci consiste en une simple fonction :

```
function cart_json_view($cart) {
  include_once("JSON.php");
```

```
$json = new Services_JSON();
header("Content-type: text/javascript");
if ($cart->error != "") {
  print $json->encode(array("error" => $cart->error));
}
else {
  $result = array(
    "products" =>$_SESSION["cart"],
    "message" => utf8_encode($cart->message));
  print $json->encode($result);
}
}
```

Après avoir inclus le fichier gérant JSON, elle renvoie l'erreur stockée au niveau du modèle, s'il y en a une, ou un objet ayant pour propriétés le contenu du panier stocké dans la session (propriété products), et son message associé, le tout encodé en JSON.

Gestion du panier côté client

Nous allons maintenant examiner le composant JavaScript Cart, qui constitue la partie modèle de notre MVC côté client et qui interagit avec le gestionnaire du panier côté serveur et les vues côté client.

Ce composant suppose que nous disposions de l'objet XMLHttpRequest et que nous ayons donc étendu window si ce n'est pas le cas, ainsi que nous l'avons fait aux chapitres 4 et 5. Il nécessite aussi les utilitaires JSON, vus au chapitre 5, qui ajoutent à String la méthode parseJSON, ainsi que l'extension remove de l'objet Array, qui supprime dans un tableau la première occurrence de l'élément passé en paramètre.

Mentionnons ce code pour mémoire :

```
Array.prototype.remove = function(item) {
  var i;
  for (i=0 ; i<this.length && this[i] != item ; i++);←❶
  if (i < this.length) {
    this.splice(i, 1);←❷
  }
}
```

Nous cherchons, en ❶, l'élément dans le tableau. Si nous le trouvons, au rang i, nous supprimons, en ❷, un élément du tableau à partir du rang i.

Le composant Cart a peu d'attributs. Voici son constructeur, doté de ses commentaires jsdoc :

```
function Cart() {

  /** Information sur le panier  */
  this.message = "";
  /** Achats du panier : tableau de tableaux associatifs
   * id, name, price, quantity */
```

```
  this.products = new Array();
  /** Vues du panier. Chacune doit implémenter la méthode update,
   * qui met à jour son affichage. */
  this.views = new Array();
  /** Appels XMLHttpRequest en cours */
  this.requests = new Array();
}
```

Les attributs products et message sont le reflet des attributs de même nom de la classe PHP Cart. Les références aux vues sont stockées dans le modèle. Notons toutefois que ce sont elles qui s'enregistreront auprès de celui-ci. Enfin, nous mémorisons les requêtes en cours, ce qui permettra aux vues de savoir si le panier est à jour ou en cours de mise à jour.

Dans le prototype de Cart, nous retrouvons les méthodes add, update, remove, et validate, ainsi que get, qui récupère simplement le panier depuis le serveur. Toutes font appel à la méthode execute, qui se charge de l'appel Ajax au serveur :

```
get: function() {
  this.execute("GET", "serveur/panier.php?action=display", "");
},
add: function(productId) {
  this.execute("POST", "serveur/panier.php",
    "id=" + productId + "&action=add");
},
remove: function(productId) {
  this.execute("POST", "serveur/panier.php",
    "id=" + productId + "&action=remove");
},
update: function(productId, newQuantity) {
  this.execute("POST", "serveur/panier.php", "id=" + productId +
    "&quantity=" + newQuantity + "&action=update");
},
validate: function() {
  this.execute("POST", "serveur/panier.php", "action=validate");
},
```

Voici la méthode execute :

```
execute: function(method, url, body) {
  var request = new XMLHttpRequest();
  request.open(method, url, true);
  if (method == "POST") {
  request.setRequestHeader("Content-type",
    "application/x-www-form-urlencoded");
  }
  this.requests.push(request);  ←❶
  var cart = this;
  request.onreadystatechange = function() {
    try {
      if (request.readyState == 4
          && request.status == 200) {
```

```
        cart.requests.remove(request);←❷
        var result = request.responseText.parseJSON();←❸
        if ("error" in result) {←❹
          cart.message = decodeURIComponent(result.error);
        }
        else {
          cart.products = result.products;←❺
          cart.message = result.message || "";
        }
        cart.onload();←❻
        cart.updateViews();←❼
      }
    }
    catch (exc) {}
  }
  this.message = "En chargement ...";←❽
  this.updateViews();←❾
  request.send(body);
},
```

Passons sur l'instanciation et l'initialisation, qui sont sans surprise. En ❶, nous ajoutons la requête créée aux requêtes en cours, et, en ❷, lors de la réception de la réponse, nous l'ôtons de cette liste. Nous remarquons qu'à l'émission de la requête, nous modifions l'attribut message (ligne ❽) et mettons à jour les vues (ligne ❾). Celles-ci peuvent ainsi afficher le message si elles le prévoient. À la réception de la réponse, nous analysons la chaîne JSON (ligne ❸). Si l'objet produit possède une propriété erreur, nous mettons à jour le message (ligne ❹). Sinon, nous récupérons les produits et le message éventuel, et les mémorisons dans les attributs correspondants (ligne ❺). Nous demandons ensuite aux vues de se mettre à jour (en ❼), après avoir appelé, en ❻, une méthode qui, par défaut, ne fait rien, n'étant là qu'au cas où nous voudrions spécifier ultérieurement une action particulière.

Voici cette méthode et celle relative aux vues :

```
onload: function() {},

/** Met à jour les vues du panier */
updateViews: function() {
  for (var i=0 ; i<this.views.length ; i++) {
    this.views[i].update();
  }
}
```

La méthode updateViews se contente d'appeler la méthode update sur toutes les vues associées au modèle. Ce code étant tout à fait générique, nous pourrions même le déporter vers un objet ancêtre Observable, pour reprendre la terminologie Java.

Voici maintenant la méthode cancelRequest, qui annule la dernière requête lancée :

```
cancelRequest: function() {
  if (this.requests.length > 0) {
```

```
    try {
      this.requests[this.requests.length-1].abort();←❶
      this.requests.splice(this.requests.length-1, 1);←❷
    }
    catch (exc) {}
  }
  this.message = "Requête annulée";
  this.updateViews();←❸
},
```

S'il y a des requêtes en cours, nous annulons la dernière (en ❶) et la retirons de la liste des requêtes en cours (en ❷). Puis nous demandons aux vues de s'actualiser (en ❸).

Enfin, ce composant Cart dispose de la méthode getTotal, qui renvoie le montant total du panier :

```
getTotal: function() {
  var result = 0;
  for (var i=0 ; i<this.products.length ; i++) {
    var product = this.products[i];
    result += product.price * product.quantity;
  }
  return result;
},
```

Le code du composant Cart est totalement indépendant de l'interface utilisateur et concentre en revanche tout le code lisant ou modifiant le panier, encapsulant au passage la communication du client avec le serveur. Il a ainsi un rôle nettement délimité, ce qui facilite grandement les interventions lorsque nous devons faire des modifications. L'attribut message lui-même suit ce principe : ce sont les vues qui décident ou non de l'afficher, Cart se contentant de mettre à jour sa valeur et avertissant les vues (par updateViews) d'en tenir compte en s'actualisant.

Examinons maintenant ces vues. Elles partagent toutes quelques attributs (le panier lui-même et l'élément HTML dans lequel elles sont affichées) et un comportement (la mise en exergue lorsque le panier est en cours de mise à jour).

Ce code va être rassemblé dans un composant CartView, dont voici le constructeur :

```
function CartView(cart, viewId) {
  this.cart = cart;←❶
  this.element = document.getElementById(viewId);←❷
  // Enregistrer la vue auprès du panier
  this.cart.views.push(this);←❸
}
```

La vue affiche un panier (ligne ❶) dans un élément HTML (ligne ❷). En ❸, nous enregistrons la vue auprès du panier. Les constructeurs des autres vues faisant appel à celui de CartView, le fait de placer dans ce dernier cette instruction évitera aux autres de l'oublier.

Suivant le même principe, nous confions à la méthode `update` du prototype la mise en exergue de l'élément HTML associé à la vue :

```
CartView.prototype.update = function() {
  if (this.cart.requests.length > 0) {←❶
    this.element.style.background = "#FDFFD4";
  }
  else {
    this.element.style.background = "";
  }
}
```

En ❶, nous constatons l'utilité du champ `requests` de `Cart`, qui nous permet de savoir si le panier est à jour ou en cours de traitement.

Nous allons maintenant examiner les quatre vues indiquées précédemment, en commençant par la plus simple, `CartMessageView`, qui se contente d'afficher le message :

```
function CartMessageView(cart, viewId) {
  CartView.call(this, cart, viewId);←❶
}
CartMessageView.prototype.update = function() {
  this.element.innerHTML = this.cart.message || " ";←❷
}
```

Plutôt que d'utiliser l'héritage de prototype, nous nous contentons d'appeler les méthodes de `CartView`, en l'occurrence, ici, nous appelons, en ❶, son constructeur, appliqué à l'objet courant, en utilisant la méthode `call` décrite au chapitre 3.

En ❷, nous affichons le message ou un blanc insécable si celui-ci est vide, afin que le `div` qui porte le message occupe la place voulue à l'écran, un `div` sans contenu et sans directive de style relative à ses dimensions, disparaissant purement et simplement de l'affichage.

Passons maintenant à la vue icône `CartIconView` :

```
function CartIconView(cart, viewId, iconUrl) {
  CartView.call(this, cart, viewId);←❶
  /** URL de l'icône représentant le panier */
  this.iconUrl = iconUrl;←❷
}
CartIconView.prototype.update = function() {
  var nb = this.cart.products.length;
  var texte = (nb == 0) ? "(vide)" :
    this.cart.getTotal() + " ¤<br/>(" + nb + " lignes)" ;
  this.element.innerHTML = '<img src="' + this.iconUrl +
    '" alt="Panier"/> ' + texte;
  CartView.prototype.update.call(this);
}
```

Son constructeur appelle celui de `CartView` appliqué à l'objet courant en ❶ et mémorise, en ❷, l'URL de l'icône associée à la vue.

Sa méthode update se contente d'afficher un résumé du panier dans l'élément associé à la vue et d'appeler la méthode équivalente de CartView, qui se charge de mettre l'élément associé à la vue en exergue en cas de besoin.

La vue utilisée pour soumettre le panier est presque aussi simple :

```
function CartSubmitView(cart, viewId) {
  CartView.call(this, cart, viewId);
}
CartSubmitView.prototype.update = function() {
  if (this.cart.products.length == 0) {←❶
    dojo.widget.byId(this.element.id).hide();←❷
  }
  CartView.prototype.update.call(this);
}
```

Comme les deux vues précédentes, le constructeur et la méthode update font appel aux équivalents de CartView. Pour le rafraîchissement, nous vérifions, en ❶, si le panier est vide, ce qui implique qu'il a été validé. Dans ce cas, nous masquons, en ❷, le widget dojo de type Dialog associé à la vue (nous verrons ultérieurement le code HTML correspondant). C'est la seule vue qui dépend de dojo.

La vue sous forme de tableau s'appuie en fait sur une partie du HTML généré par **panier-vue.php,** la page affichant les produits trouvés. Nous allons donc examiner cette dernière.

Affichage des produits

La page **panier-vue.php** doit d'abord interroger le catalogue. La fonction PHP print_products génère la vue HTML de ces produits, sous forme de tableau.

Elle se contente de produire les lignes suivantes :

```
function print_products() {
  include_once("serveur/ProductStore.inc.php");←❶
  $store = new ProductStore();
  $products = $store->products;←❷
  foreach ($products as $product) {
    $name = utf8_decode($product["name"]);←❸
    print "
    <tr>
      <td>$name</td>
      <td class='montant'>$product[price]</td>
      <td>
        <a href='javascript: panier.add($product[id])'>ajouter</a>
      </td>
    </tr>
    ";
  }
}
```

Nous commençons par inclure le gestionnaire de catalogue (ligne ❶). Comme indiqué précédemment, nous réduisons l'interrogation au minimum, en récupérant purement et simplement tous les produits en catalogue (ligne ❷). Ensuite, nous produisons le HTML, en décodant le nom du produit, qui est encodé en UTF-8 (ligne ❸).

Le corps de la page comprend cinq grandes zones :

- La zone de message en haut, dont nous ferons une vue de type `CartMessageView`.
- Une zone de menu, à gauche, qui contient en particulier la vue `CartIconView`.
- La zone de résultats, à droite.
- La zone flottante affichant le panier sous la vue `CartTableView`.
- La boîte modale affichant la vue `CartSubmitView`.

Voici le code HTML des trois premières zones :

```
<div id="zoneMessage">Barre de messages</div>←❶

<table width="100%" height="100%" border="0" cellpadding="4">
  <tr style="vertical-align: top">
    <td class="menuSite">←❷
      <p>Accueil</p>
      <p>Recherche</p>
      <p>Promotions</p>
      <p>etc.</p>
      <div id="panierVueIcone" dojoType="Toggler"←❸
        targetId="divPanierVueTableau"></div>
    </td>
    <td>
      <h1>Produits trouvés</h1>
      <table border="1" cellspacing="0" cellpadding="4">
        <tr>
          <th>Produit</th>
          <th>Prix (¤)</th>
          <th>Panier</th>
        </tr>
        <?= print_products(); ?>←❹
      </table>
    </td>
  </tr>
</table>
```

Nous avons une zone de message, en ❶, puis un tableau pour mettre la page en forme, avec, à gauche, le menu (ligne ❷) et, à droite, le contenu. Bien entendu, le menu devrait être dans un fichier `include`. En ❸, nous trouvons la zone abritant la vue icône de notre panier, qui a pour cible l'élément abritant la vue tableau. En ❹, nous produisons le tableau des produits obtenus précédemment.

La vue tableau a la forme suivante :

```
<div title="Votre panier" id="divPanierVueTableau"
  style="display: none"
  dojoType="FloatingPane">←❶
```

```
      resizable="true" displayMinimizeAction="true"
      displayMaximizeAction="true" displayCloseAction="false"
  >
      <table id="panierVueTableau" border="1"←❷
        cellpadding="4" cellspacing="0">
        <!-- les lignes sont détaillées plus bas -->
      </table>
  </div>
```

En ❶, nous créons un widget de type `FloatingPane`, c'est-à-dire la pseudo-fenêtre dans laquelle s'affiche le panier sous forme de tableau, celui-ci commençant en ❷. Nous détaillerons son contenu un peu plus tard.

Voici maintenant la vue sous forme de boîte modale :

```
<div dojoType="Dialog" id="panierVueSoumission"
  bgColor="#DDDDDD" bgOpacity="0.5">←❶
  <p>Voulez-vous valider votre panier ?</p>
  <form action="javascript:;">
    <input type="button" value="Confirmer"
      id="panierConfirmer"/>←❷
    <input type="button" value="Annuler" id="panierAnnuler"/>←❸
  </form>
</div>
```

En ❶, nous déclarons un `div` de type `Dialog`, c'est-à-dire une boîte modale en dojo. L'attribut `bgColor` indique la couleur de fond que doit prendre le reste de la page quand la boîte est visible et `bgOpacity` la variation d'opacité du reste de la page. Plus la valeur se rapproche de 1, plus le fond s'estompe. En ❷ et ❸, nous plaçons deux boutons, l'un pour confirmer la validation du panier, l'autre pour l'annuler.

Nous pouvons maintenant passer à l'en-tête de la page :

```
<html>
  <head>
    <title>Gestion d'un panier en Ajax</title>
    <link rel="stylesheet" type="text/css" href="panier-vue.css"/>
    <script>
    djConfig = {←❶
      isDebug: true
    };
    </script>
          <script type="text/javascript" src="dojo/dojo.js"></script>
    <script language="JavaScript" type="text/javascript">
      dojo.require("dojo.widget.Toggler");←❷
      dojo.require("dojo.widget.FloatingPane");
      dojo.require("dojo.widget.Dialog");
      dojo.addOnLoad(function() {
        panier = new Cart();←❸
        panierMessage = new CartMessageView(panier, "zoneMessage");
        panierIcone = new CartIconView(panier,
          "panierVueIcone", "cart.gif");
```

```
        panierSoumission = new CartSubmitView(panier,
          "panierVueSoumission");
        panierTableau = new CartTableView(panier,
          "panierVueTableau");
        panier.get();←❹
        dojo.byId("panierConfirmer").onclick = function() {
          panier.validate();←❺
        }
        dojo.byId("panierAnnuler").onclick = function() {←❻
          if (panier.requests.length > 0) {
            panier.cancelRequest();
            panier.get();←❼
          }
          dojo.widget.byId("panierVueSoumission").hide();←❽
        }
      });
      function afficherVueValider() {
        dojo.widget.byId("panierVueSoumission").show();←❾
      }

  </script>
  <script src="json.js"></script>
  <script type="text/javascript" src="Cart.js"></script>
</head>
```

Durant la phase de développement, nous conservons la ligne ❶, que nous pourrons éliminer ensuite. Nous incluons la bibliothèque dojo et, en ❷, les trois widgets qui nous servent dans cette page : la bascule Toggler, la pseudo-fenêtre FloatingPane et la boîte modale Dialog. Puis nous spécifions ce qui doit être exécuté au chargement de la page. Nous utilisons dojo.addOnLoad plutôt que window.onload, qui ne marcherait pas. Nous créons en ❸ un panier puis ses différentes vues, qui s'afficheront dans les éléments HTML d'id zoneMessage, panierVueIcone, panierVueSoumission, et panierVueTableau. En ❹, nous demandons au panier de récupérer son contenu depuis le serveur.

Nous spécifions en ❺ et ❻ les réactions des boutons affichés dans la boîte modale. Notons, en ❼, que nous actualisons le panier si l'utilisateur l'a soumis, puis a annulé cette action. En effet, si l'annulation intervient après que la requête a commencé à être traitée par le serveur, le serveur terminera le traitement, si bien qu'il faudra redemander où en est le panier. Ce comportement fâcheux n'est pas lié à Ajax et se produit de la même façon en Web classique.

Vue du panier sous forme de tableau

Venons-en maintenant à la vue tableau :

```
<table id="panierVueTableau" border="1"
  cellpadding="4" cellspacing="0">
  <caption style="white-space: nowrap">Votre panier</caption>
  <tr>
```

```
    <th>Produit</th>
    <th>Quantité</th>
    <th>Prix<br/>unitaire</th>
    <th>Total</th>
  </tr>

  <tr>←❶
    <td></td>←❷
    <td>
      <form action="javascript:;"
        onsubmit="panier.update(this.idProduct.value, this.quantity.value);">←❸
        <input type="hidden" name="idProduct"/>←❹
        <input type="text" name="quantity" size="2"←❺
          class="quantite"/>
        <button type="submit" class="icon">
          <img src="pencil.gif"/>
        </button>
        <button class="icon" type="button"
          onclick="panier.remove(this.form.idProduct.value)">←❻
          <img src="cancel.gif"/>
        </button>
      </form>
    </td>
    <td class="montant"></td>←❼
    <td class="montant"></td>
  </tr>

  <tr>←❽
    <td colspan="4" style="text-align: center">
      <button onclick="afficherVueValider()">←❾
      Valider le panier
      </button>
    </td>
  </tr>
</table>
```

Après la ligne de titres, le tableau contient, en ❶, une ligne (tr) qui servira de modèle (template) à notre composant JavaScript CartTableView. Nous y trouvons, en ❷, la cellule correspondant au nom du produit. La cellule suivante, consacrée à la quantité, contient un formulaire (ligne ❸), qui appelle la méthode update de l'objet panier, défini précédemment comme le panier JavaScript de l'utilisateur. Les paramètres de cet appel proviennent des champs de ce formulaire, grâce au mot-clé this, qui désigne dans ce contexte le formulaire lui-même. Ces champs sont, en l'occurrence, l'id du produit, figurant en champ caché (ligne ❹), et la quantité, dans un champ de saisie textuel (ligne ❺).

L'action de suppression du produit se trouve dans ce formulaire (en ❻), afin d'avoir accès facilement à la valeur de l'id du produit. Sans surprise, elle appelle la méthode remove de l'objet panier. Les deux dernières cellules (en ❼) sont destinées à contenir les prix.

La troisième ligne du tableau, en ❽, contient le bouton de validation (en ❾).

Le composant `CartTableView` reprend la deuxième ligne du tableau (la ligne de modèle), pour la cloner et l'alimenter des données du panier. Il est beaucoup plus facile, lisible et sûr de procéder ainsi, en partant d'un modèle HTML, plutôt que de tout produire en DOM. Nous allons le constater en examinant le code de ce composant.

Voici son constructeur :

```
function CartTableView(cart, viewId) {
  CartView.call(this, cart, viewId);←❶
  /** Modèle de ligne de la vue */
  this.template = this.element.rows[1].cloneNode(true);←❷
  /** Bouton pour soumettre le formulaire */
  this.submitRow = this.element.rows[2].cloneNode(true);←❸
}
```

Il appelle comme les autres le constructeur de `CartView` (en ❶). Puis il mémorise dans deux attributs la deuxième ligne du tableau HTML, en ❷, et la troisième, en ❸. Cela nous permettra de les cloner pour rafraîchir la vue, comme nous allons le constater dans le code de la méthode `update` :

```
CartTableView.prototype.update = function() {
  this.element.style.display = "";←❶
  if (this.cart.products.length == 0) {
    this.element.tBodies[0].style.display = "none";←❷
    this.element.caption.innerHTML = this.cart.message←❸
      || "Votre panier est vide";
  }
  else {
    this.element.tBodies[0].style.display = "";←❹
    this.element.caption.innerHTML = "Votre panier (" +
      this.cart.getTotal() + " ¤)";←❺
    // Supprimer toutes les lignes sauf les titres
    while (this.element.rows.length > 1) {
      this.element.tBodies[0].deleteRow(1);
    }
    for (var i=0 ; i<this.cart.products.length ; i++) {
      var row = this.template.cloneNode(true);←❻
      this.element.tBodies[0].appendChild(row);
      var product = this.cart.products[i];
      row.cells[0].innerHTML = product.name;
      var form = row.cells[1].getElementsByTagName("form")[0];
      form.idProduct.value = product.id;
      form.quantity.value = product.quantity;
      row.cells[2].innerHTML = product.price;
      row.cells[3].innerHTML = product.price * product.quantity;
    }
    if (this.cart.requests.length == 0) {←❼
      row = this.submitRow.cloneNode(true);←❽
      this.element.tBodies[0].appendChild(row);
    }
```

```
    }
    CartView.prototype.update.call(this);←❾
}
```

La méthode `update` commence par rendre visible le tableau (ligne ❶), au cas où il serait masqué. Notons que si la vue est iconifiée, elle le reste : c'est en effet le `div` contenant le tableau qui serait alors masqué. Selon que le panier est vide ou non, nous masquons (en ❷) ou affichons (en ❹) le corps du tableau. Nous ajoutons dans la légende du tableau le message du panier (en ❸), s'il est vide, ou le montant total du panier (ligne ❺), puis nous supprimons toutes les lignes de données et en créons autant qu'il y a de lignes dans le panier, en partant du modèle mémorisé (ligne ❻).

Il suffit ensuite d'alimenter les bons éléments. Nous utilisons pour cela l'attribut `cells` du nœud de type `tr`, qui contient toutes les cellules de ce `tr` et est disponible dans tous les navigateurs.

En ❼, si le panier est à jour (pas de requête en cours), nous affichons la ligne du bouton en clonant celle que nous avons mémorisée (ligne ❽). Enfin, en ❾, comme nous l'avons fait pour les autres vues, nous appelons la méthode `update` de `CartView` sur l'objet courant.

Conclusion

L'étude de cas du panier Ajax récapitule tout ce que nous avons vu dans cet ouvrage.

Du point de vue fonctionnel, elle met en pleine lumière les deux avantages principaux d'Ajax : la *réactivité* et la *richesse de l'interface*.

La réactivité tient à ce que l'utilisateur peut manipuler le panier (ajouter ou enlever un produit, en modifier la quantité) sans devoir attendre les réponses du serveur, qui arrivent à leur rythme, en mettant alors automatiquement à jour le panier.

La richesse de l'interface réside dans les widgets, telle la pseudo-fenêtre, qui peut être iconifiée ou maximisée pour prendre toute la taille de la fenêtre courante. Un autre exemple de cette richesse est fourni par le feedback permanent, qui consiste à mettre en exergue les multiples vues du panier lorsque celui-ci attend une réponse du serveur.

Ces deux facteurs contribuent grandement à ce que les utilisateurs apprécient ces nouvelles interfaces, à condition, bien entendu, que les possibilités offertes soient au service des utilisateurs, et non le prétexte à des expérimentations gratuites avec les technologies.

Du point de vue technique, notre code repose entièrement sur des objets et des classes et sur une architecture MVC, que ce soit côté serveur ou côté client. Cela confère une plus grande maîtrise du code et offre la possibilité de réutiliser des composants. Ces deux approches, l'objet et le MVC, qui visent toutes deux à organiser le code en distribuant des rôles clairement définis à des composants, se sont révélées les pratiques de développement les plus sûres, les plus efficaces et les plus confortables, en particulier dans le domaine très complexe des applications Web. Ce point de vue fait aujourd'hui consensus.

Ajax ajoutant une complexité supplémentaire, il est indispensable de l'envisager sous cet angle si nous voulons bénéficier de nos acquis et les capitaliser. Nous constatons avec cette dernière étude de cas que c'est possible, et nous disposons d'un exemple sur la façon de procéder.

Les applications à client riche sont encore balbutiantes. Des usages et des questions récurrentes apparaîtront vraisemblablement dans les mois et les années à venir.

Les bibliothèques disponibles et, surtout, les technologies existantes sont encore peu mûres. Deux pistes prometteuses se dessinent néanmoins :

- HTML 5, qui introduirait enfin de vrais composants de saisie typés (champs de types entier, e-mail, etc.) et une panoplie de widgets, qu'il est complètement absurde de devoir écrire en JavaScript, comme nous y sommes contraints aujourd'hui.

- E4X, une extension de JavaScript, actuellement implémentée partiellement dans Firefox 1.5, qui simplifie considérablement les manipulations XML au moyen d'une bien meilleure API que DOM Core, qui est lourd et peu puissant.

Enfin, bien qu'à ma connaissance aucune évolution ne soit prévue à ce sujet, il serait particulièrement bienvenu que `XMLHttpRequest` supporte en natif la possibilité des actions Page précédente et Changer l'URL. Cela lèverait une limitation fâcheuse d'Ajax.

Bien évidemment, toutes ces évolutions prendront du temps. En attendant, il nous faut faire avec les moyens du bord. Nous avons parcouru de façon approfondie l'essentiel des points importants aujourd'hui en question.

Annexe

Couleurs système prédéfinies dans les CSS

Couleurs système prédéfinies en CSS

Nom	Description
ActiveBorder	Bordure de la fenêtre active
ActiveCaption	Légende de la fenêtre active
AppWorkspace	Arrière-plan de l'interface de documents multiples
Background	Arrière-plan du plan de travail
ButtonFace	Couleur de la police des éléments d'affichage en trois dimensions
ButtonHighlight	Couleur d'activation des éléments d'affichage en trois dimensions (pour les bords à l'opposé de la source lumineuse)
ButtonShadow	Couleur de l'ombre des éléments d'affichage en trois dimensions
ButtonText	Texte des boutons à pousser
CaptionText	Texte des légendes, des boîtes de dimensionnement et des boîtes de flèches des barres de défilement
GrayText	Texte en grisé (désactivé). Cette couleur prend la valeur #000 si un pilote d'affichage donné ne peut rendre sûrement la couleur grise.
Highlight	L'article, ou les articles, sélectionnés dans une zone de saisie
HighlightText	Texte de l'article, ou des articles, sélectionnés dans une zone de saisie
InactiveBorder	Bordure des fenêtres inactives
InactiveCaption	Légende des fenêtres inactives
InactiveCaptionText	Couleur du texte des légendes de fenêtre inactive

Couleurs système prédéfinies en CSS

InfoBackground	Couleur de fond des info-bulles
InfoText	Texte des info-bulles
Menu	Arrière-plan des menus
MenuText	Texte des menus
Scrollbar	Aire grise d'une barre de défilement
ThreeDDarkShadow	Ombre sombre des éléments d'affichage en trois dimensions
ThreeDFace	Couleur de la police des éléments d'affichage en trois dimensions
ThreeDHighlight	Couleur d'activation des éléments d'affichage en trois dimensions
ThreeDLightShadow	Ombre claire des éléments d'affichage en trois dimensions (pour les bords faisant face à la source lumineuse)
ThreeDShadow	Ombre des éléments d'affichage en trois dimensions
Window	Arrière-plan de la fenêtre
WindowFrame	Cadre de la fenêtre
WindowText	Texte de la fenêtre

Statut des réponses HTTP

Statut des réponses HTTP

Code	Message	Signification
1xx		**Information**
100	Continue	Attente de la suite de la requête
101	Switching protocols	Acceptation du changement de protocole
2xx		**Succès**
200	OK	Requête traitée avec succès
201	Created	Requête traitée avec succès avec création d'un document
202	Accepted	Requête traitée mais sans garantie de résultat
203	Non-Authoritative Information	Information retournée mais générée par une source non certifiée
204	No Content	Requête traitée avec succès mais pas d'information à renvoyer
205	Reset Content	Requête traitée avec succès, la page courante peut être effacée.
206	Partial Content	Une partie seulement de la requête a été transmise.
3xx		**Redirection**
300	Multiple Choices	L'URL demandée se rapporte à plusieurs ressources.
301	Moved Permanently	Document déplacé de façon permanente
302	Moved Temporarily	Document déplacé de façon temporaire
303	See Other	La réponse à cette requête est ailleurs.

Statut des réponses HTTP

304	Not Modified	Document non modifié depuis la derniére requête
305	Use Proxy	La requête doit être réadressée au proxy.
4xx		**Erreur du client**
400	Bad Request	La syntaxe de la requête est erronée.
401	Unauthorized	Accès a le ressource refusée
402	Payment Required	Paiement requis pour accéder à la ressource (non utilisé)
403	Forbidden	Refus de traitement de la requête
404	Not Found	Document non trouvé
405	Method Not Allowed	Méthode de requête non autorisée
406	Not Acceptable	Toutes les réponses possibles seront refusées.
407	Proxy Authentication Required	Accès à la ressource autorisé par identification avec le proxy
408	Request Time-out	Temps d'attente d'une réponse du serveur écoulé
409	Conflict	La requête ne peut être traitée en l'état actuel.
410	Gone	La ressource est indisponible et aucune adresse de redirection n'est connue.
411	Length Required	La longueur de la requête n'a pas été précisée.
412	Precondition Failed	Préconditions envoyées par la requête non vérifiées
413	Request Entity Too Large	Traitement abandonné du fait d'une requête trop importante
414	Request-URI Too Long	URL trop longue
415	Unsupported Media Type	Format de requête non supporté pour une méthode et une ressource données
416	Requested range unsatifiable	Champs d'en-tête de requête `range` incorrect
417	Expectation failed	Comportement attendu et défini dans l'en-tête de la requête insatisfaisable
5xx		**Erreur du serveur**
500	Internal Server Error	Erreur interne du serveur
501	Not Implemented	Fonctionnalité réclamée non supportée par le serveur
502	Bad Gateway	Mauvaise réponse envoyée à un serveur intermédiaire par un autre serveur
503	Service Unavailable	Service non disponible
504	Gateway Time-out	Temps d'attente d'une réponse d'un serveur à un serveur intermédiaire écoulé
505	HTTP Version not supported	Version HTTP non gérée par le serveur

L'objet *XMLHttpRequest*

Nous rassemblons ici les propriétés de XMLHttpRequest portables sur tous les navigateurs (Mozilla, IE, Safari et Opera).

Attributs de *XMLHttpRequest*

Attribut	Description
onreadystatechange	Fonction à exécuter quand la propriété readyState change. Lecture/écriture.
readyState	État de la requête (type int). Lecture seule.
responseText	Corps de la réponse HTTP, en tant que chaîne de caractéres. Lecture seule.
responseXML	Corps de la réponse HTTP, en tant que document XML. Vaut null ou undefined si la réponse n'est pas de type MIME text/xml. Lecture seule.
status	Code statut de la réponse HTTP. Lecture seule.
statusText	Message du statut de la réponse HTTP. Lecture seule (pas implémenté dans Opera 8).

Valeurs de l'attribut *readyState* de *XMLHttpRequest*

Valeur	Signification
0	Pas encore initialisée (uninitialized). C'est l'état après l'instanciation ou l'appel de abort.
1	Initialisée (loading). La méthode open a été appelée.
2	(loaded). Le navigateur a reçu le statut et les en-têtes.
3	En cours (interactive). Le navigateur reçoit la réponse, responseText est censé contenir le contenu partiel (cela ne marche que dans Mozilla).
4	Terminée (completed). Le transfert est terminé.

Seul l'état 4 est sûr, les autres étant traités différemment selon le navigateur.

Méthodes de *XMLHttpRequest*

Méthode	Description
abort()	Annule la requête HTTP.
getAllResponseHeaders()	Chaîne contenant l'ensemble des en-têtes de la réponse HTTP. Chaque en-tête est terminé par CRLF.
getResponseHeader(nomEnTete)	Valeur de l'en-tête de la réponse HTTP de nom nomEnTete
open(method, url, async, user, password)	Spécifie les paramètres de la requête HTTP. La méthode HTTP et l'URL à appeler sont obligatoires. Les trois paramètres suivants sont optionnels : async indique si la requête est asynchrone (true) ou synchrone (false) ; user et password sont utilisés pour les connexions nécessitant une authentification. Pour ces connexions, s'ils ne sont pas indiqués, une fenêtre d'authentification apparaît.
send(corps)	Envoie la requête HTTP au serveur avec un corps. Le corps peut être une chaîne de caractéres ou un objet de type document XML.
setRequestHeader(nomEnTete, valeur)	Spécifie la valeur d'un en-tête de la requête HTTP.

Index

www.ingramcontent.com/pod-product-compliance
Lightning Source LLC
Chambersburg PA
CBHW071941220326
41599CB00031BA/6032